3次元CADから学ぶ
機械設計入門

[第2版]

初心者のための設計七つ道具
〈SolidWorks基本操作ガイド付き〉

岸 佐年 監修

賀勢 晋司／村岡 正一／栗山 弘／堀内 富雄／井上 忠臣／堀口 勝三／栗山 晃治
共著

森北出版株式会社

SolidWorks は，Dassault Systèmes SolidWorks Corp. の登録商標です．また，それ以外に記載されている会社名ならびに製品名も各社の商標あるいは登録商標です．ⓒ2009 Dassault Systèmes. All rights reserved.

● 本書のサポート情報をホームページに掲載する場合があります．下記のアドレスにアクセスし，ご確認ください．

http://www.morikita.co.jp/support/

● 本書の内容に関するご質問は，森北出版 出版部「(書名を明記)」係宛に書面にて，もしくは下記の e-mail アドレスまでお願いします．なお，電話でのご質問には応じかねますので，あらかじめご了承ください．

editor@morikita.co.jp

● 本書により得られた情報の使用から生じるいかなる損害についても，当社および本書の著者は責任を負わないものとします．

■ 本書に記載している製品名，商標および登録商標は，各権利者に帰属します．

■ 本書を無断で複写複製（電子化を含む）することは，著作権法上での例外を除き，禁じられています．複写される場合は，そのつど事前に (社)出版者著作権管理機構（電話 03-3513-6969，FAX 03-3513-6979，e-mail：info@jcopy.or.jp）の許諾を得てください．また本書を代行業者等の第三者に依頼してスキャンやデジタル化することは，たとえ個人や家庭内での利用であっても一切認められておりません．

第 2 版のまえがき

　社会変革の波が激しい 21 世紀のなかを製造業が力強く生き抜くためには，他者が真似することのできない革新的なオリジナル製品をつくり続けることが必要であり，そのためには真に力のある機械設計技術者を戦略的に育成していくことが肝要です．

　製造業が機械設計技術者に求める能力は多岐にわたっており，ときとともに能力要件への期待度は変化しますが，現代から近未来においては機械設計の質の向上および効率化の視点から，3 次元 CAD の活用能力をふくむ "3 次元設計能力" に対する要望が大きく膨らむことは確かです．

　このような背景のもとに，若手技術者の 3 次元設計能力レベルを単なる試験の合否判定ではなく "育成" という立場で評価するための制度が検討され，これを製造業の求めている能力要件に的確に応えることができる一流の機械設計技術者に成長するための登竜門として活用する活動がはじまり，"特定非営利活動法人 3 次元設計能力検定協会" の設立などの現れとなっています．

　本書の第 1 版は 2005 年 9 月に，このような機械設計技術者育成の活動に応えることのできるテキストを目指して出版されました．おかげさまで発刊以来多くの皆様にご利用いただき，よい評価もいただいておりますが，出版から 4 年が経過しており，技術の変化にともなう要求値に応え得る内容に改めるため，第 2 版として改訂発刊することといたしました．

　申し上げるまでもないことですが，3 次元 CAD ソフトウェアを巧みに操れるだけでは機械設計技術者として通用するものではありません．そこで本書では，3 次元 CAD に加えて機械工学の分野からを基本的な七つの項目（機械設計七つ道具とよびます）を選定し，これらを初心者が理解できるように平易に解説し，それぞれを体系的に学習できるように構成しています．

　その内容は以下のとおりです．

　　第 0 章 3 次元 CAD　：部品・アセンブリ・図面の考え方，SolidWorks の基本操作など
　　第 1 章 JIS 製図法　：製図法の基礎，寸法公差とはめあい，幾何公差，表面性状など
　　第 2 章 公差設計　　：ばらつき，互換性，公差の統計的取扱い，公差解析など
　　第 3 章 機械材料　　：機械材料の分類，金属材料，非金属材料など
　　第 4 章 加工法　　　：加工法，機械加工，工作機械，数値制御，CAD/CAM システムなど
　　第 5 章 強度設計　　：応力とひずみ，引張り・曲げ・ねじり問題など
　　第 6 章 要素設計　　：ねじ・歯車・軸受の設計法など
　　第 7 章 信頼性設計　：信頼性設計，信頼性試験，FMEA と FTA など

　さらに本書は，つぎの方々がその活用目的に沿えるように構成されています．
　　●製造業の若手機械設計技術者の方々：自己のスキルアップを目指して
　　●機械設計技術者を目指す学生の方々：就職に有利な資格を得るために
　　●転職希望の方々：転職に有利な資格を得るために
　　●企業の人事教育担当の方々：社員教育，人事評価制度，採用判定のために

　したがいまして，本書は経験豊かな機械設計技術者のさらなる資質向上を狙うものではなく，機械設計技術者を目指している方々，あるいは設計補助者を対象としており，機械設計技術者の

卵を育成することを目的としています．まずは本書を用いて学習することで，機械設計技術者としての基礎能力を蓄え，近い将来において地力のある優秀な機械設計技術者へと成長されることを，著者一同は心から切望申し上げます．

　なお，第 0 章の 3 次元 CAD に関しましては，本文では 3 次元 CAD の基礎的な部分（種々の 3 次元 CAD ソフトウェアに共通していることがら）について記述し，さらに SolidWorks の基本操作部分について解説しています．SolidWorks の詳細な操作マニュアルは本書の関連書籍である『図解 SolidWorks 実習 − 3 次元 CAD 完全マスター』（森北出版）を活用されることを推奨しています．

　最後に本書を出版するにあたり，3 次元設計能力検定協会とソリッドワークス・ジャパンとの全面的なご支援をいただきました．ここに記して心よりの感謝の意を表します．

2009 年 10 月

監修者　岸　佐年

目 次

第0章　3次元CAD 1
0.1　序　論 1
- 0.1.1　3次元CADとは　▶　1
- 0.1.2　3次元CADの特徴　▶　2
- 0.1.3　3次元CADの種類　▶　2

0.2　3次元CADで扱うデータ 4
- 0.2.1　データの種類　▶　4
- 0.2.2　部品の考え方　▶　4
- 0.2.3　アセンブリデータの考え方　▶　6
- 0.2.4　図面データの考え方　▶　7

0.3　SolidWorksの基本 8
- 0.3.1　ドキュメント　▶　8
- 0.3.2　SolidWorksインタフェース　▶　10

0.4　部品ドキュメントの作成 11
- 0.4.1　部品ドキュメントを開く　▶　11
- 0.4.2　押し出し　▶　12
- 0.4.3　スイープ　▶　16
- 0.4.4　ロフト　▶　18
- 0.4.5　回　転　▶　20

0.5　アセンブリドキュメントの作成 23
- 0.5.1　アセンブリドキュメントを開く　▶　24
- 0.5.2　部品の挿入　▶　25
- 0.5.3　合致の追加　▶　25

第1章　JIS製図法 27
1.1　製図法 27
- 1.1.1　製図の目的と図面の基本要件　▶　27
- 1.1.2　主な製図関連規格　▶　28
- 1.1.3　図面の様式と尺度　▶　28
- 1.1.4　線の種類と用途　▶　29
- 1.1.5　投影法　▶　30
- 1.1.6　図形の表し方　▶　32

1.1.7　寸法記入方法 ▶ 35
1.2　寸法公差 ………………………………………………………… 41
　1.2.1　主な寸法公差の関連規格 ▶ 41
　1.2.2　寸法の種類 ▶ 42
　1.2.3　寸法公差 ▶ 42
　1.2.4　寸法公差の分類 ▶ 43
　1.2.5　はめあいの方式 ▶ 44
1.3　幾何公差 ………………………………………………………… 46
　1.3.1　公差表示方式の基本原則 ▶ 47
　1.3.2　幾何公差のためのデータム ▶ 50
　1.3.3　幾何偏差と幾何公差 ▶ 51
　1.3.4　普通幾何公差 ▶ 53
　1.3.5　位置度公差方式 ▶ 54
　1.3.6　最大実体公差方式 ▶ 56
　1.3.7　各方式の公差域の大きさの比較 ▶ 59
1.4　表面性状の図示方法 …………………………………………… 60
　1.4.1　表面性状の種類 ▶ 60
　1.4.2　表面粗さのパラメータ ▶ 61
　1.4.3　図示記号および図示の仕方 ▶ 62
1.5　2次元図面から3次元図面へ ………………………………… 62
　1.5.1　現　状 ▶ 62
　1.5.2　課　題 ▶ 62
　1.5.3　3次元図面の例図 ▶ 63
参考文献　▶ 63

第2章　公差設計 …………………………………………………… 64

2.1　公差設計のPDCA ……………………………………………… 64
2.2　公差とは ………………………………………………………… 65
　2.2.1　公差と公差設計 ▶ 65
　2.2.2　設計者の公差知識の実際 ▶ 66
　2.2.3　公差設計のメリット ▶ 66
2.3　品質とばらつき ………………………………………………… 67
2.4　ばらつきの原因 ………………………………………………… 67
　2.4.1　ばらつきの分類 ▶ 67
　2.4.2　ばらつきの対策 ▶ 68
2.5　ばらつきの表し方とその性質 ………………………………… 68
　2.5.1　特性値の分布 ▶ 68
　2.5.2　平均値とばらつき ▶ 70

2.5.3　正規分布　▶　70
　　2.5.4　標準正規分布表の使い方　▶　72
　　2.5.5　不良率の推定　▶　73
2.6　統計的取扱いと公差の計算 ·· 73
　　2.6.1　互換性と不完全互換性　▶　73
　　2.6.2　分散の加法性と公差の計算方法　▶　74
2.7　工程能力 ·· 76
　　2.7.1　工程能力とは　▶　76
　　2.7.2　工程能力の判断　▶　78
　　2.7.3　C_p と C_{pk} について　▶　78
2.8　公差設計の実践レベル ·· 79
　　2.8.1　レバー比　▶　79
　　2.8.2　ガタとレバー比　▶　80
2.9　3次元公差解析ソフト ·· 81
演習問題　▶　82
参考文献　▶　83

第3章　機械材料 ·· 84

3.1　機械材料の分類 ·· 84
3.2　金属材料 ·· 85
　　3.2.1　鉄　鋼　▶　85
　　3.2.2　鋳　鉄　▶　95
　　3.2.3　アルミニウム合金　▶　97
　　3.2.4　銅合金　▶　99
　　3.2.5　その他の金属　▶　101
3.3　非金属材料 ·· 101
　　3.3.1　プラスチック　▶　102
　　3.3.2　焼結材料　▶　104
演習問題　▶　105
参考文献　▶　106

第4章　加工法 ·· 107

4.1　加工法の分類 ·· 107
4.2　変形加工 ·· 108
　　4.2.1　鋳　造　▶　108
　　4.2.2　塑性加工　▶　112
　　4.2.3　プラスチック成形加工　▶　116
4.3　除去加工 ·· 117

4.3.1　切削加工　▶　117
　　　4.3.2　研削加工　▶　120
　　　4.3.3　放電加工　▶　122
　4.4　接合加工 …………………………………………………………… 123
　　　4.4.1　融　接　▶　124
　　　4.4.2　圧　接　▶　126
　4.5　数値制御加工システム ………………………………………… 128
　　　4.5.1　数値制御加工の流れ　▶　128
　　　4.5.2　数値制御方式とサーボ機構　▶　129
　　　4.5.3　NC プログラム　▶　129
　　　4.5.4　NC 工作機械　▶　130
　　　4.5.5　CAD/CAM システム　▶　131
　　　4.5.6　3 次元造形法　▶　132
　演習問題　▶　132
　参考文献　▶　134

第5章　強度設計 …………………………………………………… 135
　5.1　応力とひずみ …………………………………………………… 135
　　　5.1.1　部材に作用する力　▶　135
　　　5.1.2　垂直応力と垂直ひずみ　▶　136
　　　5.1.3　せん断応力とせん断ひずみ　▶　138
　　　5.1.4　応力とひずみの関係　▶　138
　　　5.1.5　許容応力と安全率　▶　140
　5.2　引張り・圧縮・せん断 ………………………………………… 141
　　　5.2.1　トラス問題　▶　141
　　　5.2.2　熱応力と残留応力　▶　144
　　　5.2.3　応力集中　▶　144
　5.3　曲げ ……………………………………………………………… 145
　　　5.3.1　はりの種類　▶　145
　　　5.3.2　せん断力と曲げモーメント　▶　146
　　　5.3.3　曲げによる応力　▶　149
　　　5.3.4　曲げによるたわみ　▶　151
　　　5.3.5　はりの強度設計　▶　156
　5.4　ねじり ………………………………………………………… 156
　　　5.4.1　丸軸のねじり　▶　156
　　　5.4.2　伝動軸の設計　▶　159
　　　5.4.3　中空丸軸のねじり　▶　160
　　　5.4.4　曲げとねじりを同時に受ける軸　▶　160

演習問題 ▶ 161
参考文献 ▶ 162

第6章　要素設計 …… 163
6.1　ねじ …… 163
6.1.1　ねじの基本用語とその意味 ▶ 163
6.1.2　ねじの用途と種類 ▶ 166
6.1.3　基準山形と基準寸法 ▶ 167
6.1.4　ねじ・ねじ締結体の力学 ▶ 169
6.1.5　ねじの締付け（トルク法） ▶ 172
6.1.6　ねじ部品の強度 ▶ 173
6.1.7　ゆるみ防止 ▶ 174

6.2　歯車 …… 175
6.2.1　歯車の用途と種類 ▶ 175
6.2.2　インボリュート曲線と歯形 ▶ 176
6.2.3　歯車の伝動 ▶ 176
6.2.4　モジュールと基準ラック ▶ 177
6.2.5　歯車のかみあいとバックラッシ ▶ 179
6.2.6　標準平歯車と転位平歯車 ▶ 180
6.2.7　平歯車の強度 ▶ 185

6.3　軸受 …… 185
6.3.1　軸受の用途と種類 ▶ 185
6.3.2　転がり軸受 ▶ 186
6.3.3　滑り軸受 ▶ 191

演習問題 ▶ 192
参考文献 ▶ 193

第7章　信頼性設計 …… 194
7.1　序論 …… 194
7.1.1　信頼性設計とは ▶ 194
7.1.2　信頼性確保の重要性 ▶ 195
7.1.3　信頼性手法 ▶ 195

7.2　信頼性の尺度 …… 196
7.2.1　信頼性と信頼度 ▶ 196
7.2.2　バスタブ曲線 ▶ 199
7.2.3　故障の三つのパターン ▶ 199
7.2.4　ワイブル解析 ▶ 200

7.3　信頼性試験 …… 201

7.3.1　耐久寿命試験　▶　201
7.3.2　加速試験　▶　202
7.3.3　環境試験　▶　202
7.3.4　スクリーニング試験　▶　202
7.3.5　新しい信頼性試験の考え方　▶　202

7.4　信頼性設計 ……………………………………………… 203
7.4.1　従来の信頼性設計法　▶　203
7.4.2　冗長設計　▶　203
7.4.3　フェールセーフ　▶　203
7.4.4　フールプルーフ　▶　203
7.4.5　ディレーティング　▶　203
7.4.6　トレードオフ　▶　204

7.5　FMEA と FTA ………………………………………… 204
7.5.1　FMEA，FTA とは　▶　204
7.5.2　FMEA の実施　▶　205
7.5.3　FTA の実施　▶　207

演習問題　▶　209
参考文献　▶　210

付　録　工業分野における国際標準化 ……………… 211

A　工業標準化　▶　211
B　国際標準化　▶　211
C　国際単位系　▶　211

演習問題の解答 …………………………………………… 214
索　引 ……………………………………………………… 220

第 0 章　3次元 CAD

近年，3次元 CAD の特徴を生かした新しい設計・製造のあり方が注目されている．CAD (computer aided design) とは，直訳すればコンピュータによる設計・製図支援となる．設計や製図の3次元化の進展により，機械設計における設計の効率化と設計品質の向上を図るとともに，関係者全員の情報共有・活用によるリードタイム短縮を図ることができる．

本章では，3次元 CAD の概要を述べた後，代表的な3次元 CAD である SolidWorks を用いて，基本的な操作方法を説明する．なお，本書での説明は SolidWorks の Ver. 2009 にそって行っているが，ほかのバージョンでは，必要に応じてマニュアルなどを参考にしてほしい．

Key Word　フィーチャー，押し出し，スイープ，ロフト，回転，部品，アセンブリ

0.1　序　論

0.1.1　3次元 CAD とは

2次元 CAD が製品形状を投影図として平面上に表すのに対し，3次元 CAD はその名のとおり，製品形状を3次元的な立体として表す方式となっている．つまり，コンピュータディスプレイ内のバーチャルな空間に製品の立体形状を作成する．この章では，3次元 CAD で作成した立体データのことをモデルといい，モデルを作成する作業をモデリングという．

立体形状なので，それを回転させていろいろな方向からみることができるだけでなく，一部を拡大表示して細部を確認することも可能である．これであれば，設計や製造に携わる人でなくても形状の認識は一目瞭然である．経営者，営業マン，お客さん，組立作業者など，誰がみても形状を理解できる．つまり，手描きの図面や2次元 CAD で描かれた図面は，設計者や製造者のためのものであったのに対し，3次元 CAD のモデルはすべての人のためのものであるといえる．

0.1.2　3次元 CAD の特徴

　それでは，設計者にとっての 3 次元 CAD のメリットとは何であろうか．2 次元 CAD を使い慣れている設計者にとって，3 次元 CAD はわかりにくく使いにくいという声を聞くことがある．設計業務だけをとってみれば，いままで使用している 2 次元 CAD で十分事足りる．何もわざわざ 3 次元 CAD という新しい操作技術を覚えなくてもよいのではないかと思えるが，実は設計者にとってのメリットも多い．設計者にとってのメリットをふくめた 2 次元 CAD と 3 次元 CAD の主な違いを表 0.1 に示す．

表 0.1　2 次元 CAD と 3 次元 CAD の比較（3 次元 CAD の優位性）

ポイント	2 次元 CAD	3 次元 CAD
図面の正確さ	図面の各投影図には相関関係がないため，設計者が線（外形線やかくれ線など）の描画を間違える可能性がある．	モデルに線や面の情報がすべてふくまれているため，2 次元図面に表しても線の表示に間違いが生じない．
部品図と組図の作成の容易さ	組図のデータから部品の線を切り取って部品図を作成する（または，その反対）などの作業が必要となり，その際にも間違いが生じる可能性がある．	アセンブリ（部品を組んだもの）モデル内で部品モデルを作成すれば，自動的に部品モデルデータが作成される．基本的にデータはリンクされているので，間違いが生じない．
修正時の容易さと正確さ	図面の修正の際には，各投影図に対して個別に行わなくてはならない．また，その際にも描画を誤る可能性もある．	モデル形状を変更すれば，それに応じて自動的に 2 次元図面も変更される．モデルさえ正しければ，図面は正しいものとなる．
検証時の明確さ	製図を知らない人にとっては，投影図をみても，その形状を理解することが困難である．	あらゆる方向からモデル形状をみることができるため，2 次元図面を見慣れていない人でも形状を理解することが容易である．
応力や機構などの検証	基本的に，解析用のソフトウェアを使用して平面的な解析のみ可能である．	CAD ソフトウェアのみで，ある程度の機構の検証（干渉や衝突など）が可能である．また，解析結果も立体的に検証することが可能である．
加工への移行の容易さ	図面をみながら数値データを入力して加工データを作成する．	3 次元 CAD データをそのまま使用することが可能である．設計から加工までのデータの流れがシームレス（それぞれの工程での共通データの活用が可能）となる．

　このほかにも 3 次元 CAD の優位性は多く，また販売されている多くの CAD システムでは，それぞれの機能にさまざまな特徴をもたせていることが多い．

0.1.3　3 次元 CAD の種類

　機械系 3 次元 CAD の種類についてみると，まずサーフェス（surface）系とソリッド（solid）系に分けられる．サーフェスとは外面や表面という意味であり，立体の表面形状を組み合わせてモデルを作成していく形態のものである．このサーフェスには面領域としての情報はあるが，厚みの情報はふくまれていない．したがって，サーフェスで囲まれた立体形状は，みた目は立体ではあるが，その内部の領域は空洞となっている．サーフェス系の CAD は，主に複雑な曲面を多用する製品のデザインなどの，曲面の形状データといった面領域の情報が必要な設計において使

用されることが多い．

　一方，ソリッドとは"中身の詰まった"という意味であり，立体を組み合わせてモデルを作成していく形態のものである．サーフェスのモデルが表面だけのデータであるのに対し，ソリッドのモデルはその名のとおり中身が詰まったモデルデータとなる．機械設計者に使われている割合としては後者が多い．

　さらに，別の視点からCADの種類を考えてみると，一般にヒストリー（history：履歴）系とノンヒストリー系とよばれるものに分けられる．ソリッド系のCADではフィーチャー（feature：特徴）とよばれる単純な形状要素の積み重ねによってモデル形状を作成していくが，この個々のフィーチャーの情報を履歴として残していく形態のものがヒストリー系である．製品形状の変更や修正をしたい場合には，履歴に残したフィーチャーに対して操作を行う．

　これに対して，ノンヒストリー系ではフィーチャーの履歴がないため，製品形状の変更や修正をするには，新たにフィーチャーを付け加えることになる．イメージとしては，ヒストリー系がブロック（＝フィーチャー）を積み重ねて形状を作成するのに対し，ノンヒストリー系はブロックと同形状の粘土（＝フィーチャー）を付け加えながら形状を作成するというイメージである．ヒストリー系では，形状変更をするときにはブロックの形状や大きさを変更する．ノンヒストリー系の粘土のほうは，いったん既存の粘土に付けてしまえば一体化するため，変更したい形状になるように既存の粘土を削ったり，また粘土を付け加えたりして変更することになる．図0.1にヒストリー系の特徴を図示する．

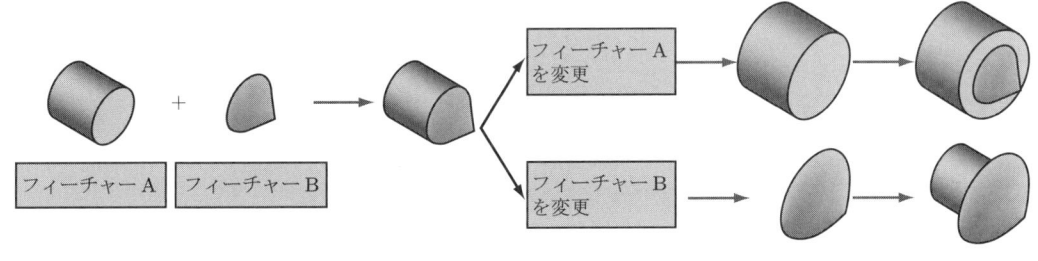

図0.1　ヒストリー系3次元CADにおける編集作業

　サーフェス系とソリッド系，ヒストリー系とノンヒストリー系というように，ひとくちに3次元CADといっても，機能にさまざまな特徴をもつものがあるため，当然それぞれのCADシステムには長所と短所がある．この本では，機械設計で最も多く使用されているソリッド系でヒストリー系のCADについて説明をする．操作事例として説明をしているSolidWorksは，ソリッド系でヒストリー系に属するCADソフトである．もちろん，この種のCADにも長所と短所があり，この特徴をよく理解しておくことがCADシステムの有効な活用と使えるモデルデータの作成につながる．

0.2　3次元CADで扱うデータ

0.2.1　データの種類

3次元CADでは，一般に3種類のデータを扱うことになる．部品やパーツとよばれる単部品のデータ，部品を組み合わせたアセンブリ（assembly：組み立て）とよばれるデータ，さらにそれらの3次元データを2次元図面にしたデータである．

0.2.2　部品の考え方

部品データは，0.1節で説明したようにフィーチャーとよばれる単純な形状要素を積み重ねて作成していく（図0.1参照）．複雑な形状の製品でも形状を細かく分けて考えると，単純なものとなる．3次元CADでは，このフィーチャーの作成が最も基本的な作業となるため，いかに早く形状要素を認識できるかが作業効率に大きく影響する．

例として，図0.2の製品形状を考える．この形状の特徴を言葉で表してみると形状要素の認識が可能となる．寸法などがないため詳細はわからないが，ほとんどの人はつぎのようにこの形状の特徴を表現するのではないだろうか．

① 直方体があり，
② 直方体の上面に円柱が付いており，
③ 直方体の下面に円柱形の穴が開いている．

また，②と③の順番を入れ替えても同じ形状となるため，そのように表現した人もいると思うが，この言葉で表したものこそが3次元CADにおいてモデル形状を作成していくためのフィーチャーそのものである．つまり，まず直方体のフィーチャーをつくり，つぎに直方体の上面に円柱形のフィーチャーをつくり，最後に直方体の下面に円柱形の穴（これもフィーチャーである）をあければ，この形状は完成する．

それでは，図0.3の製品形状ではどうであろうか．これも誰もがすぐに答えられると思うが，

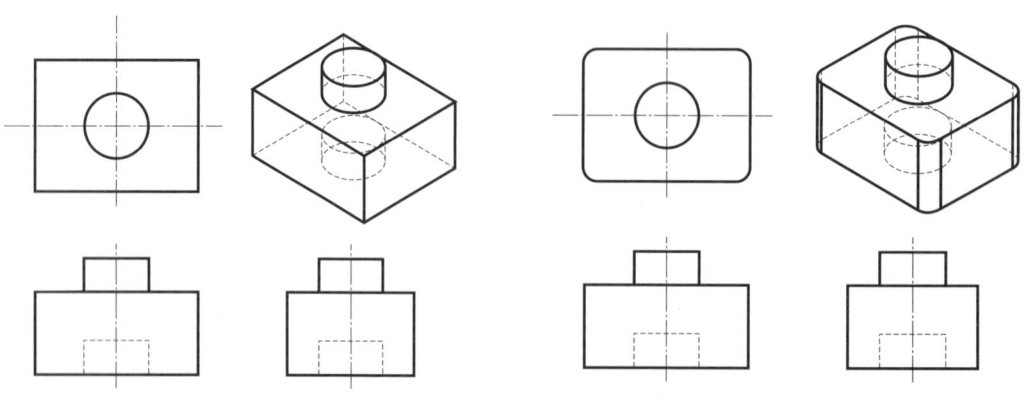

図0.2　製品形状　　　　　　　　図0.3　垂直エッジにアールを付けた製品形状

単に図 0.2 の形状の直方体の垂直エッジ（稜線）を丸めた（アールを付けた）ものである．この「アールを付ける」というものもフィーチャーの一つである．図 0.2 の形状の続きとしてみると，表現の順番としてはつぎのとおりとなる．

① 直方体があり，
② 直方体の上面に円柱が付いており，
③ 直方体の下面に円柱形の穴が開いており，
④ 直方体の垂直エッジにアールが付いている．

さらに形状が複雑になった図 0.4 ではどうであろうか．図 0.3 の形状の続きとしてみると，表現の順番としてはつぎのとおりとなる．

① 直方体があり，
② 直方体の上面に円柱が付いており，
③ 直方体の下面に円柱形の穴が開いており，
④ 直方体の垂直エッジにアールが付いており，
⑤ アールを付けた直方体上面のエッジにアールが付いており，
⑥ 直方体上面と円柱側面との境界エッジにアールが付いている．

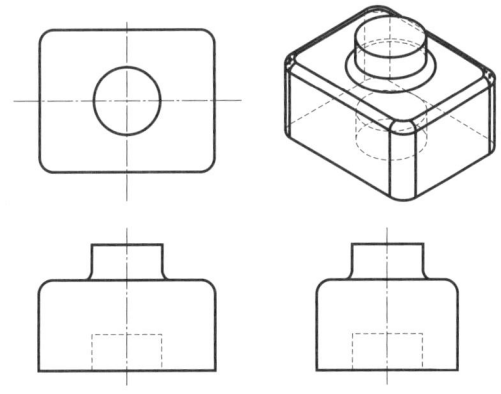

図 0.4　複雑な製品形状

　形状が複雑になってくると，その表現方法も難しくなってくるが，形状要素をよく観察するということに慣れてくれば，それほど難しいことではない．しかし，この例では単純な形状から徐々に複雑な形状へと進んでいったため，容易に考えることができたが，最初から図 0.4 の形状を言葉で表現する場合はどうであろうか．直方体がもととなっており，そのエッジが丸められているということに気が付かない人もいるかもしれないし，どこから説明したらよいのかとまどってしまう人もいるかもしれない．また，この例では図中の右上にアイソメトリック図（等角投影図）があるので，図面を見慣れていない人でも形状を認識することが容易だが，3 面図のみであった場合はどうであろうか．

　このあたりに 3 次元 CAD が難しいといわれる要因があるのではないかと考える．つまり，2 次元 CAD で図面を描く際は正面図を作成するには正面からみた形状だけを表していくが，3 次元 CAD の場合は立体そのものをモデリングしていくため，あらゆる方向から形状を考えなくてはならない．ここで，3 次元 CAD 特有の思考プロセスが必要となってくる．どの CAD システ

ムの場合も，最終的な製品形状を頭のなかに思い浮かべるという行為は必要である．それでは，どこが違うのかを図 0.2 を例として 2 次元 CAD における操作手順を表 0.2 に示す．

表 0.2　2 次元 CAD における操作手順

ステップ	2 次元 CAD での操作
① 正面図を作成する．	●直方体部分を正面からみた矩形を描く． ●上の円柱部分を正面からみた矩形を描く． ●直方体内の円柱形の穴を正面からみた矩形を描く．
② 平面図を作成する．	●直方体部分を平面からみた矩形を描く． ●円柱部分を平面からみた円を描く．
③ 右側面図を作成する．	●直方体部分を右側面からみた矩形を描く． ●上の円柱部分を右側面からみた矩形を描く． ●直方体内の円柱形の穴を右側面からみた矩形を描く．
④ 必要であればアイソメトリック図を作成する．	

基本的に，各ステップがそれぞれ独立した操作となっていることがわかる．さらに，単純に直方体の部分だけを考えてみた場合，2 次元 CAD と 3 次元 CAD で表現の仕方にどのような違いがあるかを考えると，表 0.3 のようになる．

表 0.3　2 次元 CAD と 3 次元 CAD における形状表現の違い

2 次元 CAD	3 次元 CAD
① 正面から見ると矩形であり， ② 平面から見ると矩形であり， ③ 右側面から見ると矩形である． （なくてもよい場合もある）	① 直方体である．

2 次元 CAD が立体形状をある方向からの投影図として表しているのに対し，3 次元 CAD は立体形状そのものを立体として表していることがわかる．ただし，この表での 2 次元 CAD の表現についての考え方は 3 次元 CAD においても重要である．表 0.2 のような投影図ごとの思考ステップは 2 次元 CAD だけのものであるが，表 0.3 のような要素形状ごとの考え方は，3 次元 CAD におけるフィーチャー作成時の思考プロセスとしても，最も重要なものの一つである．

実は，3 次元 CAD といっても，いきなり 3 次元の立体形状を作成するのではなく，まず 2 次元 CAD と同様に投影図を考えることが基本となっている．つまり，"直方体は，①正面からみると矩形であり，②平面からみると矩形であり，③右側面からみると矩形である"ということを考える必要があるということである．これに関しては，0.2.3 項で実際の形状例を使用しながら述べる．

0.2.3　アセンブリデータの考え方

アセンブリデータとは，図 0.5 のような 2 次元 CAD でいうところの組図である．一般に，事前に作成してある部品データを組み合わせてアセンブリデータを作成することも，アセンブリデータ内で部品データを作成していくことも可能となっている．設計そのものの手順は 2 次元

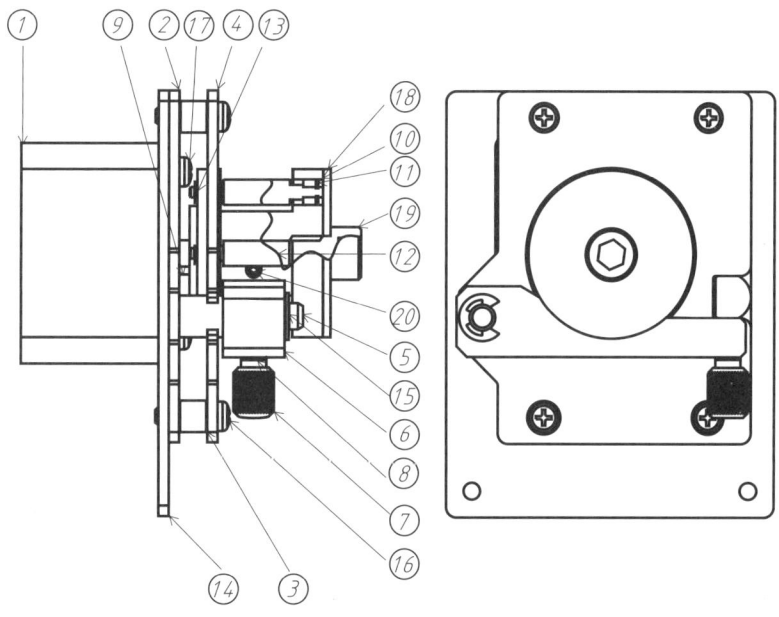

図 0.5　組図の例

CAD と変わらない．アセンブリの構成部品には，お互いに合致や整列などといった関係付けをして配置が決められる．

　アセンブリデータでは，部品を組んだ状態をみられるだけではなく，リンクやカムなどの機構がある場合は，ある程度の検証をすることも可能となっているものが多い．アセンブリデータの考え方は，部品データの考え方が理解できれば，それほど難しくはない．

0.2.4　図面データの考え方

　一般に，図面データは部品データやアセンブリデータをもとに作成される．3 次元 CAD のモデルデータのみで設計から製造まで一連の作業が完結できればよいが，現状ではモデルデータだけでそれを行うのは難しい．たとえば，普通公差以外の寸法公差や幾何公差，面の肌の情報などは 3 次元 CAD のモデルデータだけでは表現が難しいため，3 次元のモデルデータとともにそれらの情報を表した 2 次元図面を併用することが多い．そのため，3 次元 CAD システムには，2 次元図面の作成機能をもつものが多い．

0.3 SolidWorks の基本

0.3.1 ドキュメント

SolidWorks では，部品ドキュメント，アセンブリドキュメント，図面ドキュメントの3種類のドキュメントを扱う．ドキュメントとは，データファイルのことを表し，部品を設計する場合は部品ドキュメント，アセンブリを作成する場合はアセンブリドキュメントを使用する．

図 0.6 のように"標準ツールバー"の新規ボタン をクリックすると，"新規 SolidWorks ドキュメント"ダイアログが表示される．"部品"，"アセンブリ"，"図面"の三つのボタンがあり，それぞれのアイコンをダブルクリックすることで該当するドキュメント作成を開始することができる．

（a）「標準ツールバー」

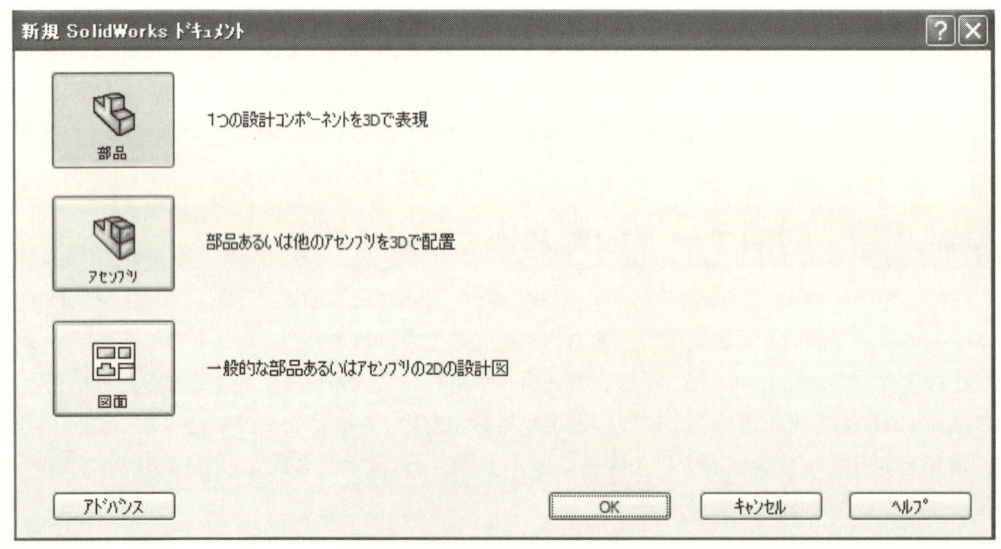

（b）「新規 SolidWorks ドキュメント」ダイアログ

図 0.6　ドキュメントの作成

(1) 部品ドキュメント

部品ドキュメントで作成する部品モデルは，フィーチャーという形状要素を組み合わせながら作成する．フィーチャーには，表 0.4 のように"スケッチフィーチャー"と"オペレーションフィーチャー"の2種類がある．

表 0.4　フィーチャーの種類

フィーチャーの種類	フィーチャーの特徴	フィーチャー例
スケッチフィーチャー	2次元スケッチを押し出す，回転させるといった操作を行って作成する．	押し出し，スイープ，ロフト，回転など
オペレーションフィーチャー	3次元モデル上に直接作成する．	フィレット，面取り，シェルなど

(2) アセンブリドキュメント

アセンブリは，複数の部品ドキュメントを"合致"という部品間の関係によって組み合わせたドキュメントである．アセンブリでは，ほかのアセンブリドキュメントをサブアセンブリという構成部品の一つとして使用することが可能である．また，アセンブリ内にフィーチャーを組み合わせることもできる．

アセンブリに使用される部品ドキュメントやサブアセンブリのドキュメントは，それを使用しているアセンブリドキュメントとは別のドキュメントとして存在する．

(3) 図面ドキュメント

図面ドキュメントは，部品ドキュメントやアセンブリドキュメントを参照して作成するドキュメントである．つまり，まず3次元のモデル形状を作成し，その形状を2次元として表現したものが図面ドキュメントとなる．

図面ドキュメントに使用される部品ドキュメントやアセンブリドキュメントも，図面ドキュメントとは別のドキュメントとして存在する．

(4) ドキュメント間の関係

SolidWorksで作成されたモデルは，部品，アセンブリ，図面の各ドキュメント間で相関関係をもっている．たとえば，部品ドキュメントAという部品モデルがあり，それを使用してアセンブリドキュメントと図面ドキュメントを作成した場合，部品ドキュメントAのモデル寸法を変更すれば，アセンブリドキュメントと図面ドキュメントでも該当する部分の寸法が変更される．また，アセンブリドキュメント内で部品ドキュメントAの部分の寸法を変更すれば，部品ドキュメントAそのものの寸法も変更され，同時に図面ドキュメントも変更された内容に更新される．図面ドキュメントに対する変更においても同様である．つまり，図 0.7 のように部品，図面，アセンブリ間の双方向で連動し，一つのドキュメント，または図面ビュー（図面ドキュメントにおける個々の投影図）に変更を行った場合，関係するその他すべてのドキュメントや図面ビューに自動的に反映される構造になっている．

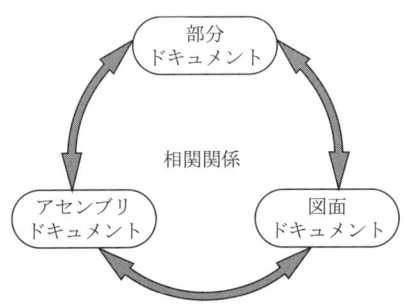

図 0.7　ドキュメント間の相関関係

0.3.2 SolidWorks インタフェース

SolidWorks のユーザインタフェースは Windows に準拠しているので，ほかの Windows アプリケーションと同じ感覚で使用することが可能である．図 0.8 に画面構成を示し，表 0.5 にそれぞれの機能をまとめる．

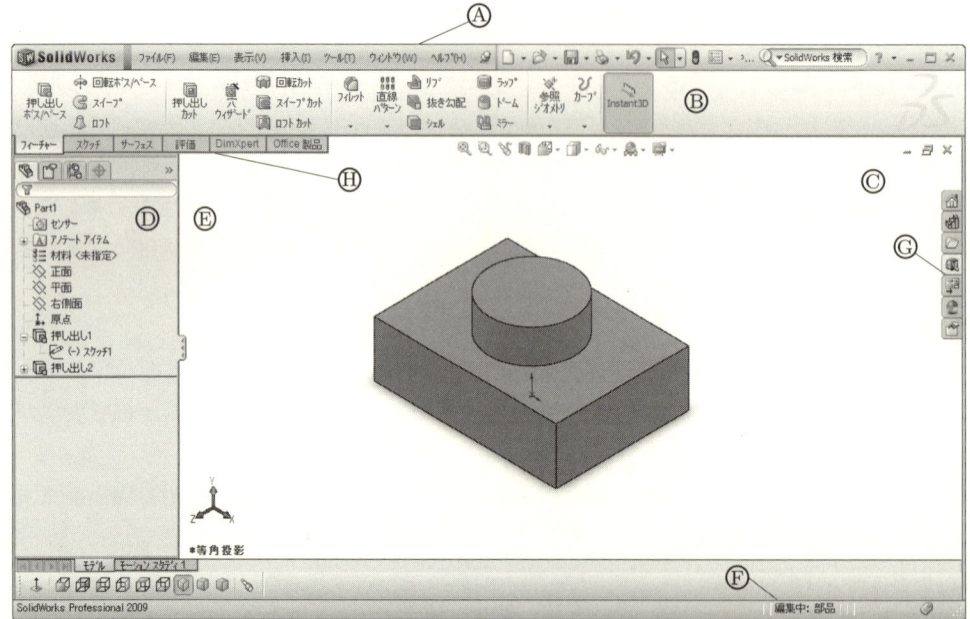

図 0.8　SolidWorks 画面構成

表 0.5　SolidWorks インタフェースの概要

記号	名　称	機　能
Ⓐ	メニューバー	プルダウンメニューとなっており，SolidWorks のコマンドのすべてにアクセスできる．
Ⓑ	ツールバー	よく使用するコマンドのショートカットアイコンが機能別に登録されている．
Ⓒ	ドキュメントウィンドウ	Feature Manager デザインツリーとグラフィックス領域で構成されており，各ドキュメント固有の領域である．
Ⓓ	Feature Manager デザインツリー	部品ドキュメントやアセンブリドキュメント内のフィーチャー情報や，構成を表示する領域である．コマンド実行時には Property Manager に切り替わるが，タブによる切り替えも可能である．
Ⓔ	グラフィックス領域	現在作業中のモデルが表示される領域である．通常はこの表示を確認しながらドキュメントの作成を行っていく．
Ⓕ	ステータスバー	メニューやツールの簡単な説明が表示される．また，現在の作業状態なども表示されるが，とくにスケッチ中のスケッチの状態をここで確認する必要がある．
Ⓖ	タスクパネル	SolidWorks リソース，デザインライブラリ，ファイルエクスプローラの三つのタブを切り替えて，それぞれの機能が使用できるようになっている．
Ⓗ	Command Manager	バー左側のコントロール領域がタブメニューになっていて，それぞれのタブ名に応じたツールバーの内容が右側に表示される．

0.4 部品ドキュメントの作成

これまで述べてきた，部品を表現するための要素であるフィーチャーの作成法を説明する．フィーチャーの作成方法は複数あるが，図 0.9 のような円柱モデルをベースフィーチャーとして作成する場合を例として，最も基本となる押し出し，スイープ，ロフト，回転という四つの作成手法を以下に示す．

なお，どのフィーチャーの作成でも，基本的な操作手順は以下のとおりとなっている．ただし，③，⑤の項目は状況によって必要ない場合がある．

① スケッチ平面の選択
② スケッチ開始
③ 視線に垂直
④ スケッチ
⑤ スケッチ終了
⑥ フィーチャー作成

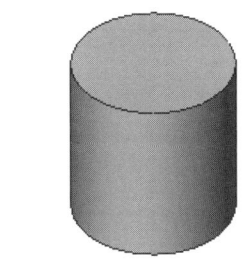

図 0.9 部品ドキュメントの例

0.4.1 部品ドキュメントを開く

部品ドキュメントを開き，その画面構成と概要について説明する．
① 標準ツールバーの"新規"ボタンをクリックする．
② "新規 SolidWorks ドキュメント"ウィンドウが開くので，"部品"アイコンを選択して OK ボタンをクリックする．
③ 新規部品ドキュメントが開く．

ドキュメントウィンドウ内各部の説明を図 0.10，表 0.6 に示す．

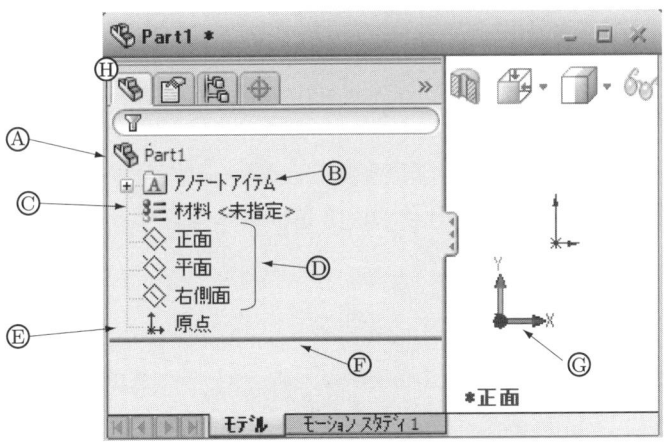

図 0.10 ドキュメントウィンドウ画面構成

表 0.6　ドキュメントウィンドウ画面構成の概要

記号	機　能
Ⓐ	部品アイコンと，現在開いているドキュメント名が表示される．ドキュメント名は，新規に開いたときは仮の名前が付けられているが，一度保存をしたあとは，保存したときに付けた名前となる．
Ⓑ	右クリックして，注記や寸法などのアノテートアイテムの表示と非表示を切り替えることができる．
Ⓒ	材料アイコンを右クリックし，ショートカットメニューの"材料編集"によって現在作業中の部品ドキュメントの材料を設定することができる．
Ⓓ	グラフィックス領域内のデフォルト平面（正面，平面，右側面）を選択できる．各平面は，図 0.11 のようにそれぞれが原点をとおり，互いに直交している．
Ⓔ	グラフィックス領域内の原点であり，現在開いているドキュメントの基準となる点である．
Ⓕ	ロールバックバーを移動させることにより，最近追加されたフィーチャーを抑制し，一時的にモデルを前の状態に戻すことができる．モデルがロールバック状態にあるときに，新規フィーチャーを追加することによって，フィーチャーの作成順序を変更することが可能となる．
Ⓖ	参照トライアドとよばれ，部品やアセンブリドキュメントでモデルの表示方向を指定しやすくするために表示される．参照トライアド座標は，表示目的でのみ使用されるため，"選択する"，"推測点"として使用するといったことはできない．
Ⓗ	左端のタブが Feature Manager デザインツリータブである．各タブをクリックすることで機能の切り替えをすることができる．

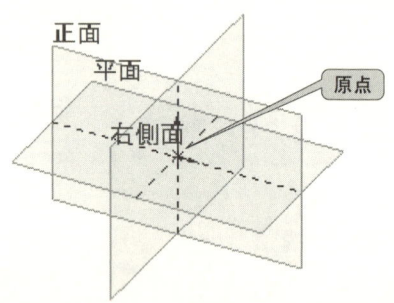

図 0.11　グラフィックス領域のデフォルト平面

0.4.2　押し出し

【円のスケッチ作成】

① 新規部品ドキュメントを開き，Feature Manager デザインツリー内の「平面」をクリックして選択する．

② Command Manager で，スケッチタブを選択し，スケッチツールバーを呼び出す．"スケッチ"ボタン をクリックすると，Feature Manager デザインツリーに"スケッチ 1"が作成される．このアイコンがこれから描くスケッチのアイコンとなる．グラフィックス領域では，平面が視線に垂直方向を向く．

③ "スケッチツールバー"の"円"ボタン をクリックし，図 0.12 のようにマウスポインタ

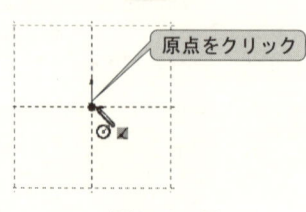

図 0.12　円

をグラフィックス領域の原点と一致させる．マウスポインタ近くに表示される マークは，マウスポインタと原点位置と一致しており，これから描く円の中心点と原点との間に一致の幾何拘束が追加されることを意味する．

④ スケッチの描き方は2通り用意されており，それぞれの手順を表 0.7 に示す．どちらの描き方でも結果に違いはないため，使いやすい方法を選ぶことができる．

表 0.7 スケッチの描き方

スケッチモード	描き方
クリック-ドラッグモード	最初の点をクリックしてからドラッグすると，クリック-ドラッグモードになる．プレビューが破線で表示され，マウスボタンを離した位置で円がスケッチされる．
クリック-クリックモード	最初の点をクリックしてからポインタを離すと，クリック-クリックモードになる．プレビューが破線で表示され，再びクリックした位置で円がスケッチされる．

プレビュー状態時に，図 0.13 のように円の現在の半径が表示されるので，スケッチする際のおよそのめやすとすることができる．

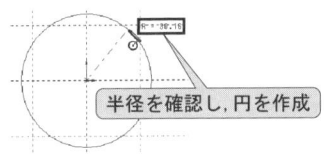

図 0.13 プレビュー状態

⑤ スケッチツールバーの"スマート寸法"ボタン をクリックし，スケッチした円の円周をポイントしてクリックする．図 0.14 のように，マウスポインタを移動させ，寸法数値を配置したい位置でクリックする．

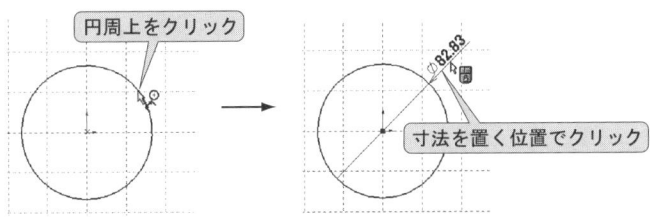

図 0.14 スマート寸法

⑥ "修正"ダイアログが表示されるので，図 0.15 のように半角数字で寸法数値を入力し，OKボタンをクリックする．ここでは，直径 100 mm の円の円柱とするため，100 と入力をする．単位の mm は自動で付加されるため，数値のみの入力をする．

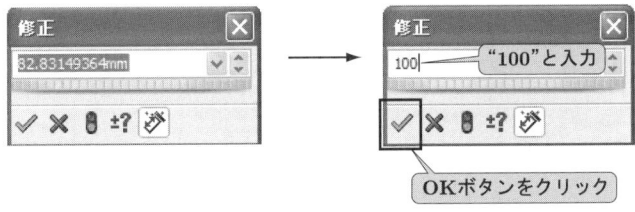

図 0.15 寸法数値の修正

【押し出しフィーチャー作成】

⑦ Command Manager でフィーチャータブを選択し，スケッチツールバーを呼び出す．"押し出し"ボタン をクリックする．

⑧ "押し出し" Property Manager が表示され，グラフィックス領域では押し出しフィーチャーの状態がプレビュー表示される．図0.16に示すように，Property Manager の"方向1"で，"押し出し状態"を"ブラインド"として，"深さ／厚み"を半角数字で100と入力してEnterキーを押す．グラフィックス領域のプレビューで上方向に押し出すように"反対方向"ボタンで切り替えを行い，OKボタンで確定する．

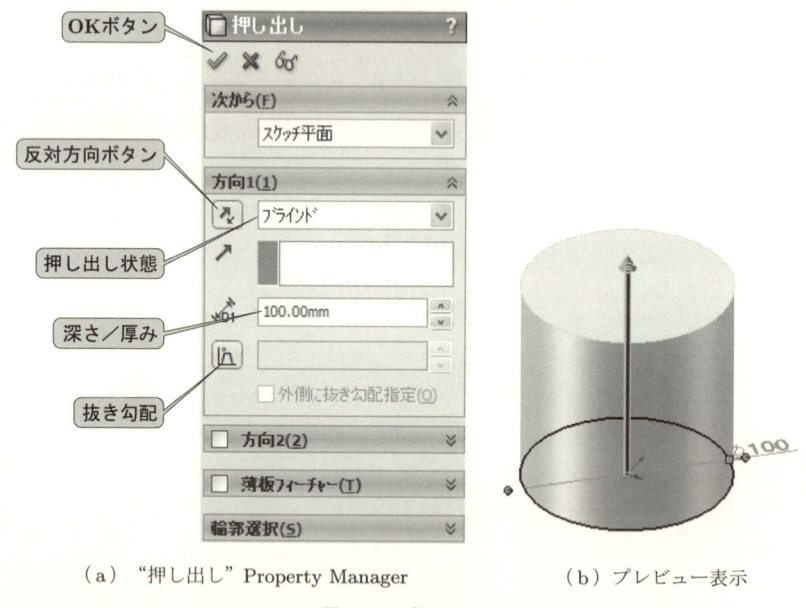

（a）"押し出し" Property Manager　　（b）プレビュー表示

図0.16　押し出し

⑨ Feature Manager デザインツリーに"押し出し1"アイコンが作成される．図0.17のように，展開ボタン⊞をクリックすると，中に"スケッチ1"がふくまれていることが確認できる．これは，"押し出し1"フィーチャーが"スケッチ1"をもとに作成されていることを表す．

フィーチャーの削除は，Feature Manager デザインツリーから，右クリックメニューで

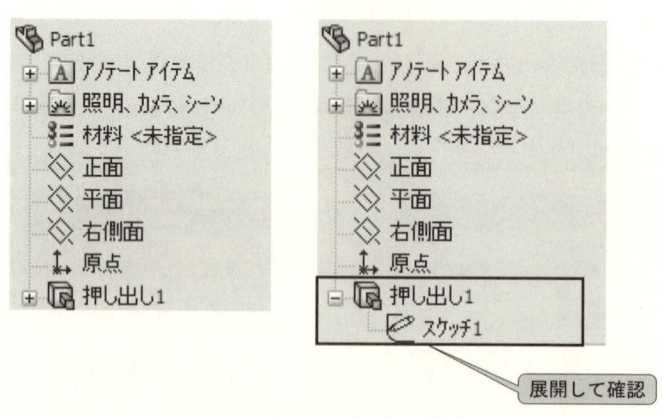

図0.17　Feature Manager

行うことができる．

【押し出しフィーチャーの特徴】

⑩ このフィーチャーによって作成できる主な形状例としては，板や図 0.18 のような円柱，角柱などがある．考え方はそれぞれの図に示すように，柱の底面形状または上面形状を輪郭スケッチとして直線方向に積み重ねていくというものになる．また，図 0.3 の直方体の鉛直方向のエッジにアールを付けた形状は図（d）のように考えることができる．

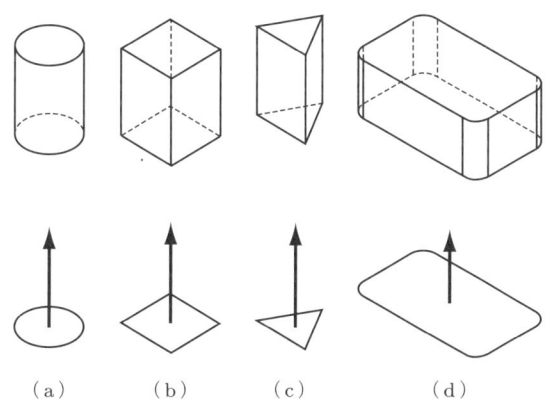

図 0.18　押し出しフィーチャーの例

【フィーチャーの修正】

ほかのベースフィーチャー作成方法を学ぶ前に，押し出しフィーチャーで作成した円柱の部品ドキュメントを使用してスケッチとフィーチャーの修正方法を学び，意図しない操作を行ってしまった際の対処方法を習得する．

図 0.19 のように，グラフィックス領域から作成したフィーチャーをクリックすると，押し出しフィーチャーで作成したスケッチやフィーチャーの寸法が表示される．それをクリックし，数値を変更することで，フィーチャーの修正が行える．ここでは，"100" の寸法を "200" の寸法に変更する．

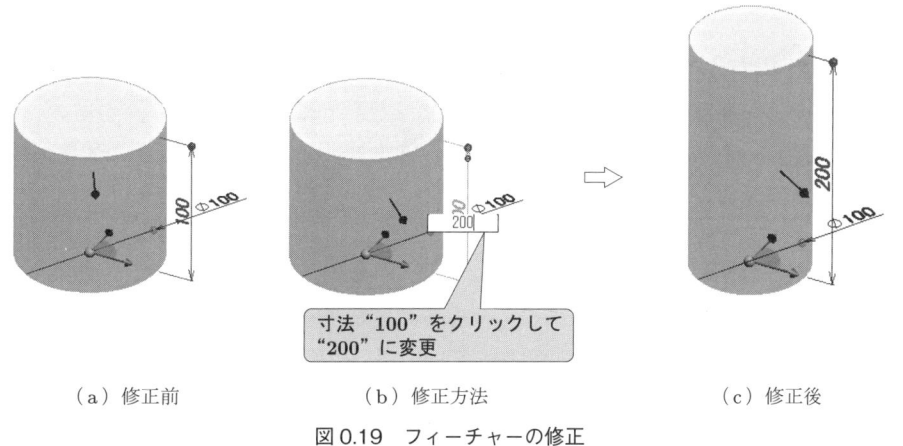

図 0.19　フィーチャーの修正

0.4.3　スイープ

【直線のスケッチ作成】

① 新規部品ドキュメントを開き，Feature Manager デザインツリー内の"正面"でスケッチを開始する．

② スケッチツールバーの"直線"ボタン をクリックし，原点から上方向に鉛直な直線を描く．鉛直な直線を描く場合は，図 0.20 に示すように マークが表示された状態で直線を描き終えるようにする必要がある．

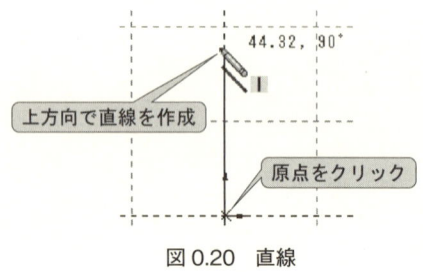

図 0.20　直線

③ "スマート寸法"ボタン をクリックしてスケッチに寸法を付ける．図 0.21 のように描いた直線上にマウスポインタを合わせてクリックしてマウスを移動し，寸法数値を配置したい位置で再度クリックする．

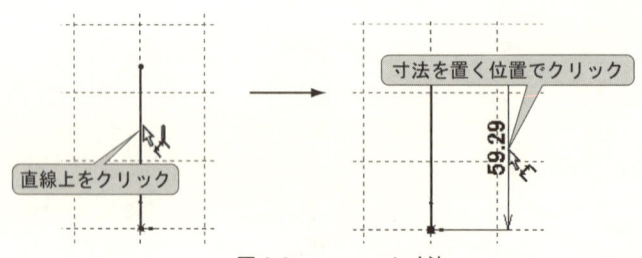

図 0.21　スマート寸法

④ 修正ダイアログで寸法数値を 100 と入力し，長さ 100 mm の直線とする．寸法配置完了後，スケッチ終了ボタン をクリックし，スケッチを終了する．Feature Manager デザインツリーに"スケッチ 1"が表示されていることを確認する．

⑤ Feature Manager デザインツリーで"平面"をクリックして選択し，新たにスケッチを開始する．このとき，自動でスケッチ平面の向きが変わらないので，標準表示方向ツールバーの"選択アイテムに垂直"ボタン をクリックして，スケッチ平面が視線に対して垂直の表示方向となるように切り替えを行う．

【円のスケッチ作成】

⑥ 押し出しの円のスケッチと同じ手順で直径 100 mm の円を描いてスケッチを終了し，図 0.22 のように Feature Manager デザインツリーに"スケッチ 2"が作成されていることを確認する．

0.4 部品ドキュメントの作成　17

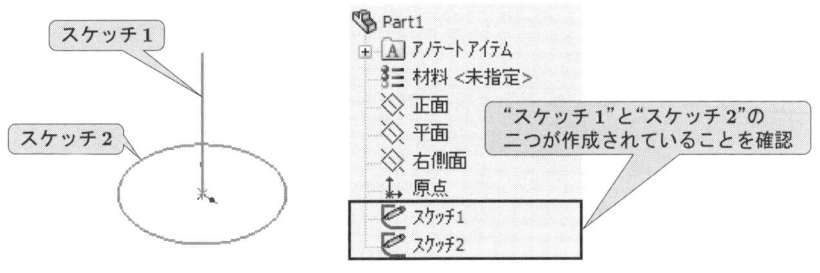

図 0.22　円のスケッチ

【スイープフィーチャーの作成】

⑦ フィーチャーツールバーの"スイープ"ボタン をクリックし，スイープの Property Manager で，図 0.23 に示すように設定して OK ボタンをクリックする．"輪郭とパス"項目では，上段が輪郭，下段がパスを指定する領域であり，色が青くなっている項目が入力可能状態となっていることを表す．入力可能状態は，領域をクリックすることで切り替えることが可能である．各項目を設定するには，入力可能状態となっている項目に対応するスケッチ（輪郭が"スケッチ2"，パスが"スケッチ1"）を Feature Manager デザインツリーかグラフィックス領域でクリックして入力する．

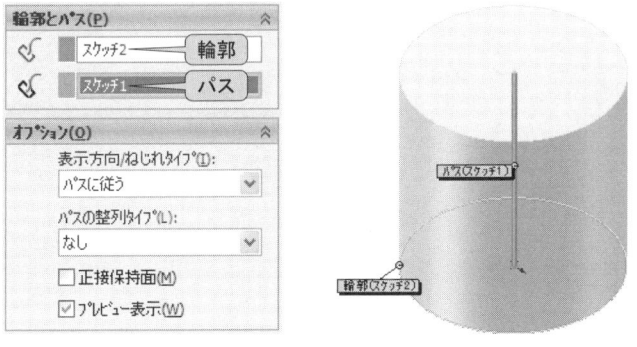

図 0.23　スイープフィーチャーの作成

⑧ Feature Manager デザインツリーに"スイープ1"アイコンが作成される．図 0.24 のように展開ボタン田をクリックすると，なかに"スケッチ1"と"スケッチ2"がふくまれていることが確認できる．これは，"スイープ1"フィーチャーが"スケッチ1"と"スケッチ2"をもとに作成されていることを表す．

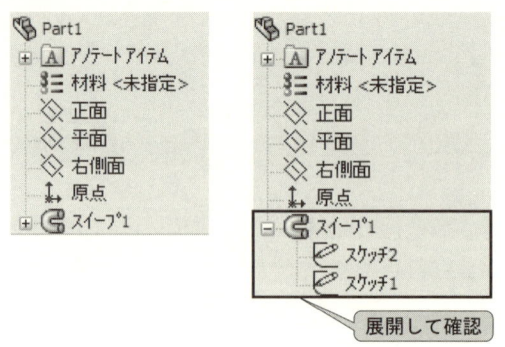

図 0.24　スイープフィーチャーの確認

【スイープフィーチャーの特徴】
⑨ このフィーチャーは掃引（そういん）ともよばれる．押し出しも輪郭の積み重ねということで掃引とも考えられるが，直線方向への積み重ねに限られるということで，掃引の特殊形態としてスイープとは区別されることが多い．スイープはパスが直線でなくてもよく，図 0.25（a），（b）のような曲線や，図（c）のような 3 次元的な線でもよい．

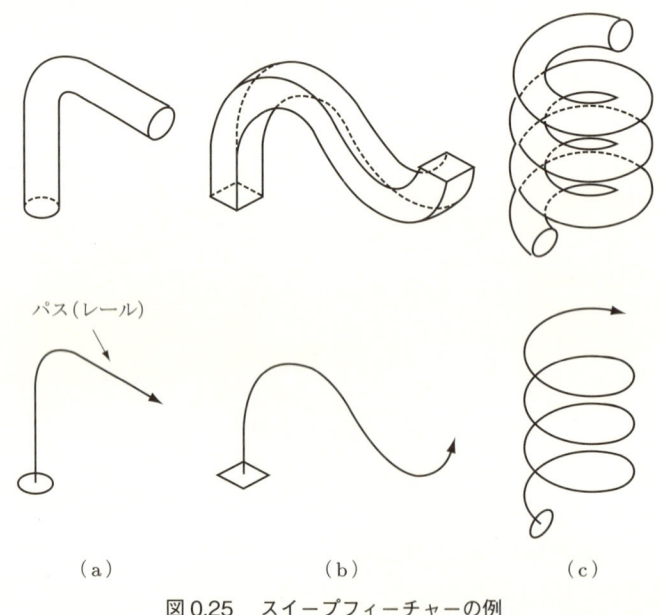

図 0.25　スイープフィーチャーの例

0.4.4　ロフト

【円のスケッチ作成】
① 新規部品ドキュメントを開き，平面で直径 100 mm の円を描いてスケッチを終了する．

【平面の作成】
② メニューバーの挿入→参照ジオメトリ→平面 をクリックすると，"平面" の Property Manager が表示される．図 0.26 のようにオフセット距離ボタンをクリックして "オフセッ

0.4 部品ドキュメントの作成　19

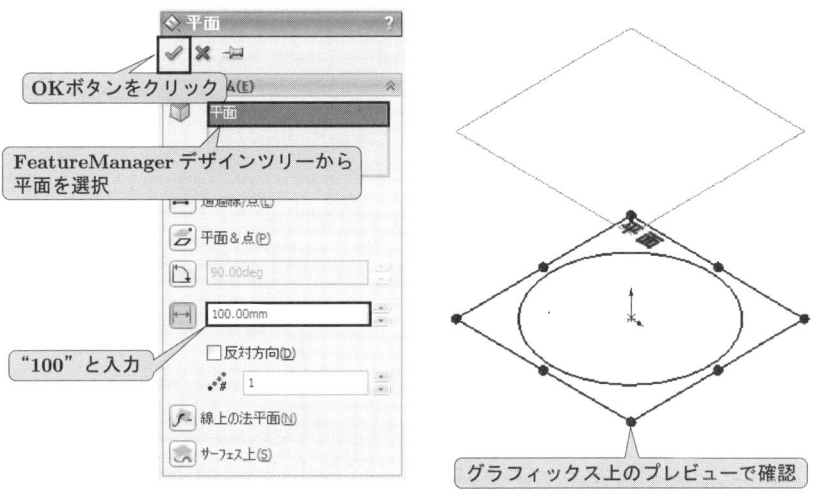

図 0.26　平面の作成

ト距離"を 100 mm と入力し，"参照エンティティ"に，Property Manager 右側にある Feature Manager デザインツリーから"平面"を指定して OK ボタンをクリックする．

【新しい平面に円のスケッチを作成】

③ Feature Manager デザインツリーに"平面1"が作成されるので，この平面1で新規にスケッチを開始し，図 0.27(a) のようにグラフィックス領域の表示を視線に垂直にする．グラフィックス領域でスケッチ1の円をクリックして選択状態にして，スケッチツールバーの"エンティティ変換"ボタン をクリックすると，図 (b) のようにスケッチ1の円が現在のスケッチ平面（平面1）に投影される．

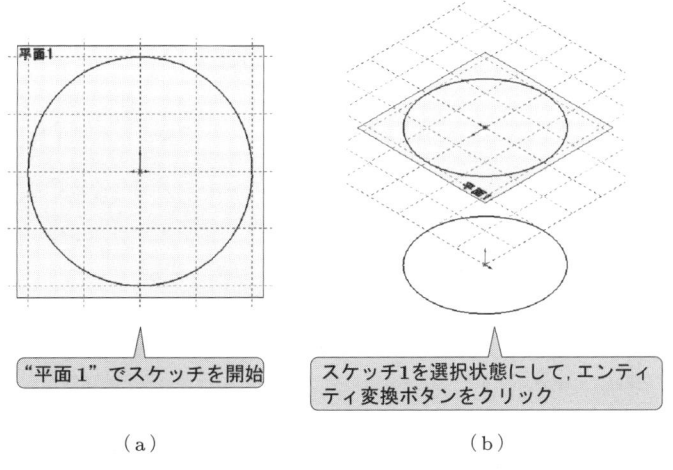

(a)　　　　　　　　　　　(b)

図 0.27　新しい平面に円のスケッチを作成

【ロフトフィーチャーの作成】

④ スケッチを終了して，Feature Manager デザインツリーに"スケッチ1"と"スケッチ2"が作成されていることを確認し，フィーチャーツールバーの"ロフト"ボタン をクリッ

クする．ロフトの Property Manager で"輪郭"項目に，Feature Manager デザインツリーから，"スケッチ 1"と"スケッチ 2"を選択する．

⑤ Feature Manager デザインツリーに"ロフト 1"アイコンが作成される．図 0.28 のように，展開ボタン田をクリックすると，なかに"スケッチ 1"と"スケッチ 2"がふくまれていることが確認できる．これは，"ロフト 1"フィーチャーが"スケッチ 1"と"スケッチ 2"をもとに作成されていることを表す．

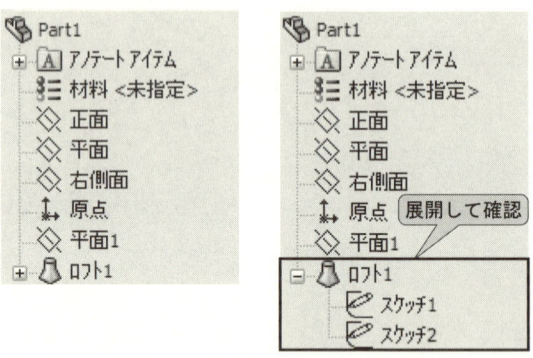

図 0.28　ロフトフィーチャーの確認

【ロフトフィーチャーの特徴】

⑥ このフィーチャーでは三つ以上の輪郭スケッチを接続して 3 次元モデルを作成することができる．このフィーチャーを作成する際の注意点すべきこととして，輪郭を接続する際の接続点の位置があげられる．同じ三つの正方形の輪郭スケッチを異なった接続点の設定で作成した 2 種類のロフトフィーチャーを図 0.29 に示す．

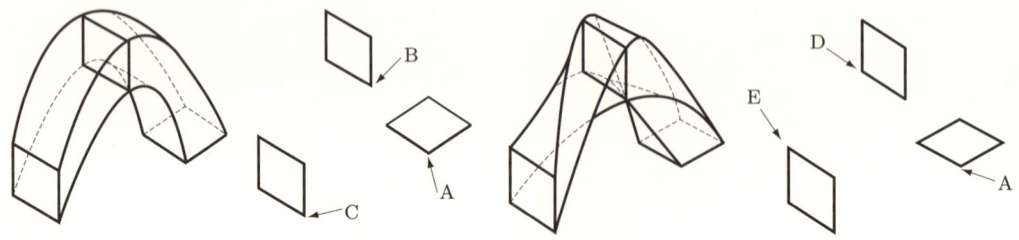

（a）点 A, B, C を接続点とした場合　　　　　（b）点 A, D, E を接続点とした場合

図 0.29　ロフトフィーチャーの接続点の設定

0.4.5　回　転

【中心線と輪郭（矩形）のスケッチ作成】

① 新規部品ドキュメントを開き，正面でスケッチを開始する．

② スケッチツールバーの"中心線"ボタンをクリックし，原点を通る鉛直な中心線を描く．図 0.30 のように，原点の鉛直上にマウスポインタをもっていくと青い破線が表示され，これが原点の鉛直線上にマウスポインタが位置することを表す．この状態で線を描き始め，描き終わりで鉛直の幾何拘束が付く状態にすると，原点を通って鉛直な中心線を描くこと

0.4 部品ドキュメントの作成

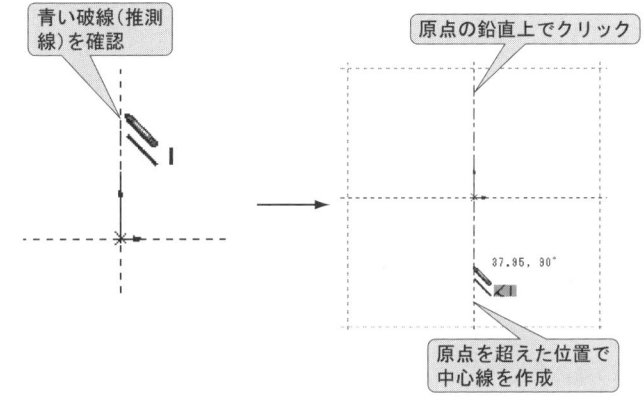

図 0.30 中心線

ができる．なお，中心線はできるだけ長めに描いておくとよい．
③ スケッチツールバーの"矩形"ボタン □ をクリックし，図 0.31 のように原点から右上方向へ矩形を描く．

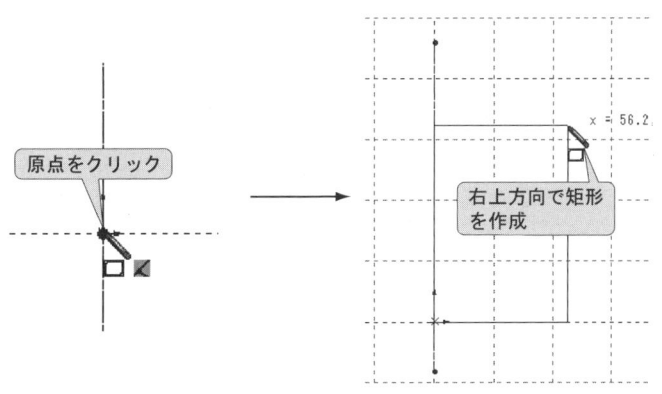

図 0.31 矩形

【矩形スケッチの寸法】
④ "スマート寸法"ボタン  をクリックする．矩形の縦線に 100 mm の寸法を付ける．さらに，横の寸法は図 0.32 の手順で付ける．
(a) 中心線と反対側の縦線をクリックする．
(b) 中心線をクリックする．このとき，矩形の直線と重なっていない部分をクリックしなければならない．
(c) 中心線を超える位置までマウスポインタを移動させると，中心線を挟んで 2 倍の長さ寸法（円柱の直径となる寸法）を付けることができるので，プレビュー状態を確認して寸法数値を配置する位置でクリックする．ここでは，寸法は 100 mm とする．

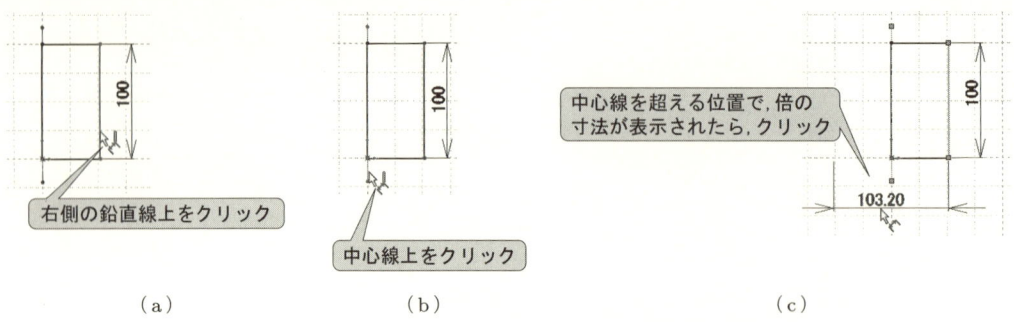

図 0.32 矩形スケッチの横の寸法

【回転フィーチャーの作成】

⑤ フィーチャーツールバーの"回転"ボタン をクリックし，Property Manager で図 0.33 のように設定して OK ボタンをクリックする．

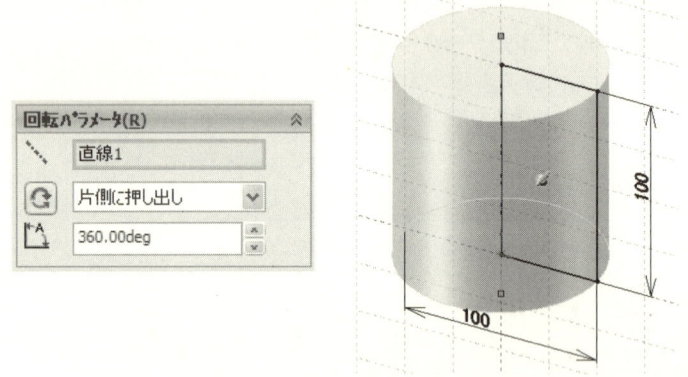

図 0.33 回転フィーチャーの作成

⑥ Feature Manager デザインツリーに"回転 1"アイコンが作成される．図 0.34 のように，展開ボタン をクリックすると，なかに"スケッチ 1"がふくまれていることが確認できる．これは，"回転 1"フィーチャーが"スケッチ 1"をもとに作成されていることを表す．

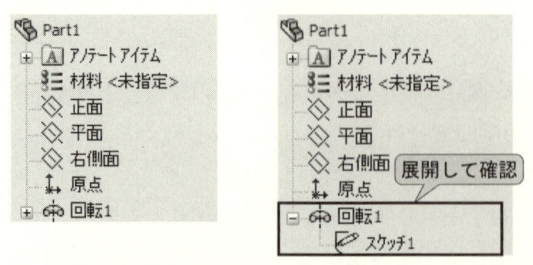

図 0.34 回転フィーチャーの確認

【回転フィーチャーの特徴】

⑦ このフィーチャーは，名前のとおり円柱や円錐，球などの回転体形状を作成するものである．しかし，回転フィーチャーでは，輪郭のスケッチは，必ずしも回転軸と一致する必要はない．回転軸と離れた位置にあるスケッチで回転フィーチャーを作成すると図 0.35 のようなトーラス形状となる．

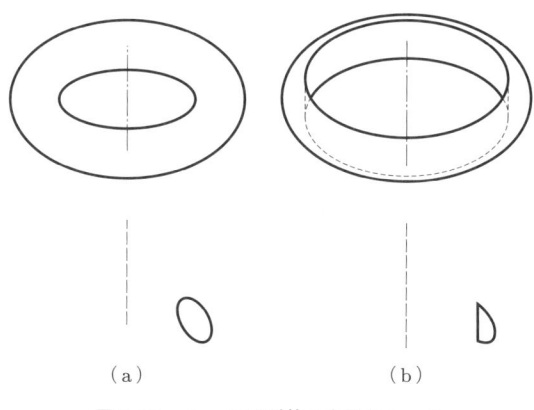

図 0.35　トーラス形状となるスケッチ

0.5　アセンブリドキュメントの作成

　アセンブリデータは，その名のとおり複数の部品データを構成部品として組み合わせたものである．また，ほかのアセンブリデータをサブアセンブリとし，構成部品の一つとして組み合わせることもできる．アセンブリデータのファイル名には，部品データとは別種のデータとして異なる拡張子が付けられる．

　アセンブリデータの作成手順としては，アセンブリデータ内に部品データを取り込む形式が一般的である．取り込んだ複数の部品データ間にさまざまな関係付けをしてアセンブリ状態を構築していく．

　アセンブリデータの作成時に最も重要な操作が，構成部品間の関係付けであり，合致や拘束とよばれる機能となる．これも CAD システムの種類によってさまざまな関係付けの定義が用意されている．SolidWorks では，ソフトウェアのバージョンによってその種類に違いがあるが，主なものとして，一致，同心円，平行，垂直，正接，距離，角度などがある．なお，関係付けに用いる形状要素としては，スケッチ平面やモデルの面，エッジ，頂点などが使用でき，使用する際の優先順位としてはこの順番となる．

　本章では，図 0.38 に示すような base 部品と bolt 部品の組み合わせを行うため，各部品を事前に作成しておく必要がある．両部品とも，0.3 〜 0.4 節で説明したのと同様の操作手順で作成できる．以下にその作成手順を記載する．なお，各寸法は任意とする．

【base 部品の作成手順】
① 平面でスケッチを開始し，スケッチツールバーの矩形ボタン □ で矩形をスケッチする．
② フィーチャーツールバーの押し出しボタン で板を作成する．
③ 平面でスケッチを開始し，スケッチツールバーの円ボタン で円をスケッチする．
④ フィーチャーツールバーの押し出しカットボタン をクリックし，板に穴をあける．
⑤ 標準ツールバーの保存ボタン をクリックし，名前をつけて保存する．

【bolt 部品の作成手順】
① 平面でスケッチを開始し，円ボタン で bolt 頭部分をスケッチする．

② フィーチャーツールバーの押し出しボタン ▭ で bolt 頭部分を作成する．
③ 平面でスケッチを開始し，円ボタン ⊙ で bolt ねじ部分をスケッチする（ねじ部分は，base 部品の穴と同様の大きさとする）．
④ フィーチャーツールバーの押し出しボタン ▭ で bolt ねじ部分を作成する．
⑤ 標準ツールバーの保存ボタン 💾 をクリックし，名前をつけて保存する．

0.5.1　アセンブリドキュメントを開く

① 標準ツールバーの"新規"ボタンをクリックする．
② "新規 SolidWorks ドキュメント"ウィンドウが開くので，"アセンブリ"アイコンを選択して OK ボタンをクリックする．
③ 新規アセンブリドキュメントが開くと，図 0.36（a）のような部品挿入の画面が出てくる．ここで，キャンセルボタンをクリックすると，図（b）のアセンブリドキュメントの Feature Manager デザインツリーが表示される．アセンブリドキュメントの Feature Manager デザインツリーは，部品ドキュメントのものと同じ様であるが，"合致"アイコン 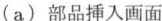 が増え，追加した合致条件がここに時系列で表示される．合致条件の削除，編集もここから行える．また，アセンブリドキュメント内に挿入した部品データも Feature Manager デザインツリーに表示される．

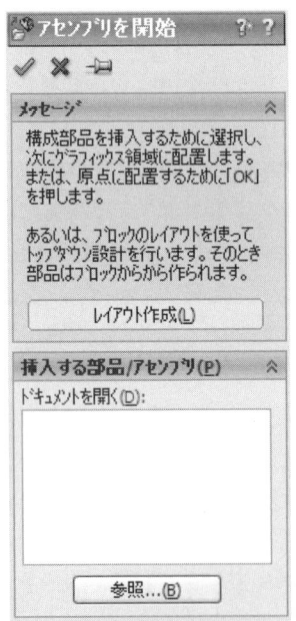
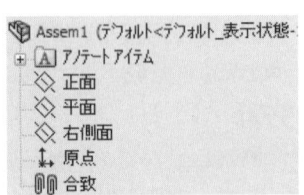

（a）部品挿入画面　　（b）アセンブリドキュメントの
　　　　　　　　　　　　Feature Manager デザインツリー

図 0.36　アセンブリ

0.5.2 部品の挿入

① アセンブリツールバーの既存の部品ボタン をクリックすると，図 0.36（a）が開かれる．参照ボタンから，挿入する部品を指定する．ここでは，base 部品を指定して挿入する．

② OK ボタン をクリックすると，図 0.37 のように Feature Manager デザインツリーに部品が挿入され，グラフィックス領域では，部品が原点に固定される．

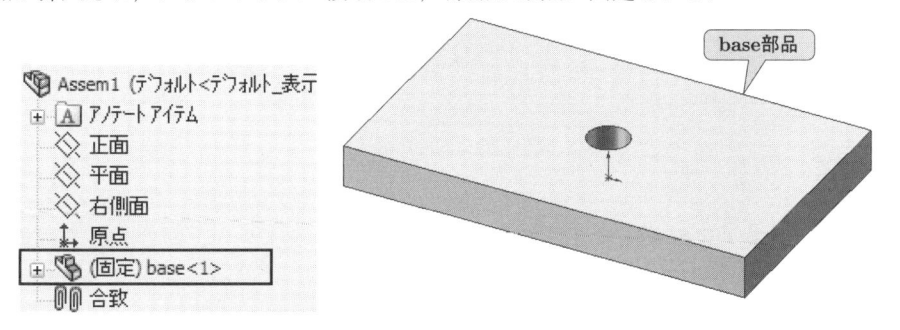

図 0.37　アセンブリドキュメントへの部品データの挿入

③ 同様に，既存の部品ボタンをクリックし，参照ボタンから，二つ目に挿入する部品を指定する．ここでは，bolt 部品を指定して挿入する．

④ 二つ目以降の部品は，図 0.38 のようにグラフィックス領域上の任意の位置でクリックし，部品を配置する．

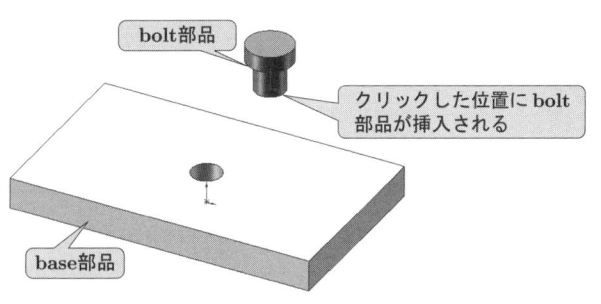

図 0.38　グラフィックス領域上に部品を配置

0.5.3 合致の追加

ここでは，主となる二つの合致について説明する．

【同心円合致】

アセンブリツールバーの合致ボタン をクリックする．図 0.39 のように，合致エンティティに，base 部品の円筒面と bolt 部品の円筒面を選択すると，同心円合致が追加される．

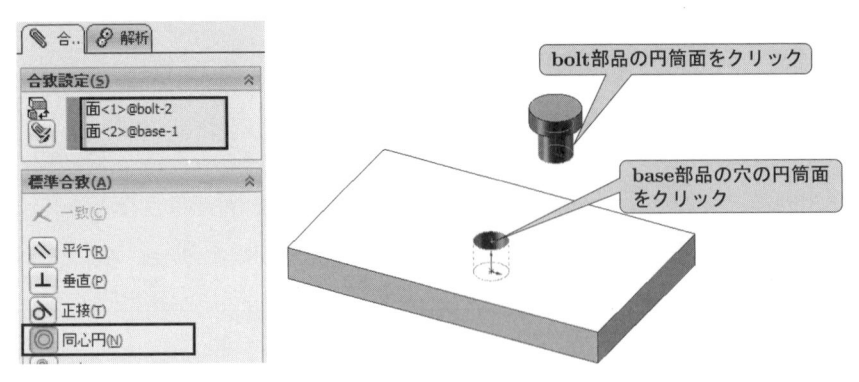

図 0.39　同心円合致

【一致合致】

図 0.40 のように，OK ボタンをクリックし，そのまま base 部品の上面と bolt 部品の裏の平坦な面を選択すると，一致合致が追加される．

Feature Manager デザインツリーでは，図 0.41 のように合致フォルダに追加した合致が表示されていることが確認できる．

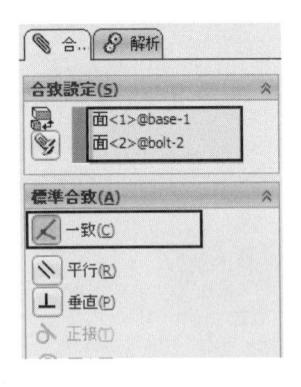

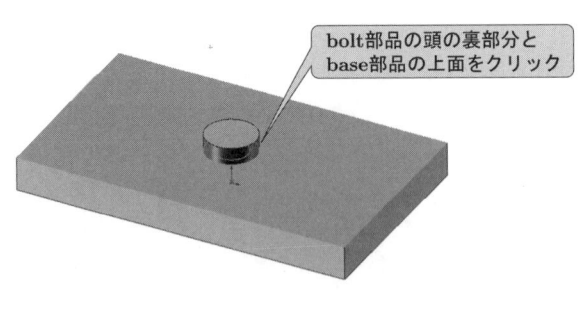

図 0.40　一致合致

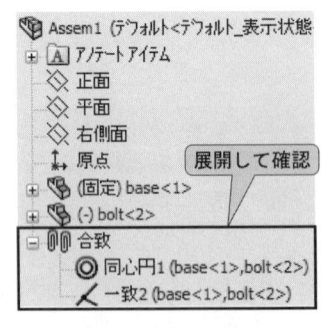

図 0.41　合致の確認

第1章 JIS製図法

近年,産業活動のグローバル化が加速している.それにともない,ものづくりの重要な技術文書である図面も,当然のように国際化が求められている.すなわち,どの国の誰が作成した図面でも,要求事項が明確に伝わり,あいまいさがなく同じ解釈がされなければならない.このことは2次元図面,3次元図面を問わない.そのためには,設計要求を図面に表現する世界共通の表記方法を使用することが必要である.

本章では,このような現状に対応するための世界共通の表記方法である国際標準化機構ISOに準拠した日本工業規格JISの製図法,寸法公差,幾何公差について説明する.

Key Word 図面,国際化,寸法公差,幾何公差,データム,表面性状

1.1 製図法

1.1.1 製図の目的と図面の基本要件

製図(図面を作製する)の目的は,設計者の意図を製作者に確実かつ容易に伝達し,その図面に示す情報を確実に保存,検索,利用できることである.そのためには,JISでは図面は以下のような基本的な用件を備えていなければならないとしている.

① 「対象物の図形とともに,必要とする大きさ・形状・姿勢・位置の情報を含むこと.必要に応じ,更に,面の肌,材料,加工方法などの情報を含むこと」
② 「①の情報を,明確かつ理解しやすい方法で表現していること」
③ 「あいまいな解釈が生じないように,表現上の一義性をもつこと」
④ 「技術の各分野の交流の立場から,できるだけ広い分野にわたる整合性・普遍性をもつこと」
⑤ 「貿易及び技術の国際交流の立場から,国際性を保持すること」
⑥ 「マイクロフィルム撮影などを含む複写及び図面の保存・検索・利用が確実にできる内容と様式を備えること」

1.1.2 主な製図関連規格

製図に関するルールは，日本工業規格 JIS（japanese industrial standards）に定められている．表 1.1 にその主なものを示した．現在では，インターネット上でも手軽に JIS（http://www.jisc.go.jp）を閲覧できるため，適時確認しておくことが重要である．

表 1.1 主な製図関連規格

規格番号	規格名称
JIS Z 8310	製図総則
JIS Z 8114	製図用語
JIS Z 8311	製図用紙のサイズ及び図面の様式
JIS Z 8312	線の基本原則
JIS Z 8313	文字
JIS Z 8314	尺度
JIS Z 8315	投影法
JIS Z 8316	図形の表し方の原則
JIS Z 8317	寸法及び公差の記入方法
JIS Z 8318	長さ寸法及び角度寸法の許容限界記入方法
JIS B 0001	機械製図
JIS B 3402	CAD 機械製図

1.1.3 図面の様式と尺度

図面に用いる様式の一例を図 1.1 に示す．図面には，表 1.2 に示す輪郭線，表題欄，中心マークは必須事項である．

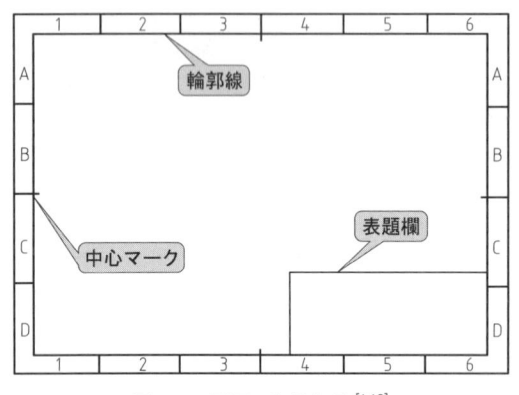

図 1.1 図面の必須事項 [1.10]

表 1.2 図面様式

用 語	定 義
輪郭線	図面の，図を描く領域と輪郭との境界線．
表題欄	図面の管理上必要な事項，図面内容に関する定型的な事項などをまとめて記入するために，図面の一部に設ける欄．図面番号，図名，企業名などを記入する．
中心マーク	図面をマイクロフイルムに撮影したり，複写するときの便宜のため，図面の各辺の中央に設ける印．

図面は原則的に製作される部品と同じ寸法（現尺）で描くが，場合により縮尺や倍尺を用いる．尺度に関連した用語は，表 1.3 のように定義されている．また，推奨されるそれぞれの尺度を表 1.4 に示す．描いた図形での対応する長さを A，対象物の実際の長さを B として，尺度は A:B で表す．

表 1.3　尺度関連用語

用　語	定　義
尺　度	図形の大きさ（長さ）と対象物の大きさ（長さ）との割合.
現　尺	対象物の大きさ（長さ）と同じ大きさ（長さ）に図形を描く場合の尺度，現寸ともいう.
倍　尺	対象物の大きさ（長さ）よりも大きい大きさ（長さ）に図形を描く場合の尺度.
縮　尺	対象物の大きさ（長さ）よりも小さい大きさ（長さ）に図形を描く場合の尺度.

表 1.4　推奨尺度

種　別	推奨尺度		
倍　尺	20：1	50：1	10：1
	2：1	5：1	
現　尺	1：1		
縮　尺	1：2	1：5	1：10
	1：20	1：50	1：100
	1：200	1：500	1：1000
	1：2000	1：5000	1：10000

1.1.4　線の種類と用途

　図 1.2 のように，実際の図面にはさまざまな線を用いる．図面を作製するのに用いる線の種類とその用途は，表 1.5 に示すように分けられる．

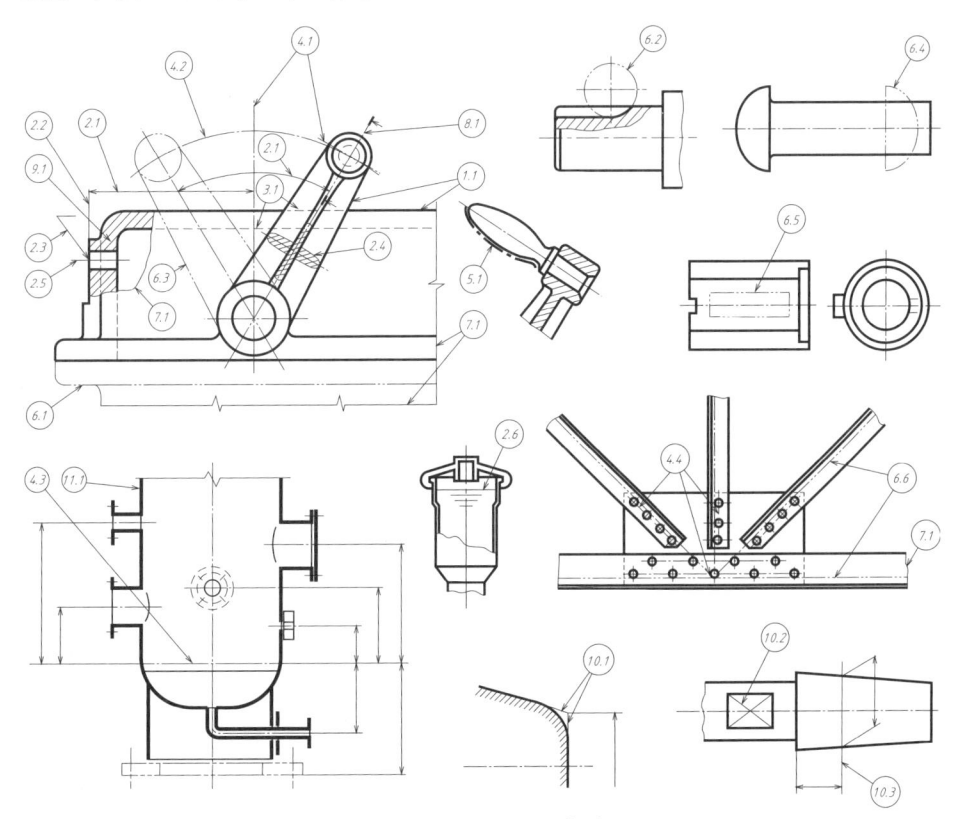

図 1.2　線の種類の使用例 [1.10]

表 1.5 線の種類と用途 [1.10]

用途による名称	線の種類		線の用途	図1.2の照合番号
外形線	太い実線	———————	対象物の見える形状を表すのに用いる.	1.1
寸法線	細い実線		寸法を記入するのに用いる.	2.1
寸法補助線			寸法を記入するために図形から引き出すのに用いる.	2.2
引出線			記述・記号などを示すために引き出すのに用いる.	2.3
回転断面線			図形内にその部分の切り口を90度回転して表すのに用いる.	2.4
中心線			図形に中心線 (4.1) を簡略に表すのに用いる.	2.5
水準面線			水面,液面などの位置を表すのに用いる.	2.6
かくれ線	細い破線又は太い破線	------------	対象物の見えない部分の形状を表すのに用いる.	3.1
中心線	細い一点鎖線	— - — - — - —	a) 図形の中心を表すのに用いる.	4.1
			b) 中心が移動する中心軌道を表すのに用いる.	4.2
基準線			特に位置決定のよりどころであることを明示するのに用いる.	4.3
ピッチ線			繰返し図形のピッチをとる基準を表すのに用いる.	4.4
特殊指定線	太い一点鎖線	— - — - — - —	特殊な加工を施す部分など特別な要求事項を適用すべき範囲を表すのに用いる.	5.1
想像線	細い二点鎖線	— -- — -- — --	a) 隣接部分を参考に表すのに用いる.	6.1
			b) 工具,ジグなどの位置を参考に示すのに用いる.	6.2
			c) 可動部分を,移動中の特定の位置又は移動の限界の位置で表すのに用いる.	6.3
			d) 加工前又は加工後の形状を表すのに用いる.	6.4
			e) 図示された断面の手前にある部分を表すのに用いる.	6.5
重心線			断面の重心を連ねた線を表すのに用いる.	6.6
破断線	不規則な波形の細い実線又はジグザグ線	～～～/\/\～	対象物の一部を破った境界,又は一部を取り去った境界を表すのに用いる.	7.1
切断線	細い一点鎖線で,端部及び方向の変わる部分を太くしたもの		断面図を描く場合,その断面位置を対応する図に表すのに用いる.	8.1
ハッチング	細い実線で,規則的に並べたもの	/////	図形の限定された特定の部分を他の部分と区別するのに用いる.例えば,断面図の切り口を示す.	9.1
特殊な用途の線	細い実線		a) 外形線及びかくれ線の延長を表すのに用いる.	10.1
			b) 平面であることを示すのに用いる.	10.2
			c) 位置を明示又は説明するのに用いる.	10.3
	極太の実線	━━━━━	薄肉部単線図示を明示するのに用いる.	11.1

備考) 細線,太線及び極太線の線の太さの比率は 1:2:4 とする.

1.1.5 投影法

図 1.3 のように,部品のある一面から発する光を投影面に映し出すことを投影といい,映し出された図形を投影図という.図 1.3 では,投影面と部品の映し出す面は平行であり,投影面は光に垂直である.また,光はお互いに平行である.このような投影の仕方を正投影といい,部品の実際の長さがそのまま投影されるので,機械図面では多用されている.図 1.3 のように,部品の映し出す面と投影図を同じ側(みた側)に置く方法を第三角法という.JIS では,投影図は第三角法で記すことを原則としている.ただし,紙面の都合などで投影図を第三角法による正しい配

置に描けない場合や，図の一部が第三角法による位置に描くとかえって図形が理解しにくくなる場合には，第一角法または相互の関係を矢印と文字を用いた矢示法を用いてもよい．図面がどの投影法で描かれているかを，図 1.4（a）のように表題欄またはその近くに記号で示す．第三角法の記号は，図（b）である．詳しくは JIS をみてほしい．

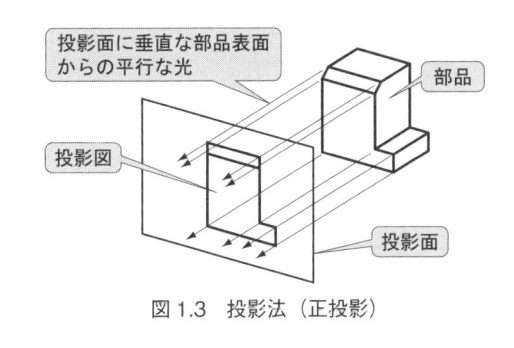

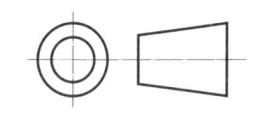

図 1.3　投影法（正投影）

（a）表題欄の例　　　　　　　　　　（b）第三角法の記号

図 1.4　投影法の図面への指示

（1）第三角法

第三角法で図面内に配置した例を図 1.5 に示す．正面からみた形（a）を中心部に置き，右方向からみた形（d）を右側に，左方向からみた形（c）を左側に配置している．同じく，上面からみた形（b）を上側に，下面からみた形（e）を下側に配置している．後ろ側からみた形（f）は，右方向からみた形をさらに右方向からみた形で配置している．

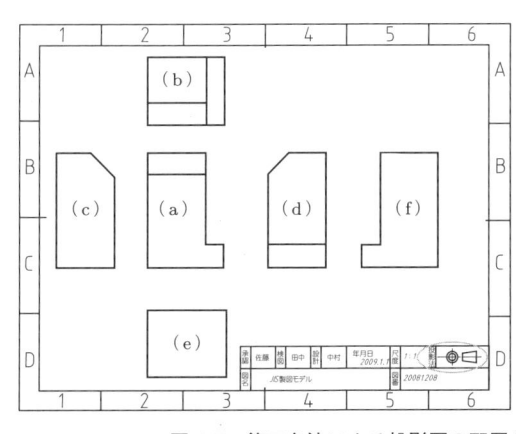

	呼び名	みる方向
(a)	正面図	前面
(b)	平面図	上面
(c)	左側面図	左方向
(d)	右側面図	右方向
(e)	下面図	下面
(f)	背面図	背面

図 1.5　第三角法による投影図の配置と呼び方

（2）第一角法

第一角法はみた図形の配置の位置が第三角法と逆となる．たとえば，図 1.5 において，右方向からみた形（d）を左側に（第三角法では右側），左方向からみた形（c）を右側（第三角法では左側）に配置する．

1.1.6　図形の表し方

（1）主投影図の示し方

最も多く対象物の情報を与える投影図が，主投影図である．主投影図は正面図ともいうが，必ずしも正面からみた図とは限らず，部品や製品の特徴を最もよく表している投影図をいう．たとえば，自動車や船などでは横からみた図を主投影図とし，航空機では上からみた図を主投影図とする．

主投影図は，つぎのような点に注意して決定する．

- 自動車などの動く製品などは，進行方向を左側するのがよい．
- 部品図などは，加工時に置かれる姿勢がよい．たとえば，旋盤加工の場合は，径の太い部分を左側にする．
- なるべくかくれ線を用いないで描ける投影図を選ぶのがよい．

（2）その他の投影図の示し方

主投影図を補足する他の投影図はできるだけ少なくし，図 1.6 のように主投影図だけで表せるものに対しては，ほかの投影図は描かない．また，互いに関連する図は，図 1.7 のようにできるかぎりかくれ線を用いなくて済むように配置する．

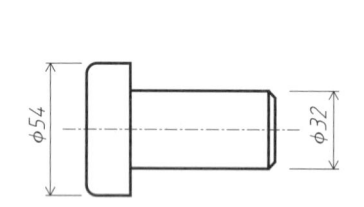

図 1.6　主投影図だけでの表示 [1.10] 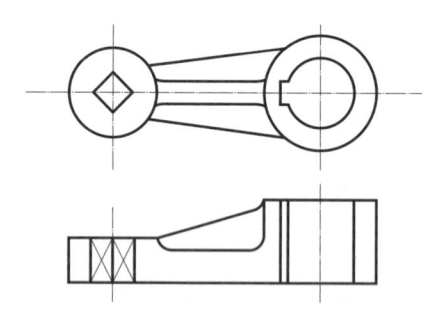　　図 1.7　かくれ線をなるべく用いない配置 [1.10]

【部分投影図】

図の一部を示せば製品の全体がわかる場合には，図 1.8 のように，その必要な部分だけを部分投影図として表す．この場合には，省いた部分との境界を破断線で示す．ただし，明確な場合には破断線を省略してもよい．

【局部投影図】

主投影図のほかにも図示しなければわからないが，その部分の穴，溝など一局部だけの形を図示すれば足りる場合には，図 1.9 のように，その部分の必要な局部のみを局部投影図として表す．投影関係を示すためには，図 1.9 および図 1.10 のように，主となる図に中心線，基準線，寸法補助線などで結ぶ．

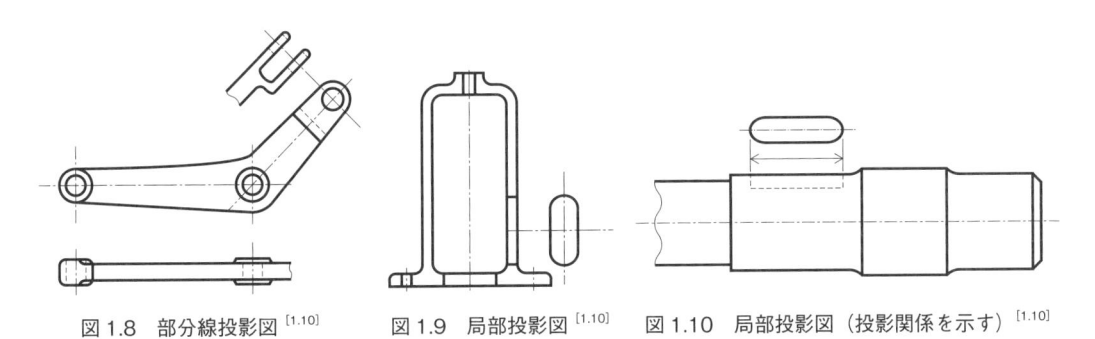

図 1.8　部分線投影図 [1.10]　　図 1.9　局部投影図 [1.10]　　図 1.10　局部投影図（投影関係を示す）[1.10]

【部分拡大図】

詳細な図示や寸法が必要な部分の図形が小さく，図面への詳細な図示や寸法の記入ができない場合には，図 1.11 のように，該当部分を細い実線で囲み，別の箇所に拡大して描く．さらに，英字の大文字で表示するとともに，その文字と部分拡大図，および尺度を記す．ただし，拡大した図の尺度を示す必要がない場合には，尺度の代わりに拡大図と記してもよい．

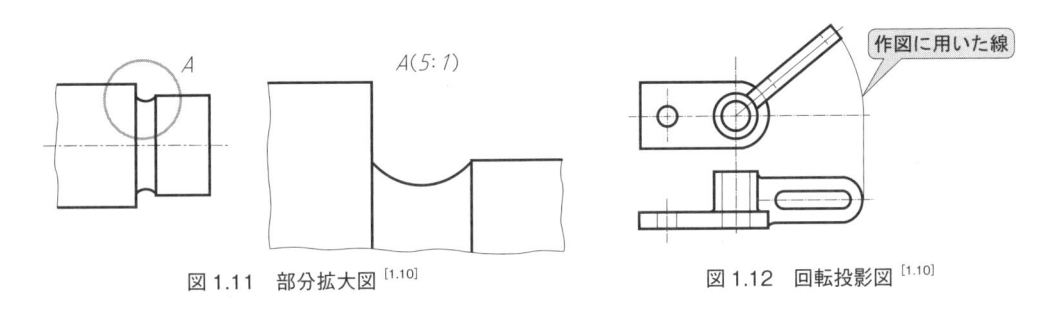

図 1.11　部分拡大図 [1.10]　　図 1.12　回転投影図 [1.10]

【回転投影図】

投影図の一部分が，ある角度をもっており，そのままでは実形を表せないときには，図 1.12 のように，その部分を回転して，その実形を図示してもよい．なお，見誤るおそれがある場合には，作図に用いた線を残す必要がある．

【補助投影図】

斜面部がある対象物で，その斜面の実形を表す必要がある場合には，下記のように補助投影図で表す．

① 対象物の斜面の実形を図示する必要がある場合には，図 1.13 のように，その斜面に対向する位置に補助投影図として表す．この場合，必要な部分だけを部分投影図または局部投影

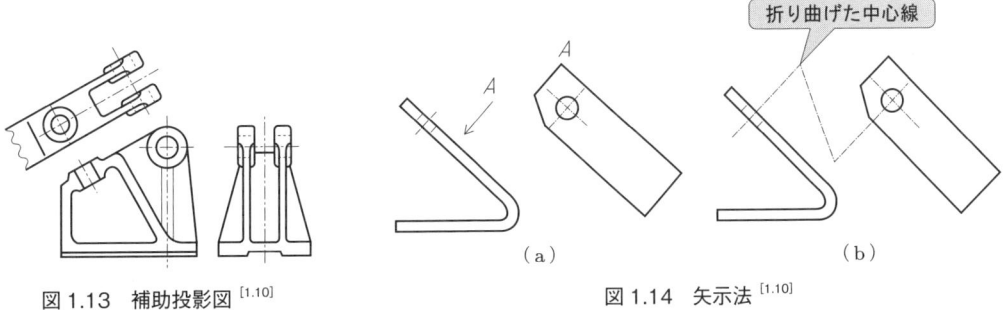

図 1.13　補助投影図 [1.10]　　図 1.14　矢示法 [1.10]

図で描いてもよい．
② 紙面の関係などで，補助投影図を斜面に対向する位置に配置できない場合には，図1.14（a）のとおり矢示法を用いて示し，その旨を矢印および英字の大文字で示す．また，図（b）に示すように，折り曲げた中心線で結び，投影関係を示してもよい．

【断面図の示し方】
隠れた部分をわかりやすく示すために，断面図として図示する場合がある．以下のようにすると，かくれ線を省くことができ，必要な箇所が明確に図示できる．

① **全断面図**　全断面図とは，対象物を一つの平面で切断し，その切断面に垂直な方向からみた形状をすべて描いた断面図である．通常は，図1.15のように，対象物の基本的な形状を最もよく表すように，切断面を決めて描く．この場合には，切断線は記入しない．また，断面形状が複雑なものや，組立図，カタログなどには，図（b）のようにハッチングを施したほうがよい．

（a）　　　　　　　　（b）ハッチングを施した例

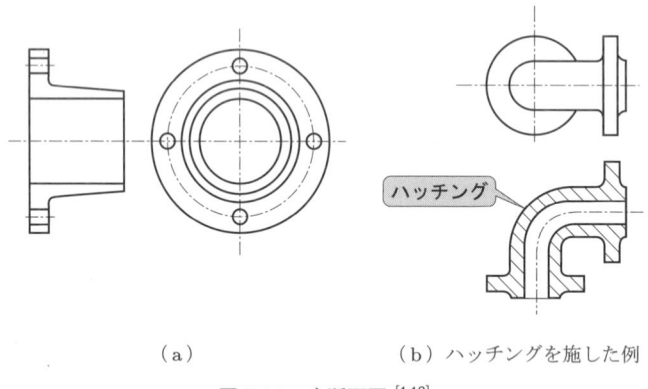

図1.15　全断面図 [1.10]

② **片側断面図**　対称形の対象物は，図1.16のように，外形図の半分と全断面図の半分とを組み合わせて表すことができる．

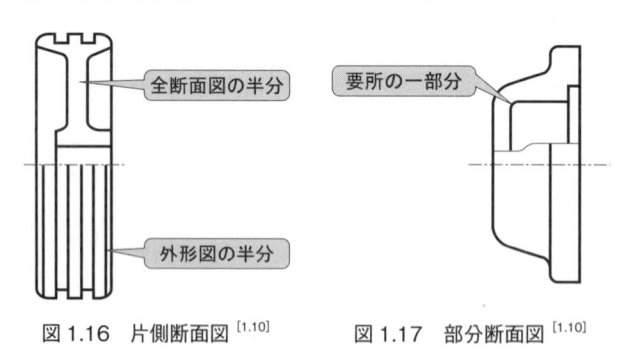

図1.16　片側断面図 [1.10]　　　図1.17　部分断面図 [1.10]

③ **部分断面図の外形図**　図1.17のように必要とする要所の一部分だけを，部分断面図として表すことができる．この場合，破断線でその境界を示す．

④ **回転図示断面図**　ハンドル，車などのアームやリム，リブ，フック，軸，構造物の部材などの細長い物の切り口は，図1.18のように90°回転して表してもよい．切断箇所の前後を破断して，その間に描く．

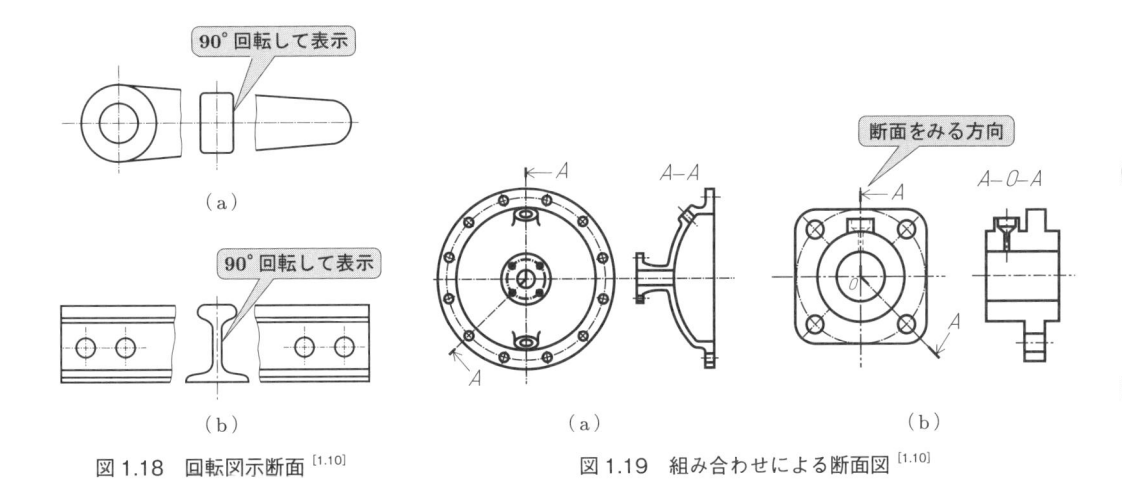

図 1.18　回転図示断面 [1.10]

図 1.19　組み合わせによる断面図 [1.10]

⑤ **組み合わせによる断面図**　二つ以上の切断面による断面図を組み合わせて行う断面図示は，図 1.19 のように表す．なお，これらの場合，必要に応じて断面をみる方向を示す矢印および文字記号を付ける．

1.1.7　寸法記入方法

寸法は，図 1.20 のように，寸法線，寸法補助線，引出し線，端末記号，起点記号などを用いて，寸法数値によって表す．

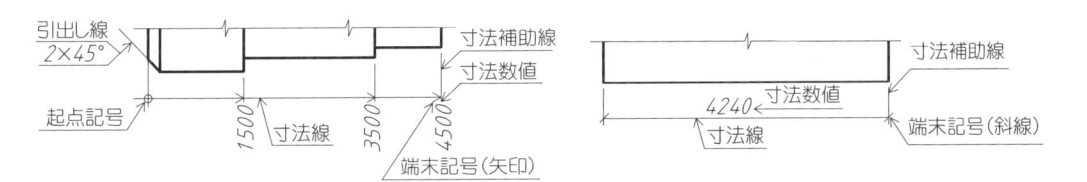

図 1.20　寸法の記入

（1）一般原則

寸法記入に際して，とくに重要な部分を下記の①～⑬に示す．

① **必要なものを記入**　対象物の機能，製作，組み立てなどを考慮し，必要な寸法を明瞭に指示する．

② **機能寸法は必ず記入**　図 1.21 のように，対象物の機能上必要な寸法（機能寸法）F は，必ず記入する．また，NF は非機能寸法，AUX は参考寸法を表す．

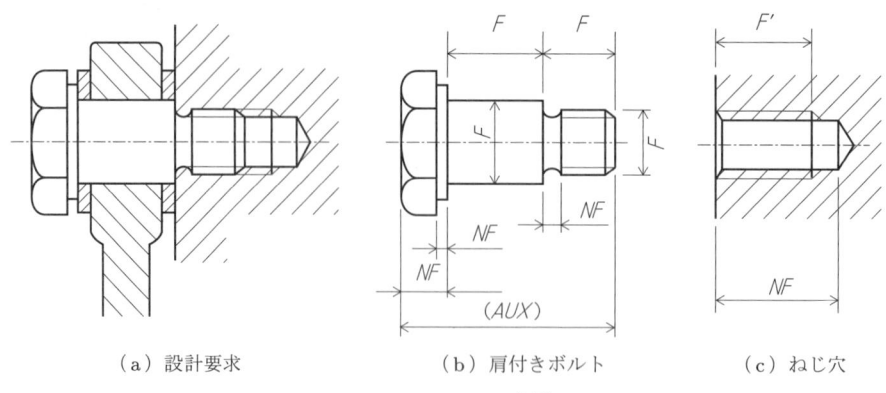

(a) 設計要求　　　　　　　(b) 肩付きボルト　　　　　　(c) ねじ穴

図 1.21　機能寸法 [1.10]

③ **主投影図に集中**　図 1.22 のように，寸法記入はなるべく主投影図に記し，主投影図に表せない平面図や側面図などの寸法は補助投影図に記入する．主投影図と補助投影図の間の関連する寸法は，できるかぎりそれぞれの間に記入する．

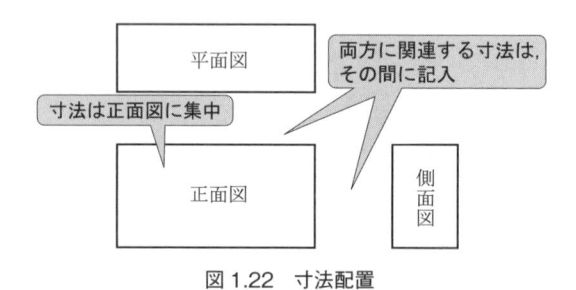

図 1.22　寸法配置

④ **計算する必要がないように記入**　図 1.23 のように，なるべく計算して求める必要がないように記入する．場合により，たとえば手配する材料の必要な量を求める参考として，全長を参考寸法で記入してもよい．参考寸法は括弧にいれて記入する．

⑤ **工程ごとに配列を分けて記入**　寸法を読みやすくするためには，図 1.24 のように工程ごとに配列したり，図 1.25 のように工程によって同一図中に寸法を区分配置するのがよい．

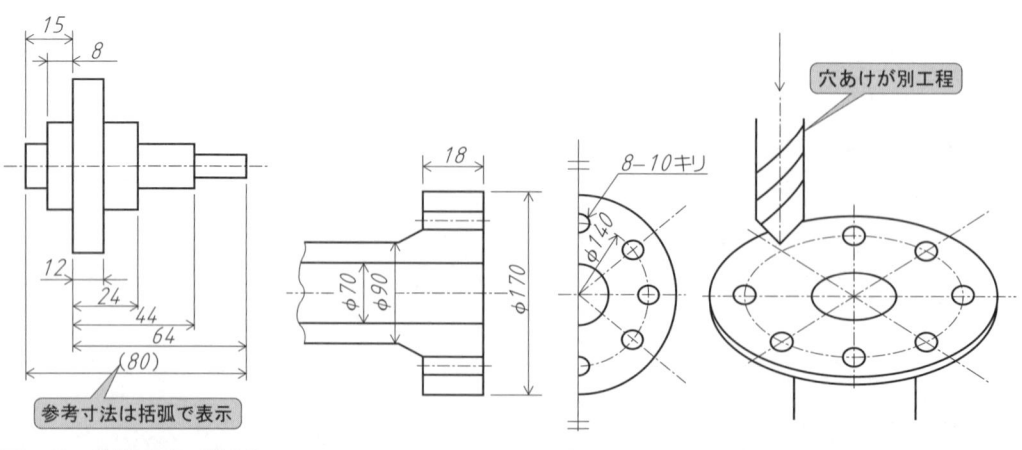

図 1.23　計算不要な寸法記入　　　　　　　図 1.24　工程ごとの配列

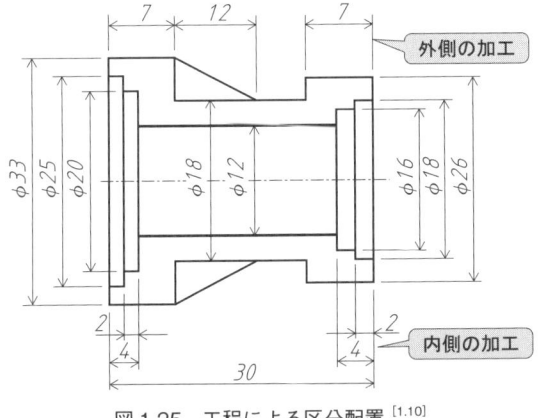

図 1.25　工程による区分配置 [1.10]

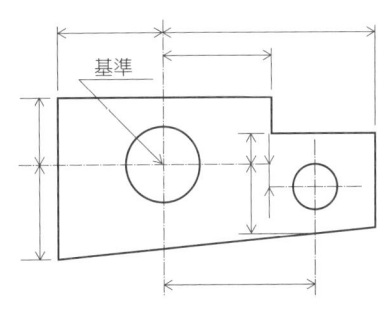

(a) 特定の面を基準とした場合

(b) 穴の中心を基準とした場合

図 1.26　基準部

⑥ **基準部をもとにして記入**　基準部とは，製作または組み立て作業において，加工や寸法測定などに便利なところを選んだ基準となる線または面のことである．図 1.26 のように，特別な事情のない限り，寸法はこの基準部をもとにして記入する．

⑦ **重複記入の禁止**　図 1.27 のように，同一寸法を主投影図や補助投影図またはそのほかの図に記入することは，図面が複雑になるだけでなく，図面修正の際に一部のみ修正漏れが起こる危険が高いため，避ける必要がある．

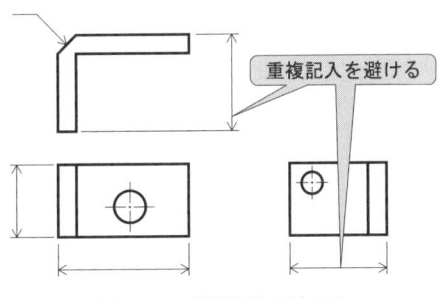

図 1.27　重複記入を避ける

⑧ **寸法の配置**　寸法公差によって寸法の記入法を選択する．寸法公差については，1.2 節で説明する．
　● 直列寸法記入法　直列に連なる個々の寸法に与えられる寸法公差が，逐次累積してもよいような場合は，図 1.28 のように記入する．

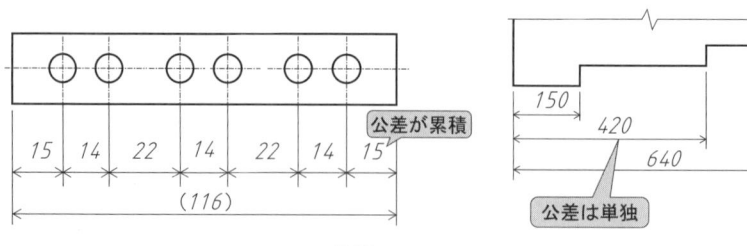

図 1.28　直列寸法記入法 [1.10]

図 1.29　並列寸法記入法 [1.10]

- **並列寸法記入法**　個々の寸法の寸法公差が，ほかの寸法公差に影響をあたえたくない場合は，図 1.29 のように寸法は並列に記入する．この際，共通側の寸法補助線の位置は，機能・加工などの条件を考慮して適切に選ぶ．
- **累進寸法記入法**　並列寸法記入法を図 1.30 のようにすれば，1 本の連続した寸法線で簡便に表示できる．この場合，寸法の起点の位置を起点記号（○），寸法線の他端を矢印で示し，寸法数値は寸法補助線に並べて記入する．また，寸法数値はほかの図と同じように，寸法線の上側の矢印の近くに記入してもよい．

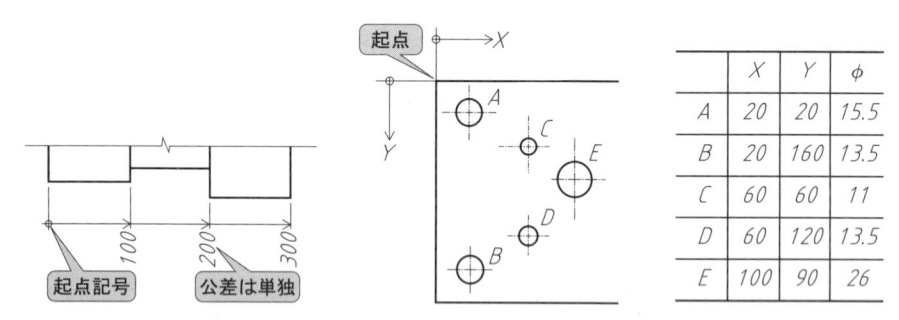

図 1.30　累進寸法記入法

図 1.31　座標寸法記入法

- **座標寸法記入法**　穴の位置，大きさなどの寸法は，図 1.31 のように座標を用いて表にしてもよい．表に示す X, Y の数値は，起点からの寸法である．

⑨ **半径の表し方**　半径の大きさが，ほかの寸法から導かれる場合には，図 1.32（a）のように，半径を示す矢印と数値なしの記号（R）によって指示する．なお，図（b）のように，球の半径（SR）を表す場合も同様である．

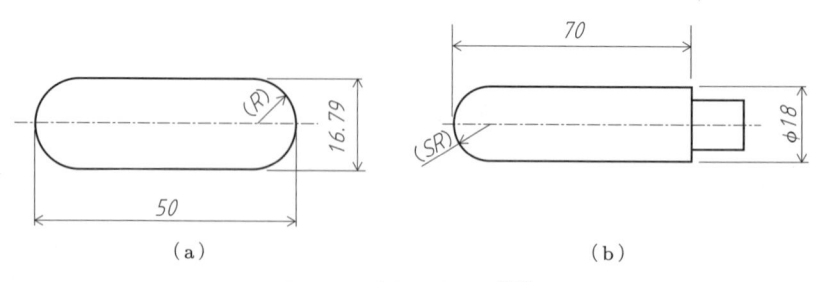

(a)　(b)

図 1.32　半径の表し方 [1.10]

⑩ **寸法数値は寸法線の交わらない箇所に記入**　寸法線や寸法補助線は，図 1.33 のように，できるかぎり交差しないように記入する．また，寸法数値は図 1.34 のように，寸法線の交わらない箇所に記入する．

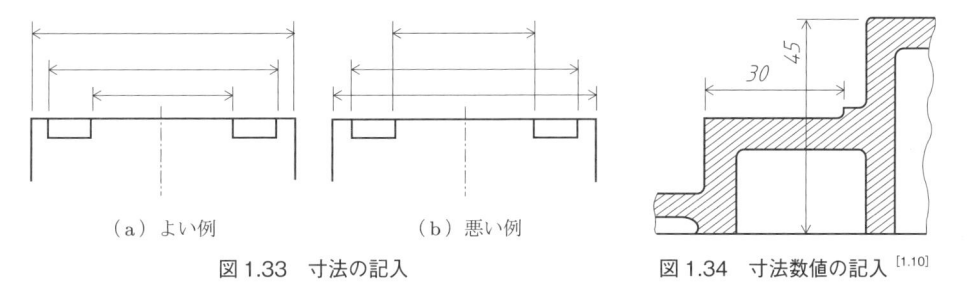

（a）よい例　　　（b）悪い例

図 1.33　寸法の記入

図 1.34　寸法数値の記入 [1.10]

⑪ **寸法数値はそろえて記入**　寸法補助線を引いて記入する直径の寸法が対称中心線の方向にいくつも並ぶ場合には，図 1.35 のように，各寸法線はできるかぎり同じ間隔に引き，小さい寸法を内側に，大きい寸法を外側にして寸法数値をそろえて記入する．ただし，紙面の都合で寸法線の間隔が狭い場合には，寸法数値を対称中心線の両側に交互に記入してもよい．

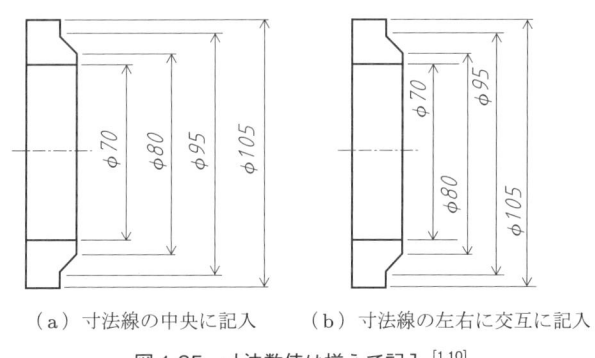

（a）寸法線の中央に記入　　　（b）寸法線の左右に交互に記入

図 1.35　寸法数値は揃えて記入 [1.10]

⑫ **寸法数値は線に重ならないように記入**　寸法数値は，図 1.36（b）のように外形線に重ならない位置に記入する．ただし，外形線に重ならずに記入できない場合には，図 1.36（c）のように，引出線を用いて記入する．

（a）悪い例　　　（b）よい例　　　（c）引出線を用いた例

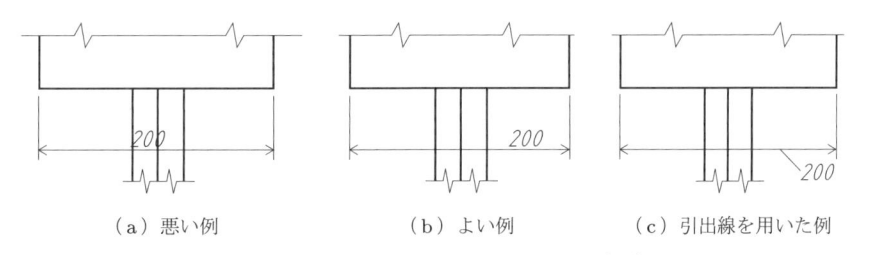

図 1.36　外形線に重ならないように記入 [1.10]

⑬ **寸法線が長い場合の寸法数値の記入**　寸法線が長く，その中央に寸法数値を記入するとわかりにくくなる場合には，図 1.37 のように，いずれか一方の端末記号（矢印）の近くに寄せて記入してもよい．

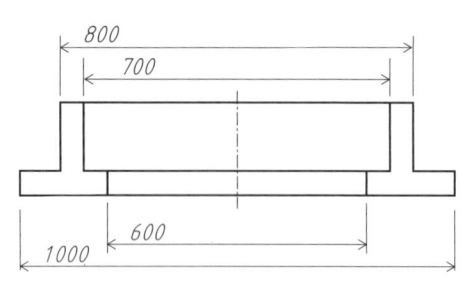

図 1.37 寸法線が長い場合 [1.10]

(2) 寸法補助記号

形状の意味を明確にするために，寸法を表す数値に表 1.6 に示す寸法補助記号を付けることがある．ただし，直径を表すφおよび正方形の辺を表す□は，形状が明確に理解できる場合には省略する．具体的な表記方法を図 1.38 ～ 1.45 に示す．適用される寸法補助記号は，円弧の長さ記号を除いて寸法数値の前におく．

表 1.6 寸法補助記号

項 目	記号	呼び方	参照図
直径	φ	まる	図 1.38
半径	R	あーる	図 1.39
球の直径	Sφ	えすまる	図 1.40
球の半径	SR	えすあーる	図 1.41
正方形の辺	□	かく	図 1.42
円弧の長さ	⌒	えんこ	図 1.43
板の厚さ	t	てぃー	図 1.44
45°の面取り	C	しー	図 1.45

図 1.38 直径

図 1.39 半径

図 1.40 球の直径 [1.10]

図 1.41 球の半径 [1.10]

図 1.42 正方形の辺

図 1.43 弦および円弧の長さ

図 1.44 板の厚さ

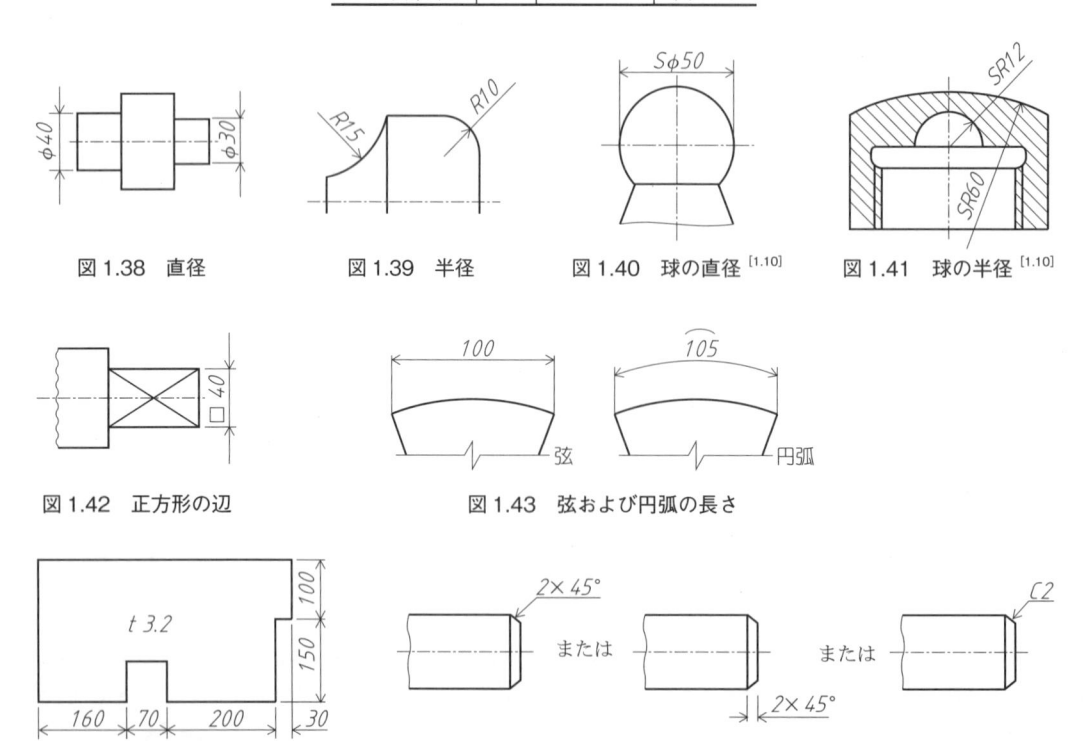

図 1.45 45°の面取り [1.10]

例題 1.1

図 1.46 の三面図から立体図をスケッチせよ．

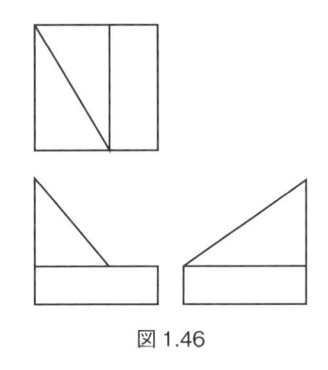

図 1.46

解 答

図 1.47（a），（b）ともに，図 1.46 の三面図にあてはまる．図 1.48 に立体的に斜め上からみた状態を示す．図 1.48（a）の矢印の稜線の有無にかかわらず，三面図では，同じ図面となることがわかる．もちろん，左側面図を追加すれば解消できるが，それを見落としてしまう例である．2 次元図面では，誤認識されることがないように，正しく描くことに注意する必要がある．

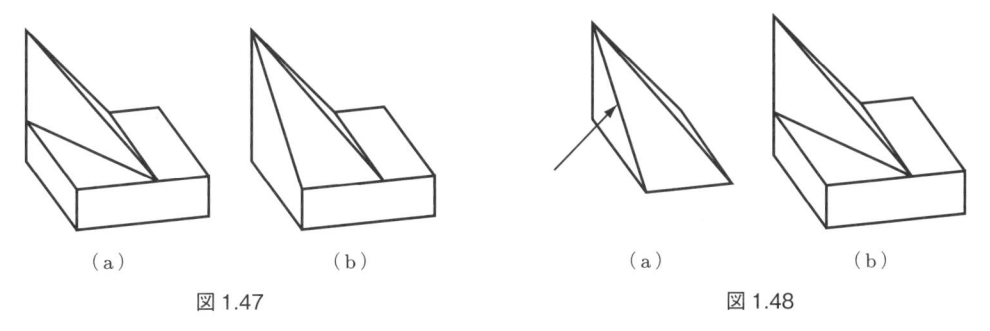

図 1.47　　　　　　　　　図 1.48

1.2　寸法公差

1.1 節では，製図に関する基本的な事項を述べてきた．ここからは，図面に指示する寸法公差と幾何公差について，つぎに，寸法公差と幾何公差の独立の関係（独立の原則），および寸法公差と幾何公差の相互依存関係（包絡の条件，最大実体公差方式等）について基本的な事項を述べる．

図面にもとづいて部品を製作しても，多かれ少なかれ，図面に指示された寸法とは違った寸法にできあがる．その違いをどのくらいまで許せるかを示したものを寸法公差（dimensional tolerance）という．

1.2.1　主な寸法公差の関連規格

JIS で定められている主な寸法公差の関連規格を表 1.7 に示す．ここでは，寸法公差に関する

基本的なことに絞って述べているので，必要に応じて表 1.7 の規格類を参照してほしい．例として JIS B 0403 および JIS B 0408 の概要を述べる．

- JIS B 0403（鋳造品－寸法公差方式及び削り代方式）は鋳造品の寸法公差，鋳造品の抜けこう配，削り代などについての普通公差を規定している．
- JIS B 0408（金属プレス加工品の普通寸法公差）は，加工方法により加工精度が異なるので，打ち抜き加工と曲げおよび絞り加工に分けて普通公差を規定している．

表 1.7 主な寸法公差の関連規格

規格番号	表題
JIS B 0405	普通公差－第 1 部：個々に公差の指示がない長さ寸法及び角度寸法に対する公差
JIS B 0401-1	寸法公差及びはめあいの方式－第 1 部：公差、寸法差及びはめあいの基礎
JIS B 0401-2	寸法公差及びはめあいの方式－第 2 部：穴及び軸の公差等級並びに寸法許容差の表
JIS B 0403	鋳造品－寸法公差方式及び削り代方式
JIS B 0408	金属プレス加工品の普通寸法公差
JIS B 0410	金属板せん断加工品の普通公差
JIS B 0411	金属焼結品普通許容差
JIS B 0415	鋼の熱間型鍛造品公差（ハンマ及びプレス加工）
JIS B 0416	鋼の熱間型鍛造品公差（アプセッタ加工）
JIS B 0417	ガス切断加工鋼板普通許容差

1.2.2 寸法の種類

図 1.49 に示すように，寸法には，長さ（大きさ）寸法 L，R，ϕ，角度寸法 A および位置寸法（長さ，角度）P の三種類がある．長さ寸法および角度寸法は，それぞれ実表面間の長さおよび角度を示す寸法である．位置寸法は，軸心や中心面と実表面間，あるいは軸心間や中心面間の距離または角度を示す寸法である．

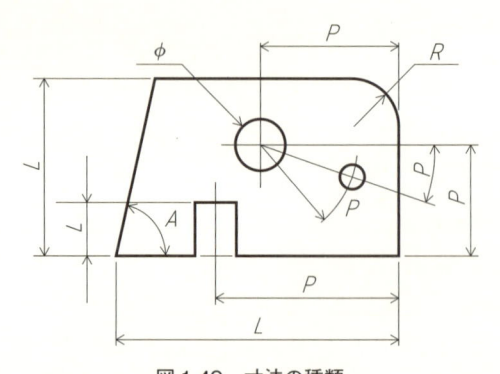

図 1.49 寸法の種類

1.2.3 寸法公差

加工して仕上がった製品の寸法には，基準寸法（設計寸法）との差（偏差）が生じていることが普通である．そこで，設計者はどのくらいの差があっても許容できるかを指示する必要がある．この差には，基準寸法より大きく仕上がった場合の差と小さく仕上がった場合の差があり，

これらの合計の許容できる最大値を寸法公差（寸法許容差）という．JIS では，「最大許容寸法と最小許容寸法との差」を寸法公差と定義している．図 1.50 の例では，基準寸法は 20 となり，最大許容寸法は 20.5（20＋0.5），最小許容寸法は 19.7（20－0.3）である．寸法公差は 20.5－19.7＝0.8 である．また，（＋0.5，－0.3）のように，標準化または規格化された公差によらないで個々に指示した公差を個別公差という．

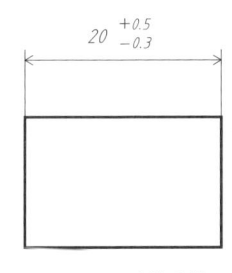

図 1.50　寸法公差

1.2.4　寸法公差の分類

寸法公差の種類はそれぞれの機能，目的などにより表 1.8 のようになる．個々に指示した公差については 1.2.3 項で説明したとおりである．以下，標準化または規格化された寸法公差について述べる．

表 1.8　寸法公差の分類

分　類	名　称	機能，目的	項目番号
個々に指示した公差	個別公差	設計要求によりその寸法に個別に指示する公差	1.2.3 項
標準化または規格化された公差	普通公差	通常の加工精度レベルでよい場合，一括指示する公差	1.2.4 項（1）
	基本公差	精度に応じて 20 等級を使い分けする公差体系	1.2.4 項（2）
	はめあいの公差	穴と軸という組み合わせで標準化された公差体系	1.2.5 項

（1）普通公差

JIS によると，普通公差とは「個々に公差の指示がない長さ寸法及び角度寸法に対する公差」のことであり，通常の加工精度が要求される場合に使用する．四つの公差等級の中から，図面に表す製品に必要な許容差の公差等級を選ぶ．個々に公差を指示せずに，一括指示をすることで，図面指示を簡単にするのが目的である．また，通常の加工精度でよい場合は，個別公差よりもコストを抑えやすいので，図面に寸法を記入する際には，機能的要求内容が許すかぎり，普通公差を適用する方がよい．この規格は，主に金属の除去加工および板金成型加工により製作した部品の寸法に適用するものであるが，それら以外の材料の加工に対して適用してもよい．

一例として，面取り部分を除く長さ寸法に対する許容差を表 1.9 に示す．

表1.9 面取り部分を除く長さ寸法に対する許容差 (単位 mm)

公差等級		基準寸法の区分							
記号	説明	0.5*以上 3以下	3を超え 6以下	6を超え 30以下	30を超え 120以下	120を超え 400以下	400を超え 1000以下	1000を超え 2000以下	2000を超え 4000以下
		許容差							
f	精級	±0.05	±0.05	±0.1	±0.15	±0.2	±0.3	±0.5	———
m	中級	±0.1	±0.1	±0.2	±0.3	±0.5	±0.8	±1.2	±2
c	粗級	±0.2	±0.3	±0.5	±0.8	±1.2	±2	±3	±4
v	極粗級	———	±0.5	±1	±1.5	±2.5	±4	±6	±8

＊ 0.5 mm 未満の基準寸法に対しては，その基準寸法に続けて許容差を個々に指示する．

たとえば，JIS B 0405 の m 級を適用する場合は，図 1.51 のように JIS B 0405-m と表題欄のなかや近くに指示する．図 1.51 に標題欄の中に指示した例を示す．

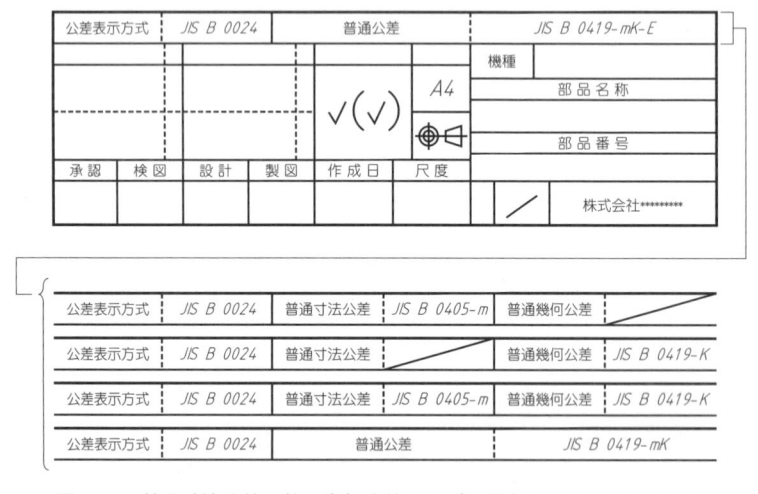

図 1.51 普通寸法公差，普通幾何公差および公差表示方式の指示の仕方

(2) 基本公差

基本公差（standard tolerance）とは，1.2.5 項で述べるはめあいの方式の基礎となる標準化された寸法公差のことである．JIS では，精度のレベルによって，01 級，0 級および 1～18 級の合計 20 等級に分けて，これらの等級ごとに，各寸法区分に応じた寸法公差の基本数値を定めている．

また，これらの公差域を当てはめる位置を示すための文字記号は，穴の場合は H7，G8 のように A～ZC の英字の大文字で表し，軸の場合は e7，f8 のように a～zc の英字の小文字で表す．間違いを避けるため，I，i，L，l，O，o，Q，q，W，w は使用しない．

1.2.5 はめあいの方式

はめあいとは，軸と穴の組み合わせなどにおいて，はまり具合や軸と穴の寸法差の状態を表す用語である．そのはまり具合を一定の規定に収めることを，はめあいの方式（ISO system of limits and fits）という．機械部品では，はめあいによってその目的とする機能や静粛性，耐久性などの性能に大きな差が出ることがある．要求機能や性能（はまり具合）に応じ，はまりあう部品ごとのはまり具合を一組ずつ調整して製作していては，大量生産は実現できない．しかし，

はめあいの方式の標準化された公差域クラス（公差域の位置と公差等級を組み合わせたもの）を適用すると，はまりあう部品（軸と穴）が異なる工場で別々につくることができるので，大量生産が実現できる．はめあいの方式は，できあがった部品を限界ゲージという基準となる計器を用いてはめあい寸法を検査することを意図したものなので，限界ゲージ方式ということもある．

（1）はめあいの種類

はまりあう状態には軸と穴の直径の大きさにより，すきまばめ，しまりばめ，中間ばめの3種類がある．

① **すきまばめ**　図1.52のように，軸と穴を組み合わせたときに，常にすきまが生ずるはめあい状態のことをいう．したがって，容易に取り付け，取り外しができるはめあいである．

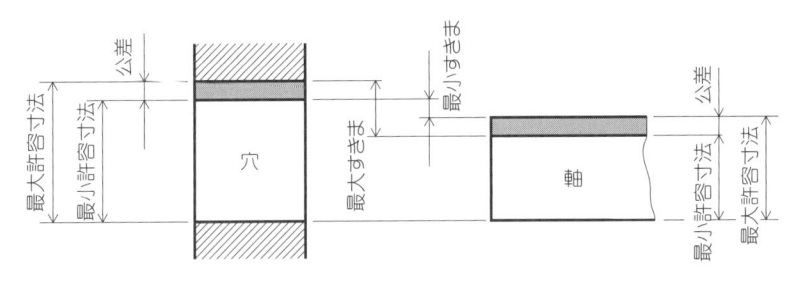

図1.52　すきまばめ

② **しまりばめ**　図1.53のように，軸と穴を組み合わせたときに，常にしめしろが生ずるはめあい状態のことをいう．しめしろとは穴の寸法が軸の寸法より小さい場合の，その寸法の差のことである．圧入，焼ばめ，冷却ばめなどにより軸部品と穴部品の一体化を図るはめあいである．したがって，一般には取り付け，取り外しができないはめあいのことをいう．

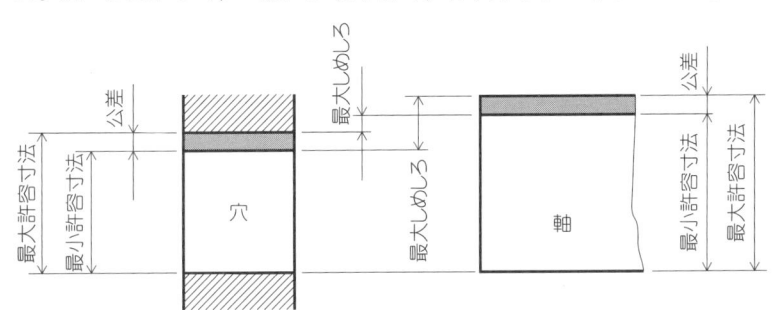

図1.53　しまりばめ

③ **中間ばめ**　すきまばめとしまりばめの中間のはめあいで，図1.54のように，軸と穴を組

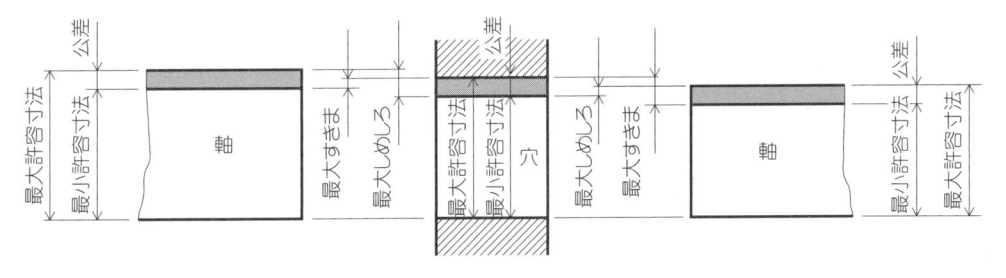

図1.54　中間ばめ

み合わせたときに，それらの仕上がり寸法によってすきまやしめしろが生じる状態のことをいう．精密な機構で，選択組み合わせなどが必要な場合によく用いられる．

（2）はめあいの基準

軸と軸受，歯車と歯車軸のような関係の場合，そのはまり具合が，機能や性能を左右する．このような，はまり具合を設定する方法として，穴の側を一定にして軸の側を変化させる穴基準式とよばれる方法と，逆に軸の側を一定にして穴の側を変化させる軸基準式とよばれる方法の2種類がある．穴の加工に比べ軸の加工が容易であること，測定が容易であること，ゲージ類が少なくて済むなどの理由により穴基準式が一般的である．

① 穴基準はめあい　穴基準はめあいとは穴の公差域の位置をH級に固定し，軸の公差域の位置を変化させて組み合わせる方式である．言い換えると，穴寸法の下の寸法許容差がゼロであるはめあいのことである．図示例を図1.55に示す．この場合，軸はϕ20e8，ϕ20f8などとはめあい具合の狙いにより公差域の位置を変化させて組み合わせる．

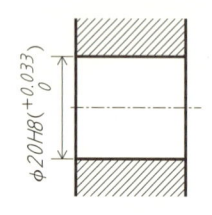

図1.55　穴基準はめあい　　　　　　**図1.56　軸基準はめあい**

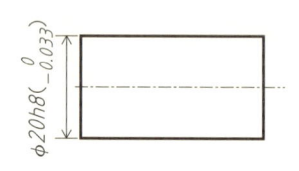

② 軸基準はめあい　軸基準はめあいとは軸の公差域の位置をh級に固定し，穴の公差域の位置を変化させて組み合わせる方式である．言い換えると，軸寸法の上の寸法許容差がゼロであるはめあいのことである．図示例を図1.56に示す．この場合，穴はϕ20E8，ϕ20F8などとはめあい具合の狙いにより公差域の位置を変化させて組み合わせる．

1.3　幾何公差

1.2節では寸法に関する偏差の許容値を示す寸法公差について述べたが，本節では形体の偏差に関する許容値を示す幾何公差（geometrical tolerance）について要点を紹介する．寸法公差と幾何公差は車の両輪にたとえられ，どちらが欠けても設計意図を的確に表現できない非常に重要な公差である．形体とは幾何偏差の対象となる点，線，軸線，面，または中心面をいう．

ここでは，幾何公差に関する基本的なことに絞って説明する．JISで定めている主な幾何公差の関連規格を表1.10に紹介するので，必要に応じて表1.10の規格類を参照してほしい．

1.3 幾何公差　47

表 1.10　主な幾何公差の関連規格

規格番号	表題
JIS B 0621	幾何偏差の定義及び表示
JIS B 0021	製品の幾何特性仕様（GPS）－幾何公差表示方式－形状，姿勢，位置及び振れの公差表示方式
JIS B 0022	幾何公差のためのデータム
JIS B 0023	製図－幾何公差表示方式－最大実体公差方式及び最小実体公差方式
JIS B 0024	製図－公差表示方式の基本原則
JIS B 0025	製図－幾何公差表示方式－位置度公差方式
JIS B 0027	製図－輪郭の寸法及び公差の表示方式
JIS B 0029	製図－姿勢及び位置の公差表示方式－突出公差域
TR B 0003	製図－幾何公差表示方式－形状，姿勢，位置及び振れの公差方式－検証の原理と方法の指針
JIS B 0419	普通公差－第 2 部：個々に公差の指示がない形体に対する幾何公差
JIS B 0031	製品の幾何特性仕様（GPS）－表面性状の図示方法
JIS B 0672-1	製品の幾何特性仕様（GPS）－形体－　第一部：一般用語及び定義
JIS B 0672-2	製品の幾何特性仕様（GPS）－形体－　第二部：円筒及び円すいの測得中心線，測得中心平面並びに測得形体の局部寸法

1.3.1　公差表示方式の基本原則

寸法公差と幾何公差の独立の関係（独立の原則），および寸法公差と幾何公差の相互依存関係（包絡の条件，最大実体公差方式など）について基本的な事項を説明する．

(1) 独立の原則

図面上に指定した寸法公差および幾何公差に対する要求事項は，それらの間に特別な相互依存性が指定されない場合，独立に適用する．つまり，幾何公差と寸法公差は，それぞれ独立で，関係ないものとして扱う．したがって，図面には必ず寸法公差と幾何公差の両方を指示しなければならない．相互依存性を指定する場合には，本項（2）で説明する包絡の条件または 1.3.6 項で説明する最大実体公差方式などを適用する．

① **独立の原則と長さ寸法公差**　　長さ寸法公差は，2 点測定（二つの実表面の点間の最短距離の測定のこと．たとえば，面積をもった実表面間を測定すると，その面積での平面の偏差も測定値に加えられることになり，長さ寸法ではなくなる）による形体の実寸法だけを規制し，円筒形体の真円度，真直度，または平面の表面の平面度といった形状偏差は規制しない．図 1.57（b）の解釈図のように，形状偏差に関係しない 2 点測定により，長さ寸法は 19.7 ～ 20.5 の間に仕上がっていればよい．

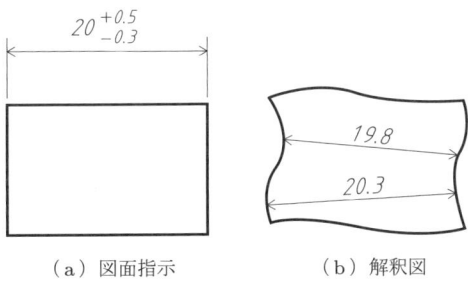

　　（a）図面指示　　　　（b）解釈図
図 1.57　長さ寸法公差

② **独立の原則と角度寸法公差**　角度寸法公差は，図1.58（b）の解釈図のように，実際の面ではなく，線または表面を構成している接触線と接触線の間の角度を規制する（たとえば，面積をもった実表面間を測定すると，その面積での平面の偏差も測定値に加えられることになり，実際の角度寸法ではなくなる）．すなわち，長さ寸法公差の2点測定の考え方が角度寸法公差でも同様に適用される．

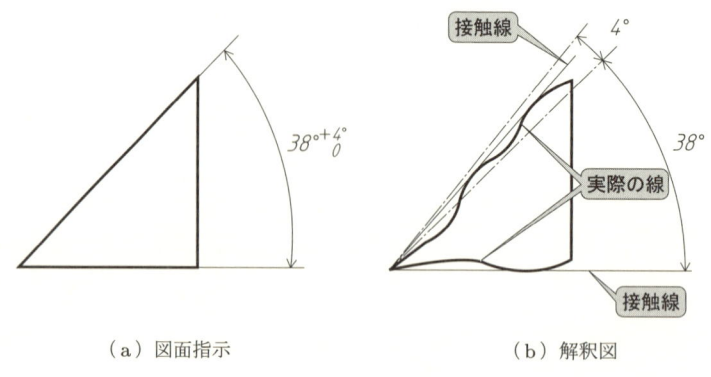

（a）図面指示　　　　　　（b）解釈図

図1.58　角度寸法公差

③ **独立の原則と幾何公差**　①，②で説明したように，寸法公差は仕上がった部品の幾何偏差に関係しない．反対に，幾何偏差は，仕上がり寸法に関係なく指示された幾何公差内に仕上がっていればよい．図1.59の例では，幾何公差である真円度および真直度は，仕上がり直径の寸法に関係なく，それぞれ 0.02 以内，および 0.06 以内に仕上がっていればよいことになる．

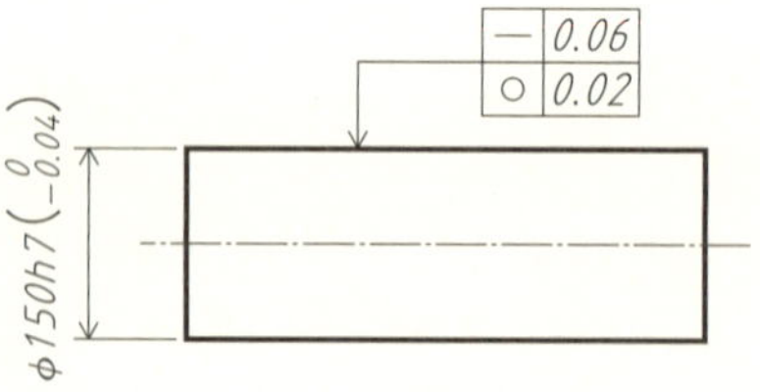

（a）図面指示

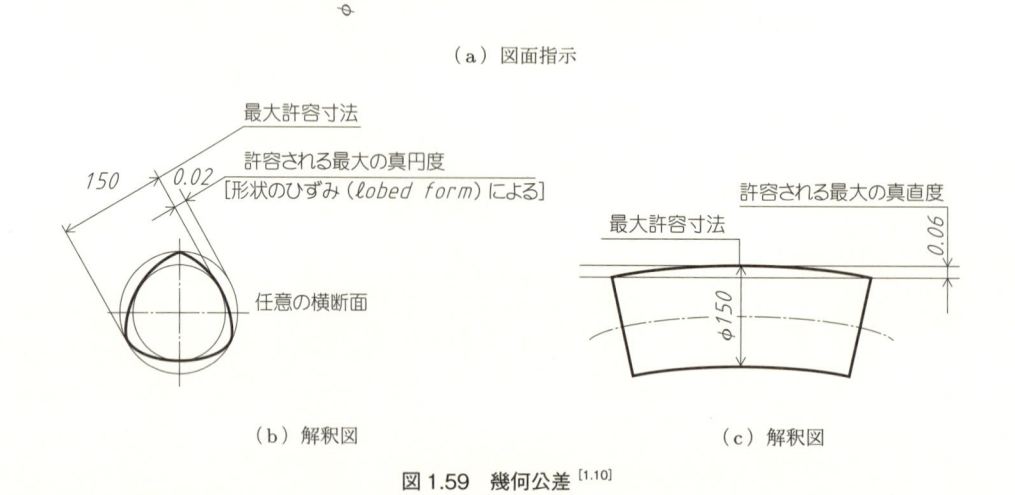

（b）解釈図　　　　　　（c）解釈図

図1.59　幾何公差 [1.10]

（2）寸法公差と幾何公差の相互依存性

寸法公差と幾何公差が互いに影響を与えることを，相互依存性という．相互依存性は，包絡の条件または最大実体公差方式を用いて指示することができる．

① **包絡の条件による指示と解釈**　包絡の条件❶を適用する場合は，図 1.60 の図面指示のように記号Ⓔで指示をする．円筒面または平行 2 平面によって決められる一つの単独形体（サイズ形体）に対して適用する．この条件を指示した場合は，形体が最大実体寸法（穴の最小許容寸法や，軸の最大許容寸法）における完全形状の包絡面を超えてはならないことを意味する．図 1.60 の例では，φ150 の完全形状の包絡面を超えてはならないことになる．包絡の条件による指示は，1.2.4 項で述べた，はまりあう穴や軸のような形体で最もよく用いられる．

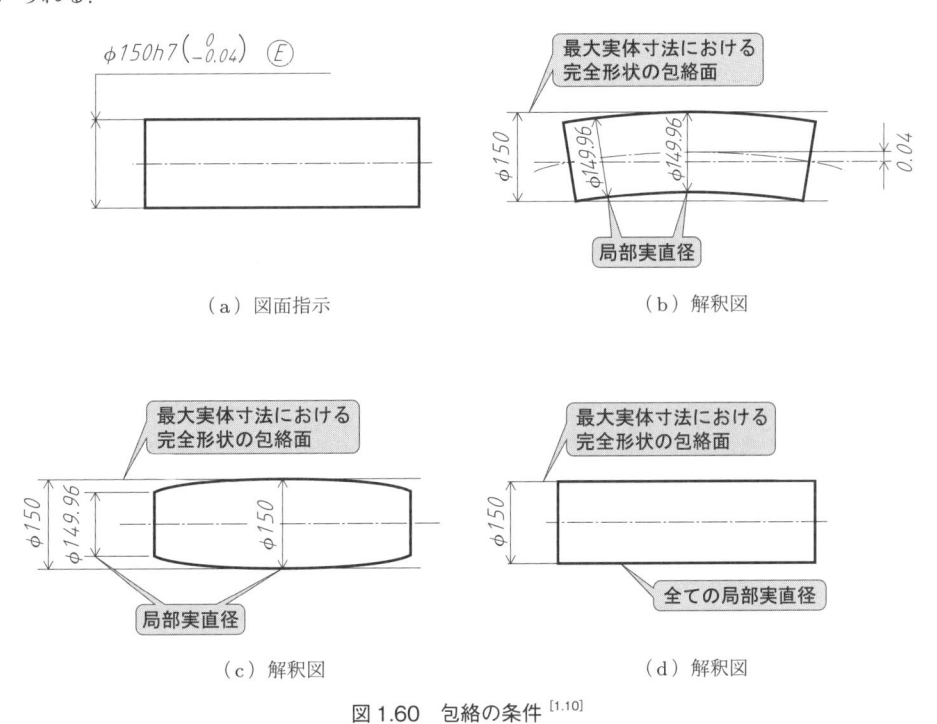

（a）図面指示　　　　　　　　　（b）解釈図

（c）解釈図　　　　　　　　　（d）解釈図

図 1.60　包絡の条件 [1.10]

> **ポイント**　❶この包絡の条件は ASME Y14.5-2009（米国機械学会規格）で定められているテーラーの原理 "ルール #1" と同じ意味である．

② **最大実体公差方式による指示と解釈**　最大実体公差方式を適用する場合は，図 1.61 のように真直度公差をゼロとし，記号Ⓜで指示する．仕上がり寸法と最大実体寸法との差分だけ曲がってもよいことを表している．たとえば，図 1.60（b）の解釈図のように，仕上がり寸法が φ149.96 の場合，軸線は 0.04 だけ曲がってもよいことを示している．しかし，すべての個々の実直径が最大実体寸法の φ150 である場合には，図 1.60（d）の解釈図のように，軸線の真直度がゼロの完全な円筒形状でなければならない．

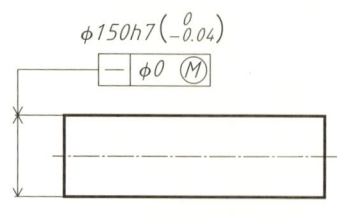

図 1.61　最大実体公差方式

③ 機能上の要求事項　　相互依存性について①と②は，機能上の要求事項が異なるような図面指示であるが，実は図 1.60，1.61 は同じ要求事項を表している．①と②での解釈をまとめると，いずれも円筒形体の表面が最大実体寸法 φ150 の完全形状の包絡面を超えてはならず，いかなる実寸法も φ149.96 より小さくてはならないということである．言い換えると，円筒軸全体が，完全形状で φ150 の包絡円筒の境界の内部にあり，円筒軸の個々の実直径は φ149.96〜φ150 の間の寸法公差内に仕上がっていることを表す．

このように，寸法公差によって幾何公差（真円度，真直度など）を制限したい場合は相互依存性を考慮する必要がある．

（3）公差表示方式の指示方法

独立の原則を適用する図面には，図 1.51 で示した表題欄のなか，または付近の公差表示方式の欄に JIS B 0024，または，JIS B 0024（ISO 8015）と記載する．

1.3.2　幾何公差のためのデータム

（1）データム

幾何公差を用いて設計意図を的確に表現するためには，部品のどこに基準を設定するかを伝える必要がある．データムとは，製図において，対象物に幾何公差を指示するときに，その公差域の位置や姿勢を規制するために設定した理論的に正確な幾何学的基準（データムは実在しない架空のものであり，部品とは別のものである）のことである．この幾何学的基準とは，正確な点（データム点），直線（データム直線），軸直線（データム軸直線），平面（データム平面），中心平面（データム中心平面）などを指す．データムにもとづいて幾何公差の公差域の位置や姿勢などを確定するので，データムは非常に重要である．ただし，データムを必要としない幾何公差もある（1.3.3 項の表 1.12 参照）．データムに関する用語を図 1.62 に示す．

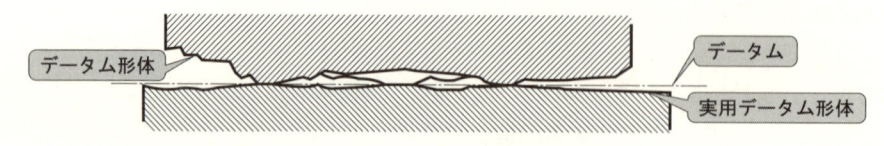

図 1.62　データムに関する用語

（2）データム形体

データム形体とは，データムの姿勢，位置などを設定するために用いる対象物（部品）の実際の形体（仕上がった部品の表面，穴など）のことをいう．

(3) 実用データム形体

実用データム形体とは，データム形体に接してデータムの設定を行う場合に用いる，定盤，軸受，マンドレルなどの十分に精密な形状を有する実際の表面のことで，加工，測定および検査をする場合に，データムを実際に具体化したものである．データムシミュレータともいう．

(4) データム記号およびデータムの指示方法

データムは，図1.63のように，アルファベットの大文字（A，B，Cなど）を正方形の枠で囲み，データム三角記号と線で結んで指示する．データム三角記号は塗りつぶしても，塗りつぶさなくてもよい．ただし，同じ図面の中での混用は避け，どちらかに統一する．

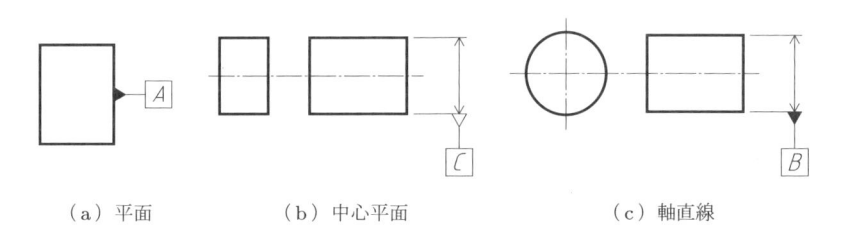

（a）平面　　　（b）中心平面　　　（c）軸直線

図1.63　データム記号と指示方法

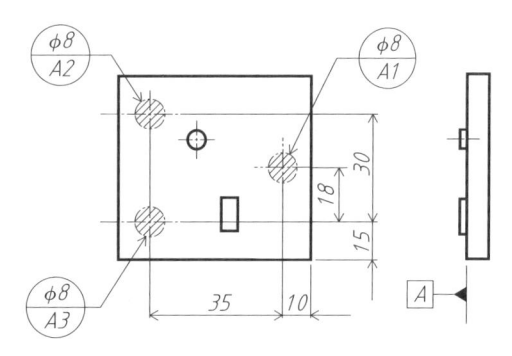

(5) データムターゲット

データムターゲットとはデータムを設定するために，加工，測定および検査用の装置，器具などに接触させる対象物（部品）上の点，線または限定した領域のことをいう．データムターゲット（点，線，領域）はデータム平面の確定のために用いる．

すなわち，部品の表面全体の使用が，加工，組付け，検証などにおいて適切でない場合．たとえば，突起部を回避する場合，中高(なかだか)の面の不安定さを回避する場合などがあり，加工上の基準設定時のばらつき，品質検証などのばらつき（不安定さ）を回避することを目的として適用する．

適切なデータムターゲットの運用は加工物の安定，加工および測定の段取り工数の削減などに大きな効果がある．表1.11にデータムターゲットの種類と記号を，図1.64にデータムターゲットが領域の例を示す．

表1.11　データムターゲットの種類と記号

データムターゲットの記号		
事　項	記　号	
データムターゲット記入枠	A1	φ/A1
データムターゲット	点	×
	線	×―×
	領域	▨　▨

図1.64　データムターゲットが領域の例

1.3.3　幾何偏差と幾何公差

機能，性能，加工性，組立性および解体性といった設計上の要求内容に関係して，形体の偏差（幾何偏差）がどのくらいまで許容できるかを指示する必要がある．その許容値を示すものを幾何公

差という．幾何偏差には，形状偏差，姿勢偏差，位置偏差，振れ偏差の4種類がある．幾何公差はそれらの幾何偏差に対応して形状公差，姿勢公差，位置公差，振れ公差の4種類に大別される．図1.65に直角度を例に幾何偏差と幾何公差の関係を示す．

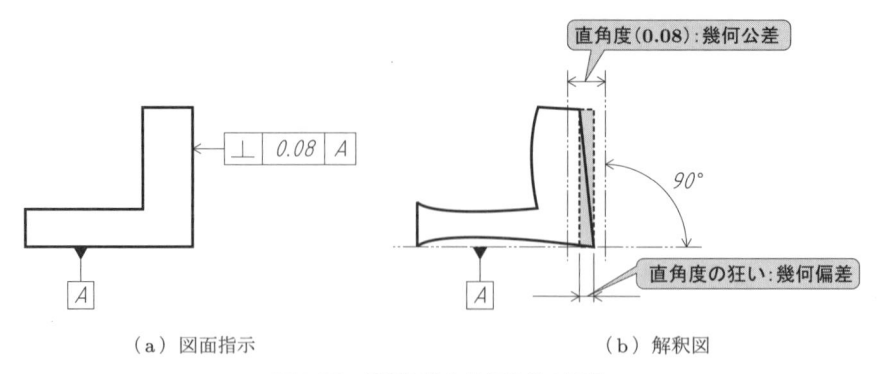

図1.65 幾何偏差と幾何公差の関係

（1）幾何公差の種類とその記号

実際に運用する幾何公差は，表1.12のように14種類に分けられる．この表のなかで太字で表した7種類の公差は，JISで普通公差として規格化されている（1.3.4項を参照）．

表1.12 幾何公差の種類とその記号

幾何公差特性の分類と記号			
適用する形体	データム	公差の種類		記　号
単独形体	不　要	形状公差	**真直度公差**	───
			平面度公差	▱
			真円度公差	○
			円筒度公差	⌭
単独または関連形体	不要または必要		線の輪郭度公差	⌒
			面の輪郭度公差	⌓
関連形体	必　要	姿勢公差	**直角度公差**	⊥
			平行度公差	∥
			傾斜度公差	∠
		位置公差	位置度公差	⊕
			同軸度公差または同心度公差	◎
			対称度公差	═
		振れ公差	**円周振れ公差**	↗
			全振れ公差	↗↗

＊線と面の輪郭度公差は姿勢公差および位置公差としても用いられる．同軸度は軸線を，同心度は中心点を規制する．

（2）幾何公差の定義と公差域および指示方法

平面度公差の例について，各幾何公差の公差域の定義と指示方法を表1.13に示す．ほかの幾何公差については，JISを参照してほしい．

(3) 幾何公差の図示方法

図 1.66 に幾何公差を図示した一例を示す.

- データムが必要な場合は,データムを指示する文字記号およびデータム三角記号を用いて図示する.
- 幾何公差は公差記入枠を用いて図示する.
- 公差記入枠内は左より,幾何公差記号,公差値,データム文字記号の順に記入する.

表 1.13 平面度公差

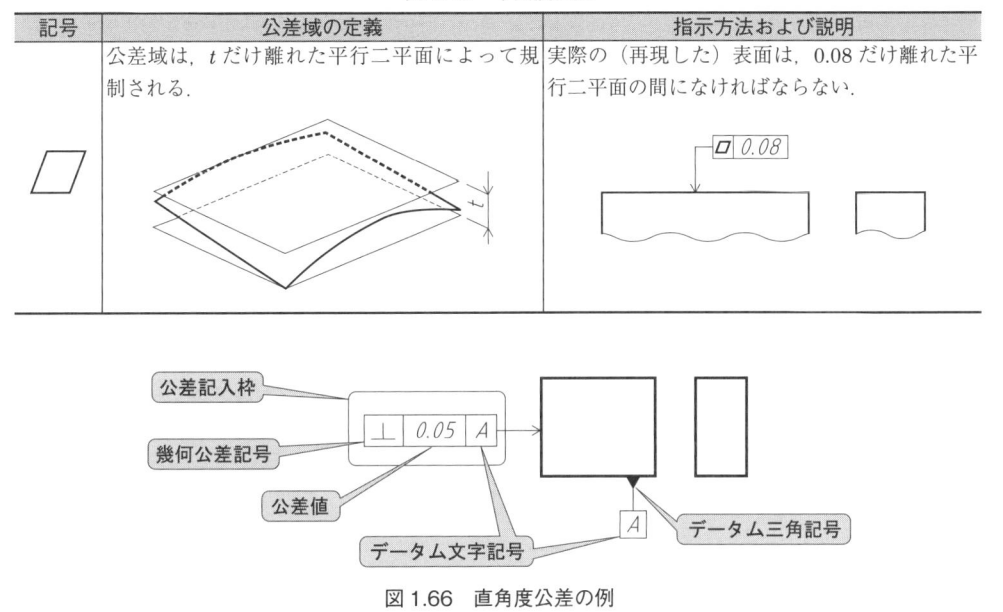

記号	公差域の定義	指示方法および説明
▱	公差域は,t だけ離れた平行二平面によって規制される.	実際の(再現した)表面は,0.08 だけ離れた平行二平面の間になければならない.

図 1.66 直角度公差の例

1.3.4 普通幾何公差

普通幾何公差は,個々に幾何公差を指示する必要がない形体を規制する場合に用いる幾何公差で,JIS では図面指示を簡単にするために三つの公差等級で規定している.通常の工場の,普通の努力で達成できる形状,姿勢,位置などに関する精度を規格化したものである.この規格を適用することで,個々の幾何公差の指示が不要になるので,図面の煩雑さが回避でき,図面指示を簡単にすることができる.また,手配先の選定が容易になり,検査を減らすことができるので,発注,検査などの業務の簡素化にもつながる.したがって,設計者は個々の幾何公差の適用を考慮する前に,必ずこの規格を適用できるかを検討することが重要である.

(1) 公差等級および幾何公差

普通幾何公差では,真直度,真円度,平面度,直角度,平行度,対称度,振れ度の 7 種類の幾何公差に対して,H 級,K 級,L 級という三つのレベルの公差等級を規定している.この 7 種以外の幾何公差については,必要に応じて個別に指示することになる.一例として,真直度および平面度の普通公差について表 1.14 に紹介する.公差をこの表から選ぶときには,真直度は該当する線の長さを,平面度は長方形の場合には長い方の辺の長さを,円形の場合には直径をそれぞれ呼び長さとする.

表 1.14 真直度および平面度の普通公差　　　　　　　　（単位 mm）

公差等級	呼び長さの区分					
	10 以下	10 を超え 30 以下	30 を超え 100 以下	100 を超え 300 以下	300 を超え 1000 以下	1000 を超え 3000 以下
	真直度公差および平面度公差					
H	0.02	0.05	0.1	0.2	0.3	0.4
K	0.05	0.1	0.2	0.4	0.6	0.8
L	0.1	0.2	0.4	0.8	1.2	1.6

この規格を適用する場合は，図 1.51 に示した表題欄のなか，または付近に，以下のような指示をする．

① JIS B 0419 の K 級を適用する場合：JIS B 0419-K
② JIS B 0419 の K 級と JIS B 0405 の m 級を適用する場合：JIS B 0419-mK
③ 上記の②に加えて，すべての単一のサイズ形体に包絡の条件を適用する場合：JIS B 0419-mK-E

（2）採否について

この規格を適用した場合，とくに明示した場合を除いて，普通公差（普通寸法公差，普通幾何公差）を超えた工作物でも，工作物の機能が損なわれない場合には，自動的に不採用にしてはならない．普通公差は各寸法に個別の公差を与えるのでなく，表 1.14 のように，ある幅をもった区分の寸法群に一つの公差を与えているので，めやすともいえる公差値である．このような特性から，場合によっては該当する公差値を少し逸脱した程度では使用できる場合があるためである．このことは，一括指示する普通公差の役割（機能）を明確にしたものである．

1.3.5　位置度公差方式

位置度公差方式とは，寸法公差方式のように寸法（基準寸法）に公差を与えるのでなく，寸法（基準寸法）とは別に，理論的に正確な寸法により指示された位置に公差域をおく方式のことである．このようにすることで，公差の累積の問題が解消される．また，1.3.6 項で説明する最大実体公差方式の機能とその表記の土台となる方式である．JIS では，位置度公差方式について，理解しやすくするために，穴，ボルトあるいは平行側面をもつ溝，キーなどのような規則正しい形状をもつ形体の場合についてのみ述べている．適用する形体は点，軸線および中心面である．

（1）位置度公差方式の設定および図示の仕方

位置度公差方式を使用する場合は，図 1.67 のように理論的に正確な寸法と公差域，データムで指示をする．理論的に正確な寸法は，⬛8や⬛30のように長方形で囲んだ数字で示す．各形体の相互関係または一つ以上のデータムに関連する点，軸線，中心面などの形体の位置に関して，理論的に正確な寸法と公差域を定める．理論的に正確な寸法とは，公差をもたない寸法のことである．公差域の中心は，論理的に正確な位置と一致するようにおく．位置度公差方式は，寸法ではなく位置の偏差を規制するので，基準となるデータムが必ず必要である．

1.3 幾何公差

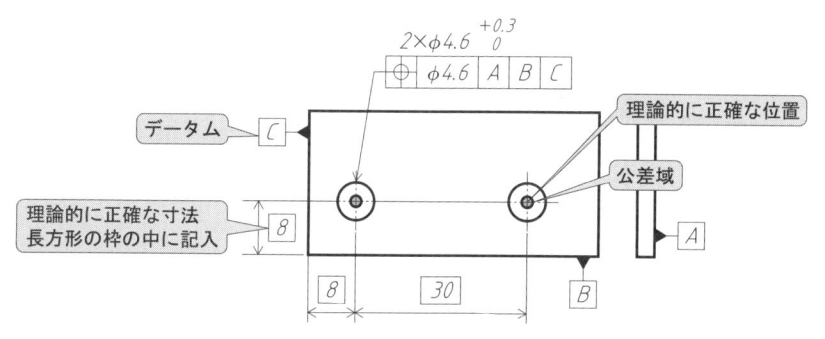

図 1.67 位置度公差方式の設定および図示の仕方

（2）位置度公差方式の利点
① 位置度公差方式では公差の累積が生じない．
② 位置度公差を容易に計算し求めることができる．
③ 円筒公差域の適用によって，寸法に寸法公差を指示した正方形の公差域に比べると，公差域は 1.3.8 項で述べる表 1.17 のように公差値で 1.4 倍，面積比で 1.57 倍に増加する．

（3）公差の組み合わせ
図 1.68 のような，φ10 の穴が三つある形体で，それぞれの形体である穴そのものの位置度公差と，三つの穴の位置（パターン）の位置度公差が，それぞれの独立の要求事項を満たす必要がある場合を考える．このような複数の公差の組み合わせを指示する場合は，一般的に複合位置度公差方式といわれ，データムに対して，形体のパターンとしての位置関係が緩く，形体グループ内の形体相互の位置関係を厳しく要求する場合に用いる．このように，公差の組み合わせが必要な設計要求は頻繁に生じるが，寸法に公差を指示した寸法公差方式では明確な表現ができないので，複合位置度公差方式は非常に有用な方式である．図示例を図 1.68 に，解釈図を図 1.69 に示す．要求事項，解釈は，以下のようになる．

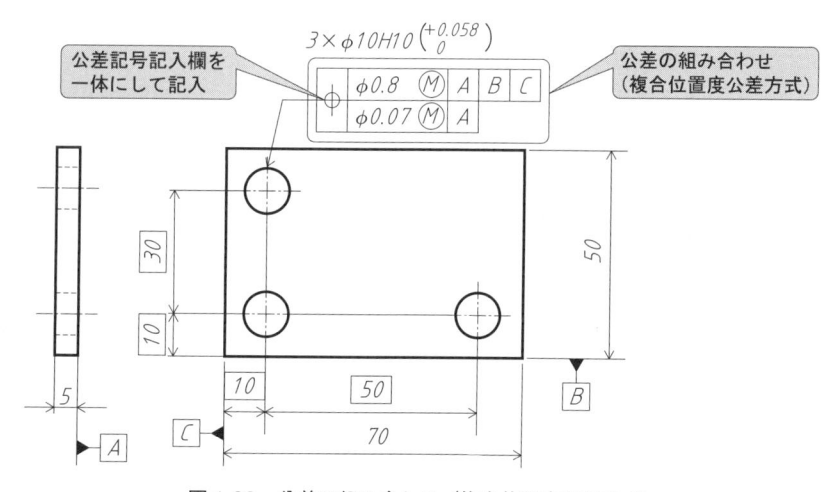

図 1.68 公差の組み合わせ（複合位置度公差方式）

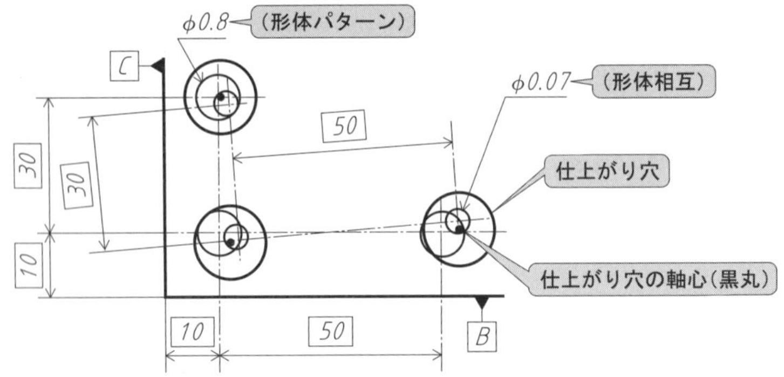

図 1.69 解釈図

① 形体相互について
- 3×φ10 の穴の実際の軸線は φ0.07 の円筒公差内になければならない．
- 個々の穴の位置度の公差域は，互いに理論的に正確な位置に配置され，その中心軸線は，データム A に垂直である．

位置度が φ0.07 の公差域の中心軸線はデータム面 A に垂直であれば，これ以外のデータムの拘束はない．したがって，3×φ0.07 の円筒公差域は図 1.69 に示した位置関係を保って一体的に回転をふくめて，X 方向，Y 方向に自由に浮動できる．

② パターンについて

3×φ10 の穴の実際の軸線は φ0.8 の円筒公差内になければならない．なお，その位置度の公差域は，データム A に対して垂直であり，データム B，C に対して理論的に正確な位置に固定される．

1.3.6　最大実体公差方式

JIS の定義によれば，組み立てられる形体のそれぞれが，最大許容寸法の軸や最小許容寸法の穴のような最大実体寸法で，位置偏差などの幾何偏差も最大であるときに，組み立て後のすきまは最小になる．反対に，組み立てられる形体の実寸法が最小実体寸法で，幾何偏差がゼロのときに，組み立て後のすきまは最大になる．以上から，はまり合う部品の実寸法が両許容寸法内で，それらの最大実体寸法にない場合には，指示した幾何公差を増加させても組み立てに支障をきたすことはない．これを最大実体公差方式 MMR（maximum material requirement）といい，図 1.70 のように記号Ⓜで指示するとしている．

"幾何公差を増加させる"という意味は，形体が最大実体状態 MMC（maximum material condition）から離れて仕上がったとき，離れた分（追加公差）を図面に指示した幾何公差に追加できるいうことである．MMC や追加公差については，後で詳しく説明する．つまり，最大実体公差方式とは，幾何公差値が一定ではなく，変動する動的公差として指示できるということで

(a) 穴のある板　　　　　　　　　　(b) 軸のある枠板

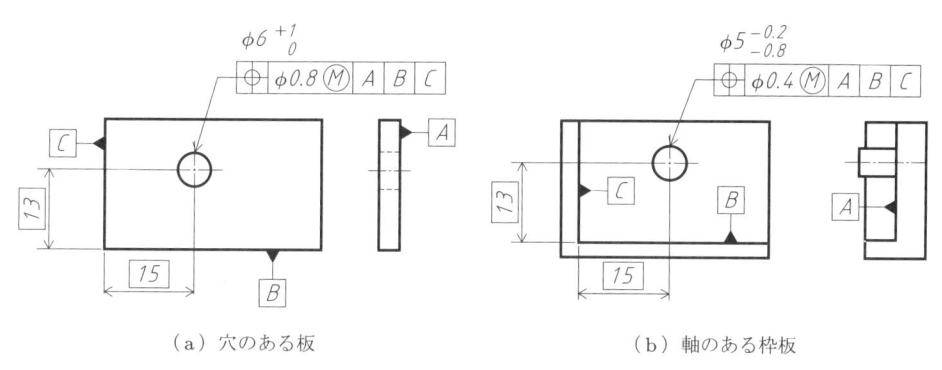

図1.70　最大実体公差方式

ある．したがって，部品の組み立て性や互換性を保証しつつ，使用可能な公差領域を最大限に利用できるので，経済効果を増加させることができる．以下に図1.70を例にして最大実体公差方式について説明する．この図では，穴のある板と軸のある枠が組み合わさると想定している．

(1) 最大実体状態と最大実体寸法

最大実体状態MMC (maximum material condition) とは，内径すべてが最小許容寸法に仕上がった穴や，外径すべてが最大許容寸法に仕上がった軸のように，その部品が最大実体をしている状態のことである．図1.70では，穴の場合は φ6.0，軸の場合は φ4.8 が最大実体状態である．簡単にいうと，その部品が最も重い状態のことである．最小実体状態LMC (least material condition) とはMMCとは逆に，その部品が最も軽い状態のことである．以上をまとめたものが，表1.15である．

表1.15　用語と図示例の寸法の関係

状態	寸法	穴	軸
最大実体状態 MMC	最大実体寸法 MMS	6.0（最小許容寸法）	4.8（最大許容寸法）
最小実体状態 LMC	最小実体寸法 LMS	7.0（最大許容寸法）	4.2（最小許容寸法）

(2) 追加公差と動的公差について

追加公差とは，仕上がり寸法と最大実体寸法との差分のことである．穴の場合は仕上がり寸法 − 最小許容寸法（最大実体寸法）となり，軸の場合は最大許容寸法（最大実体寸法）− 仕上がり寸法で求めることができる．また，動的公差は図示された公差に追加公差を加えたものである．

図1.70 (a) の穴について，追加公差および動的公差がどのように変動するかを表1.16に示

表1.16　追加公差と動的公差の公差値および実効寸法

仕上がり寸法	最小許容寸法	追加公差	図示の公差	動的公差	実効寸法
6.0	6.0	0.0	0.8	(0.8)	5.2
6.2	6.0	0.2	0.8	1.0	5.2
6.4	6.0	0.4	0.8	1.2	5.2
6.6	6.0	0.6	0.8	1.4	5.2
6.8	6.0	0.8	0.8	1.6	5.2
7.0	6.0	1.0	0.8	1.8	5.2

した．軸の場合は省略した．

表 1.16 を用いて，横軸を仕上がり寸法，縦軸を動的公差（位置度公差）にして，グラフにしたものが図 1.71 である．このグラフを動的公差線図という．最大実体公差方式の適用により，公差領域の増加する様子がよくわかる．この増加した部分が追加公差領域で，この領域が，最大実体公差方式が経済性の増大をもたらす（良品の範囲が拡大する）部分である．最大実体公差方式を適用しない場合は，穴の仕上がり寸法が φ6 から φ7 まで変動しても位置度公差値は φ0.8 で一定であるが，最大実体公差方式を適用することで，仕上がり寸法によっては位置度公差値は 1.8 まで許容できる．具体的に，どのように公差領域が広がるかを表したのが 1.3.7 項で説明する表 1.17 である．

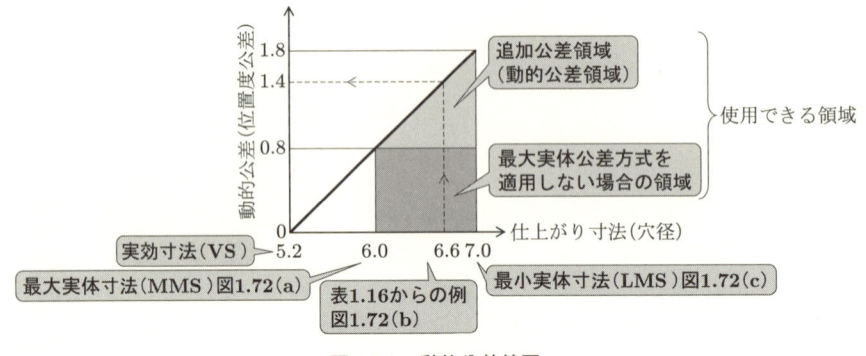

図 1.71　動的公差線図

（3）実効寸法

実効寸法 VS（virtual size）とは，実効境界の大きさを示す寸法のことで，追加公差と並んで最大実体公差方式の機能をよく表している重要な意味をもつ用語である．穴の場合は，最大実体寸法 − 幾何公差（姿勢公差または位置公差）で，図 1.72（a）では 6 − 0.8 = 5.2 となる．または，仕上がり寸法 − 動的公差でも表せ，図 1.72（b）では 6.6 − 1.4 = 5.2 となる．軸の場合は，最大実体寸法 + 幾何公差（姿勢公差または位置公差）や，仕上がり寸法 + 動的公差で求められる．

図 1.72 からわかるように，実効寸法は一定値（φ5.2）となる．図 1.72 は穴がそれぞれ φ6（最大実体寸法），φ6.6，φ7（最小実体寸法）の仕上がりの場合を示している．軸の場合も，穴と同様に考える．

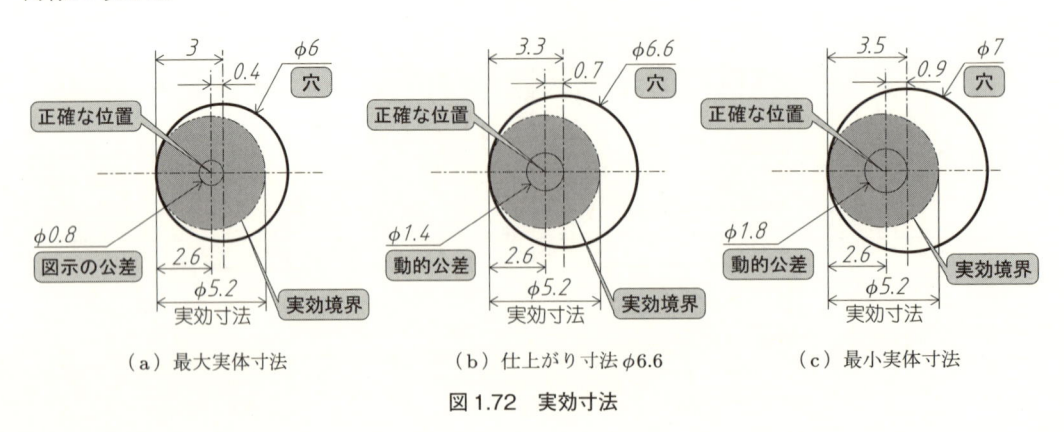

図 1.72　実効寸法

実効寸法の重要な意味は，穴の場合でいうと，穴の中心が指示された幾何公差（図1.72の動的公差）内にあれば，穴の寸法が許容限界寸法内でのいかなる仕上がり寸法でも，穴の内面は実効寸法の円筒面（実効境界）の内側には存在しないということである．言い換えると，極限状態（最悪状態）における部品でも，実効境界を侵害していないということである．このことと，実効寸法は一定値であるということを利用して，部品検査を容易にするための機能ゲージ（極限状態をシミュレートしたもの）の基準寸法（設計寸法）として用いられる．

（4）最大実体公差方式の指示

最大実体公差方式は，図1.73のように，幾何公差値の後，およびデータム文字記号の後に記号Ⓜで指示をする．

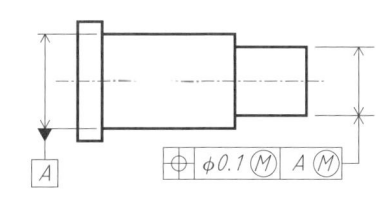

図1.73　最大実体公差方式の図示

（5）最大実体公差方式の適用

設計者は，常に対象とする公差およびデータムに最大実体公差方式の適用ができるかどうかを決めなければならない．使用可能な公差領域を最大限に利用できるので，可能な限り最大実体公差方式を適用するのが望ましい．ただし，運動学的リンク機構，歯車，しまりばめなどの軸と穴，および機能的ねじ穴とねじ軸など，公差を増加することによって機能が損なわれるおそれがある場合には，適用しないほうがよい．

（6）最大実体公差方式の検証

以下に最大実体公差方式を適用した部品の検証方法について概略を述べる．検証方法には，機能ゲージによる方法と，3次元測定器等を用いた実測による方法がある．

① **機能ゲージによる方法**　機能ゲージとは，実効寸法を基準寸法（設計寸法）として，最大実体公差方式が適用された形体の姿勢または位置を検証するものである．一般の限界ゲージは通り，止まりの機能をもつサイズ検証用であるが，機能ゲージは幾何公差（姿勢または位置）を検証する特殊な通りゲージ（GOゲージ）である．機能ゲージが通れば合格（実効境界を侵害していない），通らなければ不合格（実効境界を侵害している）というように，合否は容易に判定できる．

② **実測による方法**　一般的な3次元測定器を用いて，穴などの形体の位置を測定し，位置度公差の誤差量を計算する．その誤差量と動的公差より求めた許容位置度を比較して合否を判定する．

1.3.7　各方式の公差域の大きさの比較

図1.74に各公差方式の指示方法を示す．ここでは，寸法に公差を指示した場合を寸法公差方式という．また，各公差方式による公差域の違いは，表1.17のとおりである．

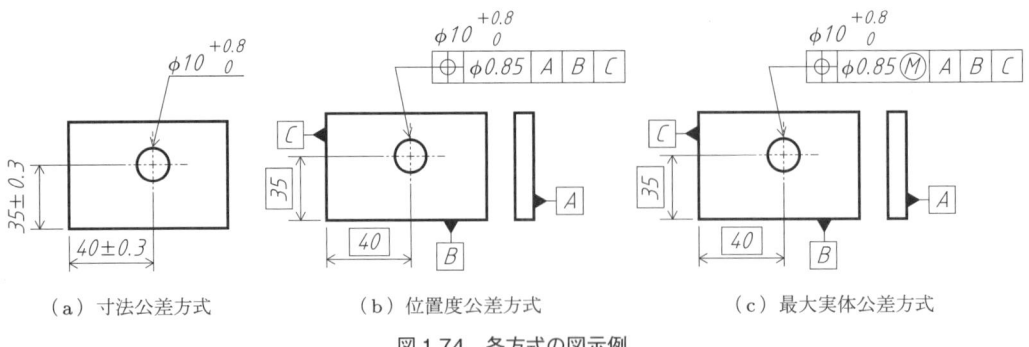

(a) 寸法公差方式　　　　（b）位置度公差方式　　　　（c）最大実体公差方式

図 1.74　各方式の図示例

表 1.17　各公差域模式図

公差方式	寸法公差方式	位置度公差方式	最大実体公差方式
増加分		57%増加	さらに追加公差分増加
公差域模式図	0.6 × 0.6	(0.6) φ0.85	(φ0.85) φ1.65(MAX)

1.4　表面性状の図示方法

断面曲線，粗さ曲線およびうねり曲線を総称して表面性状（surface texture）という．表面性状は，作動性，騒音，耐摩耗性などの部品の機能や性能を左右する重要な特性である．したがって，図面に表面性状を指示する必要がある．ここでは，よく用いられる，粗さ曲線をもとに定義した表面粗さパラメータの求め方や図示方法について概略を説明する．

1.4.1　表面性状の種類

図 1.75 に示す断面曲線から長波長成分を遮断して得た図 1.76 のような輪郭曲線を粗さ曲線という．断面曲線は，大きなうねり（長波長成分）に加えて小さな波が存在するのが普通である．うねり（長波長成分）は工作機械による場合が多く，小さい波は刃の振動，切れ具合，送り速度などによる場合が多い．

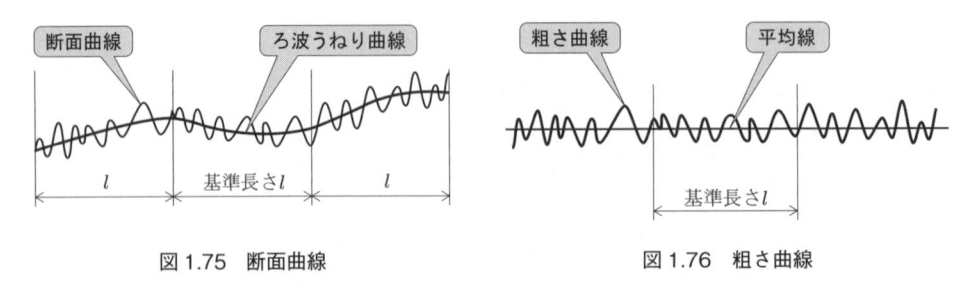

図 1.75　断面曲線　　　　図 1.76　粗さ曲線

（1）断面曲線

断面曲線（primary profile）とは，実表面の断面を測定した曲線に，所定の低域フィルタを適用して得られる曲線をいう．図 1.75 のように大きなうねり（長波長成分）に沿った小さな波の線が断面曲線である．

（2）粗さ曲線

粗さ曲線（roughness profile）とは，所定の高域フィルタによって，図 1.75 の断面曲線から長波長成分を遮断して得た曲線をいう．図 1.76 のように，断面曲線から大きなうねり（長波長成分）を除去した曲線が粗さ曲線である．この粗さ曲線をもとに，種々の表面粗さパラメータを定義する．

（3）うねり曲線

うねり曲線（waviness profile）とは，断面曲線から短波長線分である表面粗さの成分を低域フィルタによって除去した曲線がうねり曲線である．

1.4.2 表面粗さのパラメータ

表面粗さ（surface roughness）パラメータとは，部品の表面の粗さを示す各種の数値[2]で，1.4.1 項（2）の粗さ曲線を元に決定する．ここでは，表面粗さパラメータのなかで，従来よりよく用いられてきた算術平均粗さ Ra について説明する．Ra は，粗さ曲線から平均線の方向に基準長さ l を抜き取り，この抜き取り部分の平均線から粗さ曲線までの偏差の絶対値を合計し平均した値（マイクロメートル）である．Ra は図 1.77 のように示すことができ，式で表すとつぎのようになる．

$$Ra = \frac{1}{l} \int_0^l |f(x)| dx$$

部品に傷があると粗さ曲線に大きな波が表れるが，Ra ではその傷が測定結果におよぼす影響が小さくなるので，信頼性のある測定値が得られる．

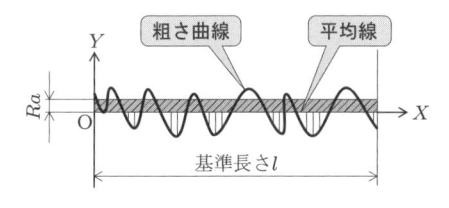

図 1.77　算術平均粗さ（Ra）

> **ポイント** ❷表面粗さのパラメータには，算術平均粗さ Ra のほかに，最大高さ粗さ Rz，十点平均粗さ $RzJIS$，要素の平均長さ RSm，負荷長さ率 $Rmr(c)$ がある．

1.4.3 図示記号および図示の仕方

表面性状は図1.78のように，図面の下辺や右辺から読むことができるように，外形線あるいは寸法補助線に接するように図示する．または，引出線を用いてその参照線（引出補助線）に接するように図示してもよい．図示記号が傾いた姿勢で図示してはいけない．

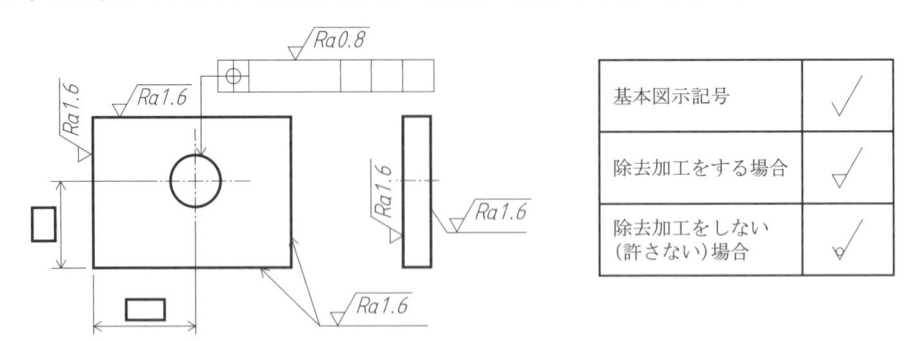

図1.78 図示記号および図示の仕方

1.5 2次元図面から3次元図面へ

1.5.1 現状

2次元図面は，3次元物体を平面上に表現するものである．製品の外国生産がますます進む現在，開発からサービス，廃棄にいたるまでのものづくりの効率化のために，3次元CADの普及・使用が当然となりつつある．しかし，2次元図面で使用していた製図法や公差などの表記方法は，基本的には3次元図面でも同様に求められる．さらに，3次元データのみで材料，表面粗さ，処理などの属性情報をふくめた設計者の意図をすべて伝えることは，現状では不可能である．そのためには，3次元データと2次元図面の両方を用いたり，2次元図面のみを用いているケースがまだまだ多いのが実情である．

1.5.2 課題

ものづくりの上流（情報の作成，発信サイド）においては，従来の2次元図面が担っていたさまざまな情報を3次元図面にすべて盛り込めるか，とくに製造や検査に関する情報を十分に伝達できるか，そして，それらの諸情報の表現方法を統一できるかという大きな課題がある．

つぎに，さまざまなデータ形式を受け取る下流（情報の利用，受信サイド）においては，データの互換性が確保できる環境を築けるか，情報を容易に利用するための表示機器類の用意をできるかなどの課題がある．

このようなことから，少なくともここ数年は，3次元図面と2次元図面が共存，および共用した状態が続く状況にある．なお，自動車業界の標準規格SASIGあるいは，国際標準化機構ISOの規格であるISO/FDIS 16792におけるように3次元図面に関する規格は整いつつある．

さらに，現在，新しい概念にもとづく国際的に統一された規格 GPS（geometrical product specifications）の構築が進められている．GPS の基本概念は，事象が数学的に定義でき，解釈に曖昧さがなく，測定が一義的に行われ，測定の不確かさを加味して，合否判定を行うというものである．

1.5.3　3次元図面の例図

図 1.79 に，SolidWorks による 3 次元図面の表示例を紹介する．今後は，図そのもの以外に属性情報の表現，使い勝手などの実運用面からの完成度の向上が望まれる．

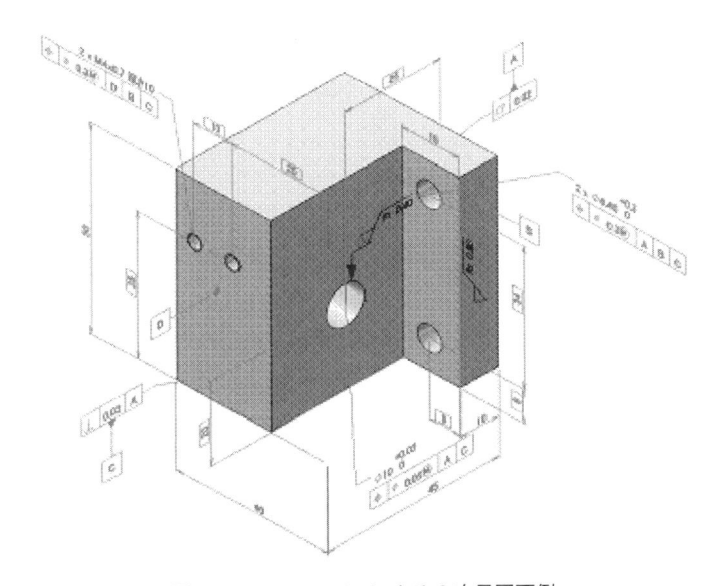

図 1.79　SolidWorks による 3 次元図面例

参考文献

[1.1]　藤本 元 ほか，「初心者のための機械製図（第 2 版）」，森北出版，2005.
[1.2]　林 洋次 ほか，「機械製図」，実教出版，2004.
[1.3]　大西清，「製図学への招待（第 4 版）」，理工学社，2004.
[1.4]　桑田浩志，「新しい幾何公差方式」，日本規格協会，2004.
[1.5]　桑田浩志，「ものづくりのための寸法公差方式と幾何公差方式」，日本規格協会，2007.
[1.6]　米国機械学会，「寸法および公差記入法（ASME Y14.5-2009）」，日本規格協会，1994.
[1.7]　五十嵐正人，「形状，姿勢，位置公差マニュアル」，総合技術センター，1982.
[1.8]　五十嵐正人，「幾何公差システムハンドブック」，日刊工業新聞社，1992.
[1.9]　桑田浩志，「設計のツールとしての幾何公差方式」，日刊工業新聞社，2003.
[1.10]　日本規格協会 編，「JIS ハンドブック　製図」，日本規格協会，2015.
[1.11]　大西清，「最新・機械設計精度マニアル」，新技術開発センター，1990.
[1.12]　L.W.Foster 著，五十嵐正人，松下光祥 訳，「ANSI,ISO 規格による設計製図マニュアル」，日刊工業新聞社，1972.
[1.13]　桑田浩志 編，「製品の幾何特性仕様 GPS　幾何公差,表面性状及び検証方法」，日本規格協会，2012.

第2章 公差設計

　最近の設計現場の新たな動きとして，競争力ある商品を開発するために，限界設計とコストダウンを両立し，開発のスピードアップを可能にする公差設計の必要性が改めて認識されてきている．

　公差設計には，つぎの三つのポイントが重要である．
① 商品の仕様・品質・コストを総合的に考慮して，各部品の公差値を決める．
② 図面に公差情報を正確に表現する．
③ できあがった部品および組立品の状態（工程能力）を確認・分析し，フィードバックする．

　各企業で3次元CADによる設計が進み，最近では3次元公差解析ソフトも登場してきているが，このようなソフトを活用する前に，公差設計に関して十分な理解が必要である．

　本章では，公差設計の位置付けや効果，および公差の設定方法について，統計的手法を用いた例をふくめて基礎を説明する．

● Key Word　公差設計，ばらつき，互換性，不完全互換性，工程能力指数，レバー比，ガタ，3次元公差解析ソフト

2.1　公差設計のPDCA

　工作機械の性能向上はめざましいが，同じ方法で加工した部品でも，その寸法や形状には微小なばらつきが発生する．たとえば，4.2.2項で説明する塑性加工において，プレス機械を同じ条件で動かし続けても，気温や湿度といった環境の変化，連続して加工することによる金型の摩耗などによって加工される部品にはばらつきが生まれる．組み立てにおいても，機械組み立てでも人による組み立てでも組み立て状態にはばらつきが発生する．このばらつきを小さくするように，設計と製造の両面から取り組むが，それでもばらつきをゼロにはできない．このばらつきの許容範囲（＝公差）を，製品の仕様やコストなどを総合的に考えて，設計者が最終的に決定していく作業が公差設計である．

　公差設計で中心となるのは，計算をして"公差値を決めること"であるが，これだけでは会社全体として機能しない．部品や製品ができあがったら，設定した公差が適切だったのかどうかを評価し，つぎの製品へとフィードバックする仕組みが必要となる．これが図2.1に示すような公差設計のPDCAである．

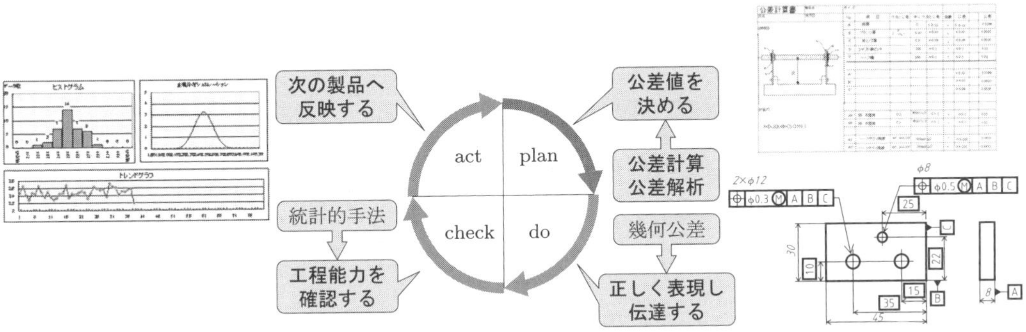

図 2.1 公差設計の PDCA

　製品の仕様やコストなどを，総合的にバランスよく考えて公差値を決める公差計算は，PDCA の plan である．つぎに，図面を受けとる側が誤った解釈をしないように図面上に公差の情報を正確に表現して確実に伝達することが重要となる．とくに近年では，国際的な3次元図面化の要求もふくめて，幾何公差を活用することが必須となっている．これが do に相当する．そして，図面に沿って加工された部品や組み立てられた製品の実態を確認するのが，check である．設定した公差値が工程能力（2.7 節参照）に見合ったものだったのか，公差の表現方法が適切だったのかなどを確認し，その結果に不十分な点があれば修正していく必要がある．これが act に相当する．ただし，量産に入ってから公差値を変更することは非常に困難なため，plan と do の段階で十分な検討を実施し，check では確かに適切であったことの確認ができ，act でさらに高度な製品開発を行うことが望ましい．

　公差設計の PDCA を確実に回していきながら，公差の質を向上させていくことが，非常に重要な取り組みとなる．

2.2　公差とは

2.2.1　公差と公差設計

　部品個々の寸法には必ずばらつきがあり，一般的にはばらついてもよい範囲が公差と考えられているが，この考えは公差を受け入れる製造者側からの解釈である．設計者側からみれば，製品仕様と製造条件およびコストを考慮したバランス感覚にもとづき，設計者自らが設定するものを公差（許容範囲）という．

　実際の設計においては，図 2.2 のように公差が決められる．

　完成品仕様がある範囲に入るためには，サブ組み立て主要寸法がある範囲に入ることが要求され，そこから各部品の公差が決定される．これが，本来の①設計の流れであり，設計者の意図が反映されている．完成品からは小型・高機能化などに向けて，できるだけ厳しい公差を要求したいが，部品側からはつくりやすくしたいので逆に公差をゆるめてほしいという要望が入る．これが，②製造上の要求である．当然，部品個々の公差を大きくすれば完成品の不具合が発生する危険が高まり，場合によっては，トータルコストが大きくなってしまうことも考えられる．これら

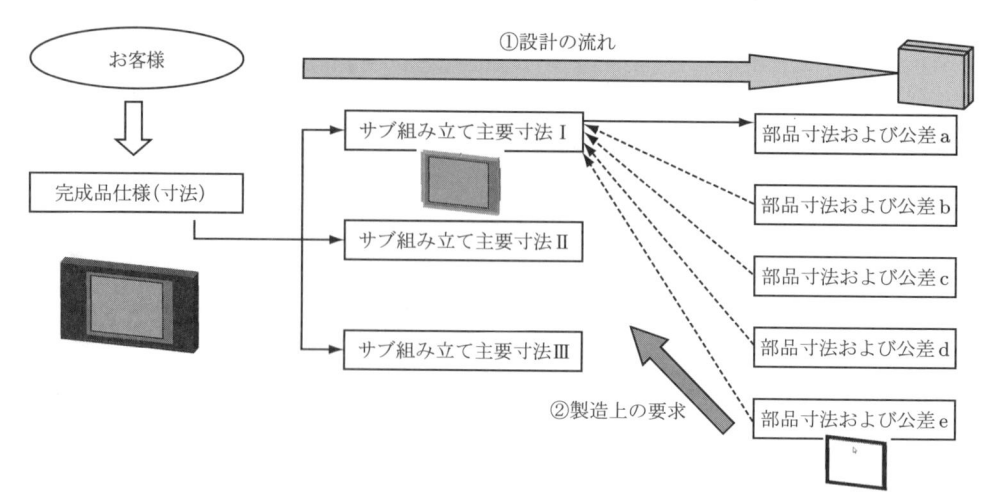

図2.2　公差設定の流れ

①設計の流れと②製造上の要求とを，経済性（コスト）という一つの共通の軸に投影してながめ，そのバランスをとって公差が決められる．その際に，統計的考察も加えて計算し，公差を設定することを公差設計とよぶ．

最近でも，部品はすべて設計者の指示どおりにつくられているにもかかわらず，"組み立てられない"や"組み立てられても動作しない"といった声を耳にすることがある．その原因の多くに，設計者が公差設計を正しく理解し実践していないことがある．このようなことが，Fコスト（失敗コスト）の増加，次期開発商品の遅れ（設計者の手離れの悪さ）などの悪循環につながっている．

さらには，さまざまな要因により，②が設計者に伝わりにくくなっているのも事実である．①と②の情報交換がスムーズにできるシステムの構築が必須である．

2.2.2　設計者の公差知識の実際

最近は，多くの企業において公差設計がきちんと教育されているとはいえない．従来からの類似部品に設定していた公差をそのまま用いていたり，KKD（勘，経験，度胸）で適当に決めてしまっている設計者も少なくない．しかし，そのようなものに頼っていては，近年の商品開発に対する国際競争力は維持できない．

2.2.3　公差設計のメリット

公差設計をきちんと身につければ，つぎのメリットが得られる．
① 公差計算理論と判断基準を有して，正しい設計ができるようになる．
② これまで公差設計を実施していなかった会社には，大きなコストメリットが得られる．
③ 設計品質問題を理論的に未然に解決できる．
④ 他者の設計に対して，正しい評価ができるようになる（検図）．

2.3　品質とばらつき

よい品質の商品やサービスを提供するのが企業に与えられた責務であり，これなくしては企業の安定も成長もないといっても過言でない．機械設計技術者にとって，よい品質の商品を設計することが最終目的である．

商品が完成してから不良品が発生した際に，その原因を追究すると，設計段階でのばらつき（製造誤差）を正しく考慮していない場合が多い．よい品質の商品を実現するために，最初に取り組まなければならないのが，ばらつきをコントロールすることである．そのためには，ばらつきの発生する原因や性質を知り，ばらつきの大きさを定量的に求めることが必要である．

2.4　ばらつきの原因

2.4.1　ばらつきの分類

設計された品質を実現するためには，図2.3のように人（man），設備（machine），材料（material）を準備し，実現するための方法（method）を整備しなければならない．製造段階のばらつきを抑えるために，これらの4Mを重要な管理項目としても，製造品質のばらつきは避けられない．ばらつきの原因は数多くあるが，つぎの五つが主な原因として考えられる[2.2]．

① 原材料・設備などについて標準を定めてあっても，標準で決められた範囲内で変化があった．
② 作業標準の許容範囲内で作業条件が変わった．
③ 作業標準どおりの作業を行わなかった．
④ 作業条件などの標準化が不備で，品質変動の原因を押さえていなかった．
⑤ 測定・試験などの誤差．

ばらつきには，管理しても避けられない偶然原因によるばらつきと，きちんと管理すれば避けられる異常原因によるばらつきの二つがある．

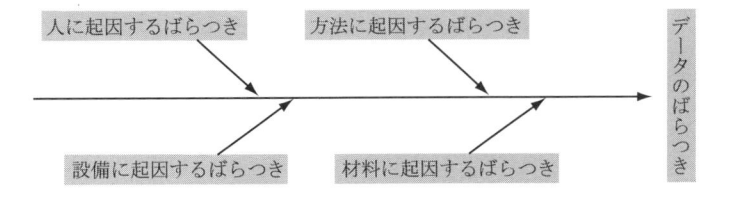

図2.3　特性値のばらつき

（1）偶然原因によるばらつき

同じ材料・設備・作業者・方法で製造しても，完全に同じものはできない．このように避けられないばらつきを偶然原因によるばらつきという．偶然原因によるばらつきの大きさと規格値の比を工程能力指数（2.7.1項参照）といい，工程の安定度合評価の尺度として使われている．

（2）異常原因によるばらつき

標準が守れなかったり，設備が壊れてしまったり，作業者が変わったり，違う材料を使ったり

して，突然ばらつきが大きくなることがある．このように，主として管理の不備に起因するばらつきを，異常原因によるばらつきとよぶ．ポカミスなどもこれにふくまれる．

2.4.2　ばらつきの対策

ばらつきの原因を知ってその対策を講じる場合，異常原因によるばらつきは，偶然原因によるばらつきと違い，きちんと管理をすることで防止することが可能である．

偶然原因によるばらつきに対しては，設計段階で製造部門と十分な打ち合わせを行うことで，その量を予測し，特性がそれだけばらついても差し支えのないように公差設計を実行していくことが重要である．設計上から，どうしてもばらつきを小さくしなければいけない場合には，加工精度の高い方法や加工業者を採用したり，高精度の部品を使用するなどで，ばらつきを小さくするか，全数選別して許容のばらつき内に入るもののみを使用するなどの方法をとる必要がある．しかし，いずれの場合もコストアップは避けられない．

2.5　ばらつきの表し方とその性質

2.5.1　特性値の分布

特性は数値で示され，特性値とよばれる．特性値には，不良率や欠点数などの計数値と，長さや重量などの計量値がある．計量値のデータがどんな分布をしているかをみるためにヒストグラムを用いる．ヒストグラムは，取られたデータの最大値と最小値の間を適当な区間に分割し，その区間ごとのデータ数（度数）をカウントしてグラフにしたものである．図2.4にヒストグラムの例を示す．

特性値の分布にはいろいろなパターンがあり，分布の形をみることで工程の姿を知ることができる．

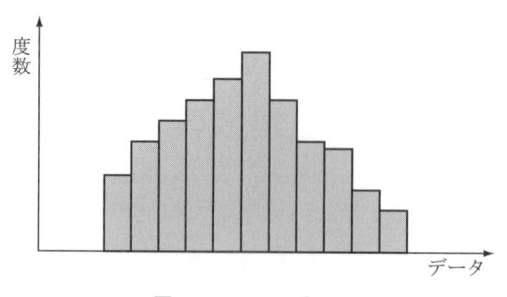

図2.4　ヒストグラム

（1）一般型

一般型は図2.5のような分布であり，安定した工程から得られる分布は左右対称の形で中央が高く，中央から離れるに従って低くなっている．正規分布も一般型の一つである．

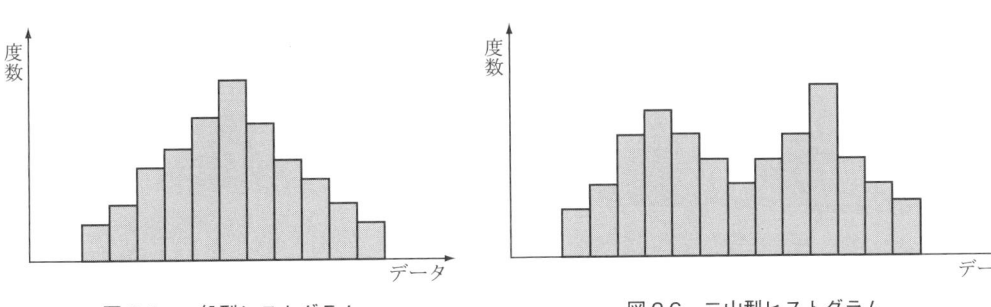

図2.5　一般型ヒストグラム

図2.6　二山型ヒストグラム

(2) 二山型

二山型は図2.6のような分布であり，二つの異なる工程でつくられる場合などに起こりやすい．図2.3の4Mでデータを層別に分けて分析することが大切である．

(3) 絶壁型

絶壁型は図2.7のような分布であり，ばらつきが大きいので，全数選別をして規格外のものを取り除いた場合にみられる．

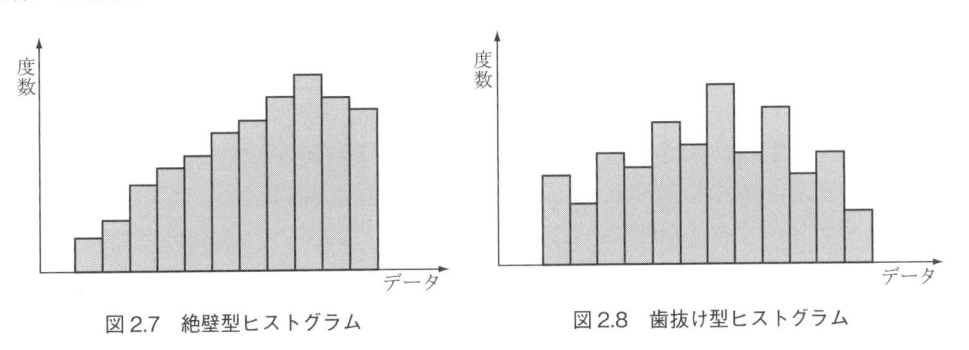

図2.7　絶壁型ヒストグラム

図2.8　歯抜け型ヒストグラム

(4) 歯抜け型

歯抜け型は図2.8のような分布であり，区間の幅が測定単位と合っていない場合にこのような形になる．

(5) 離れ小島型

離れ小島型は図2.9のような分布であり，工程中になんらかの異常が発生したとき，あるいは測定にミスがあった場合にみられる．

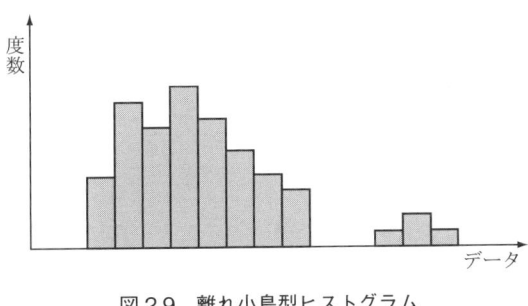

図2.9　離れ小島型ヒストグラム

2.5.2　平均値とばらつき

n 個のデータ X_1, X_2, X_3, $\cdots$, X_n からなる分布を数量的に表すには，中心の位置とばらつきの大きさを表す方法がある．

（1）平均値

分布の中心位置を X_{bar} で表す．

$$X_{\mathrm{bar}} = \frac{X_1 + X_2 + X_3 + \cdots + X_n}{n}$$

（2）ばらつき

① **範囲**　一組のデータのなかの最大値 $X_{\max}$ と最小値 $X_{\min}$ の差を範囲といい，R で表す．

$$R = X_{\max} - X_{\min}$$

② **平方和**　データ X_i と平均値との差を 2 乗したものの総和であり，S で表す．

$$S = (X_1 - X_{\mathrm{bar}})^2 + (X_2 - X_{\mathrm{bar}})^2 + \cdots + (X_n - X_{\mathrm{bar}})^2$$
$$= \sum_{i=1}^{n}(X_i - X_{\mathrm{bar}})^2$$

$\sum_{i=1}^{n}(X_i - X_{\mathrm{bar}})$ を計算すると，ばらつきの大小にかかわりなく 0 になるので，平方和として 2 乗する．ばらつきは 2 乗の世界で考えることが多い．

③ **分散**　平方和 S はデータ数が多くなると大きな値となるので，分散はデータ数の異なる組のばらつきを比較するためにデータ数に関係しない量に変換したものであり，s^2 または V で表す．

$$s^2 = \frac{S}{n-1} = \frac{1}{n-1}\sum_{i=1}^{n}(X_i - X_{\mathrm{bar}})^2$$

④ **標準偏差**　ばらつき具合を示し，s で表す．

$$s = \sqrt{\frac{1}{n-1}\sum_{i=1}^{n}(X_i - X_{\mathrm{bar}})^2}$$

（3）母集団とサンプル

図 2.10 のように，データを構成するサンプル（試料）にはそのもとになる母集団があって，母集団の平均は μ（母平均），標準偏差は σ（母標準偏差）で表す．

図 2.10　母集団とサンプル [2.3]

2.5.3　正規分布

ねらいがあってつくられたものの分布は，中心値のまわりにある幅をもってばらつき，分布の形は釣鐘型の左右対称の形をしている．この分布を正規分布といい，理論的に重要な分布である．サンプル数 n の数を無限大まで増加させていくと，分布の形は限りなく正規分布に近づい

表 2.1　標準正規分布表

K_ε	0	1	2	3	4	5	6	7	8	9
0	0.500000	0.496011	0.492022	0.488033	0.484047	0.480061	0.476078	0.472097	0.468119	0.464144
0.1	0.460172	0.456205	0.452242	0.448283	0.444330	0.440382	0.436441	0.432505	0.428576	0.424655
0.2	0.420740	0.416834	0.412936	0.409046	0.405165	0.401294	0.397432	0.393580	0.389739	0.385908
0.3	0.382089	0.378281	0.374484	0.370700	0.366928	0.363169	0.359424	0.355691	0.351973	0.348268
0.4	0.344578	0.340903	0.337243	0.333598	0.329969	0.326355	0.322758	0.319178	0.315614	0.312067
0.5	0.308538	0.305026	0.301532	0.298056	0.294598	0.291160	0.287740	0.284339	0.280957	0.277595
0.6	0.274253	0.270931	0.267629	0.264347	0.261086	0.257846	0.254627	0.251429	0.248252	0.245097
0.7	0.241964	0.238852	0.235762	0.232695	0.229650	0.226627	0.223627	0.220650	0.217695	0.214764
0.8	0.211855	0.208970	0.206108	0.203269	0.200454	0.197662	0.194894	0.192150	0.189430	0.186733
0.9	0.184060	0.181411	0.178786	0.176186	0.173609	0.171056	0.168528	0.166023	0.163543	0.161087
1.0	0.158655	0.156248	0.153864	0.151505	0.149170	0.146859	0.144572	0.142310	0.140071	0.137857
1.1	0.135666	0.133500	0.131357	0.129238	0.127143	0.125072	0.123024	0.121001	0.119000	0.117023
1.2	0.115070	0.113140	0.111233	0.109349	0.107488	0.105650	0.103835	0.102042	0.100273	0.098525
1.3	0.096801	0.095098	0.093418	0.091759	0.090123	0.088508	0.086915	0.085344	0.083793	0.082264
1.4	0.080757	0.079270	0.077804	0.076359	0.074934	0.073529	0.072145	0.070781	0.069437	0.068112
1.5	0.066807	0.065522	0.064256	0.063008	0.061780	0.060571	0.059380	0.058208	0.057053	0.055917
1.6	0.054799	0.053699	0.052616	0.051551	0.050503	0.049471	0.048457	0.047460	0.046479	0.045514
1.7	0.044565	0.043633	0.042716	0.041815	0.040929	0.040059	0.039204	0.038364	0.037538	0.036727
1.8	0.035930	0.035148	0.034379	0.033625	0.032884	0.032157	0.031443	0.030742	0.030054	0.029379
1.9	0.028716	0.028067	0.027429	0.026803	0.026190	0.025588	0.024998	0.024419	0.023852	0.023295
2.0	0.022750	0.022216	0.021692	0.021178	0.020675	0.020182	0.019699	0.019226	0.018763	0.018309
2.1	0.017864	0.017429	0.017003	0.016586	0.016177	0.015778	0.015386	0.015003	0.014629	0.014262
2.2	0.013903	0.013553	0.013209	0.012874	0.012545	0.012224	0.011911	0.011604	0.011304	0.011011
2.3	0.010724	0.010444	0.010170	0.009903	0.009642	0.009387	0.009137	0.008894	0.008656	0.008424
2.4	0.008198	0.007976	0.007760	0.007549	0.007344	0.007143	0.006947	0.006756	0.006569	0.006387
2.5	0.006210	0.006037	0.005868	0.005703	0.005543	0.005386	0.005234	0.005085	0.004940	0.004799
2.6	0.004661	0.004527	0.004397	0.004269	0.004145	0.004025	0.003907	0.003793	0.003681	0.003573
2.7	0.003467	0.003364	0.003264	0.003167	0.003072	0.002980	0.002890	0.002803	0.002718	0.002635
2.8	0.002555	0.002477	0.002401	0.002327	0.002256	0.002186	0.002118	0.002052	0.001988	0.001926
2.9	0.001866	0.001807	0.001750	0.001695	0.001641	0.001589	0.001538	0.001489	0.001441	0.001395
3.0	0.001350	0.001306	0.001264	0.001223	0.001183	0.001144	0.001107	0.001070	0.001035	0.001001
3.1	0.000968	0.000936	0.000904	0.000874	0.000845	0.000816	0.000789	0.000762	0.000736	0.000711
3.2	0.000687	0.000664	0.000641	0.000619	0.000598	0.000577	0.000557	0.000538	0.000519	0.000501
3.3	0.000483	0.000467	0.000450	0.000434	0.000419	0.000404	0.000390	0.000376	0.000362	0.000350
3.4	0.000337	0.000325	0.000313	0.000302	0.000291	0.000280	0.000270	0.000260	0.000251	0.000242
3.5	0.000233	0.000224	0.000216	0.000208	0.000200	0.000193	0.000185	0.000179	0.000172	0.000165
3.6	0.000159	0.000153	0.000147	0.000142	0.000136	0.000131	0.000126	0.000121	0.000117	0.000112
3.7	0.000108	0.000104	9.96E-05	9.58E-05	9.20E-05	8.84E-05	8.50E-05	8.16E-05	7.84E-05	7.53E-05
3.8	7.24E-05	6.95E-05	6.67E-05	6.41E-05	6.15E-05	5.91E-05	5.67E-05	5.44E-05	5.22E-05	5.01E-05
3.9	4.81E-05	4.62E-05	4.43E-05	4.25E-05	4.08E-05	3.91E-05	3.75E-05	3.60E-05	3.45E-05	3.31E-05
4.0	3.17E-05	3.04E-05	2.91E-05	2.79E-05	2.67E-05	2.56E-05	2.45E-05	2.35E-05	2.25E-05	2.16E-05
4.1	2.07E-05	1.98E-05	1.90E-05	1.81E-05	1.74E-05	1.66E-05	1.59E-05	1.52E-05	1.46E-05	1.40E-05
4.2	1.34E-05	1.28E-05	1.22E-05	1.17E-05	1.12E-05	1.07E-05	1.02E-05	9.78E-06	9.35E-06	8.94E-06
4.3	8.55E-06	8.17E-06	7.81E-06	7.46E-06	7.13E-06	6.81E-06	6.51E-06	6.22E-06	5.94E-06	5.67E-06
4.4	5.42E-06	5.17E-06	4.94E-06	4.72E-06	4.50E-06	4.30E-06	4.10E-06	3.91E-06	3.74E-06	3.56E-06
4.5	3.40E-06	3.24E-06	3.09E-06	2.95E-06	2.82E-06	2.68E-06	2.56E-06	2.44E-06	2.33E-06	2.22E-06
4.6	2.11E-06	2.02E-06	1.92E-06	1.83E-06	1.74E-06	1.66E-06	1.58E-06	1.51E-06	1.44E-06	1.37E-06
4.7	1.30E-06	1.24E-06	1.18E-06	1.12E-06	1.07E-06	1.02E-06	9.69E-07	9.22E-07	8.78E-07	8.35E-07
4.8	7.94E-07	7.56E-07	7.19E-07	6.84E-07	6.50E-07	6.18E-07	5.88E-07	5.59E-07	5.31E-07	5.05E-07
4.9	4.80E-07	4.56E-07	4.33E-07	4.12E-07	3.91E-07	3.72E-07	3.53E-07	3.35E-07	3.18E-07	3.02E-07

ていく．正規分布は，平均 μ と標準偏差 σ で表すことができる．

(1) 標準正規分布

いろいろな形をする正規分布のなかで，平均値 $\mu = 0$，分散 $\sigma^2 = 1$ の場合を，とくに標準正規分布（standard normal distribution）とよんでいる．標準正規分布全体を 1 としたときの割合（＝確率）を求めた表 2.1 の正規分布表より，ある値より右側（または左側）が何%であるかの確率が容易に求められる．

(2) 標準正規分布の重要な確率

平均値が 0，標準偏差が 1 の $N(0, 1^2)$ の標準正規分布で，ばらつきが 1σ，2σ，3σ の内側に入るデータの確率は図 2.11 のとおりである．

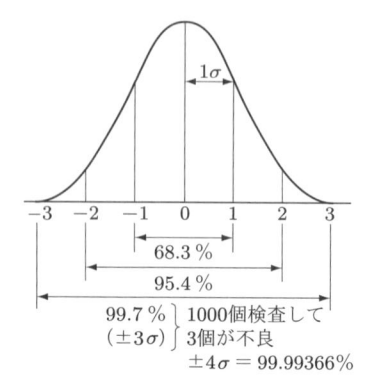

図 2.11 標準正規分布の確率

たとえば，μ の両側に $\pm 1\sigma$ をとれば，その範囲に入るものは，全データの 68.3%（外側に 31.7%）になる．同様に，$\pm 2\sigma$ をとれば 95.4%，$\pm 3\sigma$ をとれば 99.7% 入ることになる（表 2.1 の標準正規分布表を参照）．

2.5.4 標準正規分布表の使い方

図 2.12 (a) の標準正規分布の横軸の目盛りは，標準偏差の何倍に当たるかを示す値であり，ある値 K_ε より右側にある確率 ε を求めることができる．

表 2.2 の標準正規分布表は，片側の確率を求めてある．正規分布は左右対称であるため，両側を求めるときは，2 倍すればよい．この特徴を利用して，平均値 μ と分散 σ^2 がわかれば，100

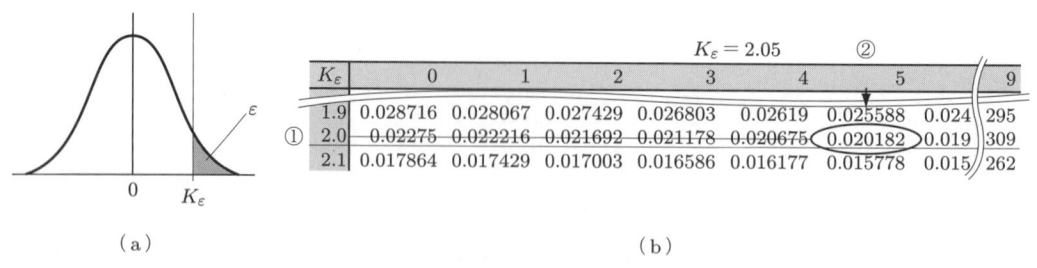

K_ε	0	1	2	3	4	5	9
1.9	0.028716	0.028067	0.027429	0.026803	0.02619	0.025588	0.024295
2.0	0.02275	0.022216	0.021692	0.021178	0.020675	0.020182	0.019309
2.1	0.017864	0.017429	0.017003	0.016586	0.016177	0.015778	0.015262

図 2.12 標準正規分布表による確率の求め方

個検査すると，何個不良になるか（規格と比較して規格外に出る確率はどのくらいか）がわかる．

たとえば，$K_\varepsilon = 2.05\sigma$ 以上の確率 ε を求めてみよう．標準正規分布表 2.1 より，K_ε の 2.0 は①，0.05 は②とし，その交差したところにある値が ε となる．つまり，2.05σ 以上は，0.020182 ≒ 2% であり，$\pm 2.05\sigma$ から外れる確率は，2%×2 = 4%となる（図 2.12）．

2.5.5 不良率の推定

通常，われわれのデータで，標準正規分布 $N(0, 1^2)$ を示すものはほとんどない．データ（品質特性）は，μ，σ^2 についてそれぞれ固有の値を示している．しかし，出現する確率を計算してあるのは標準正規分布だけであるから，規準化という手段をとって，どんな正規分布であっても標準正規分布表を適用できるようにしている．

すなわち，$N(10, 2^2)$ とか，$N(0.5, 0.03^2)$ といった正規分布を，いずれも $N(0, 1^2)$ に変換する．こうすることで，どんな正規分布であっても，標準正規分布表を自在に利用することが可能になる．

$$K_\varepsilon = \frac{x - \mu}{\sigma} \tag{2.1}$$

この式の意味は，ある値 x と平均値 μ との差が，標準偏差 σ の何倍かという意味であり，こうすることにより $N(0, 1^2)$ に置き換えることができる．

【規準化の例】

ある部品の実測データが，図 2.13 のように $N(11.5, 0.12^2)$ であった．上側の許容値が 11.7 の場合，

$$K_\varepsilon = \frac{11.7 - 11.5}{0.12} = 1.67$$

であり，標準正規分布表から 0.04746 が導かれ，不良率が 4.7% であることがわかる．

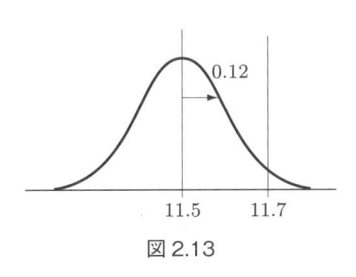

図 2.13

2.6 統計的取扱いと公差の計算

2.6.1 互換性と不完全互換性

公差の概念は，機械工業における量産方式の発達とともに固まってきた．量産する部品に対しては，まず互換性を備えていることが要求される．互換性とは，その部品集合のなかのものであ

れば，どの部品をもってきても問題が発生しないということである．

これを，公差設計の視点でいえば，複数の部品から構成される製品にとって，すべての部品の公差が最悪状態（最大または最小）で組み立てられた場合を計算している状態をいう．この計算方法を，互換性の方法とよぶ．

それに対して，2.3～2.5節で説明したとおり，ばらつきとその扱いからくる統計理論をベースにした計算方法を，不完全互換性の方法とよぶ．すなわち，ある確率では不良品が発生する可能性があるとするものである．

2.6.2 分散の加法性と公差の計算方法

不完全互換性の方法においては，統計理論にもとづく分散の加法性を用いて計算する．分散の加法性については，つぎのとおりである．

x が平均値 μ_1, 分散 σ_1^2, y が平均値 μ_2, 分散 σ_2^2 の正規分布に従うとき，つぎのように表せる．

$$x : N(\mu_1, \ \sigma_1^2) \tag{2.2}$$

$$y : N(\mu_2, \ \sigma_2^2) \tag{2.3}$$

x と y が互いに独立ならば，x と y とを足した分布および引いた分布 $x \pm y$ は，

$$平均値：\mu_1 \pm \mu_2 \tag{2.4}$$

$$分\ 散：\sigma_1^2 + \sigma_2^2 \tag{2.5}$$

の正規分布をするという定義がある．

$$N(\mu_1 \pm \mu_2, \ \sigma_1^2 + \sigma_2^2) \tag{2.6}$$

これが分散の加法性である．

すなわち，分散の加法性では次式が与えられる．

$$分\ 散：\sigma^2 = \sigma_1^2 + \sigma_2^2 + \cdots + \sigma_n^2 \tag{2.7}$$

公差と標準偏差とは直接に関係はないが，公差を標準偏差のある倍数，たとえば6倍を基準と考えることが一般的に行われている．したがって，公差 T についても式 (2.7) がそのままあてはまり，

$$公\ 差：T^2 = T_1^2 + T_2^2 + \cdots + T_n^2 \tag{2.8}$$

$$T = \sqrt{T_1^2 + T_2^2 + \cdots + T_n^2} \tag{2.9}$$

となる．

【分散の加法性の例】

トランスの鉄心を設計する場合を考える．図 2.14 のように，厚さ 1 mm のケイ素鋼板を 100 枚積層した．ケイ素鋼板の板厚のばらつき，すなわち標準偏差が 0.03 mm で隙間なく積層したときの厚さは，式 (2.7) より，

$$\sigma^2 = 0.03^2 + 0.03^2 + \cdots + 0.03^2 \ (100\ 枚) \tag{2.10}$$

$$= 100 \times (0.03^2)$$

$$\sigma = 0.3\ \mathrm{mm}$$

となり，積層した場合，積層品の 99.7% は，

$$100 \pm 3 \times 0.3\ \mathrm{mm} = 100 \pm 0.9\ \mathrm{mm} \tag{2.11}$$

の範囲に入ることになる．

1 mm×100 枚

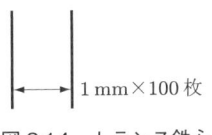

図 2.14 トランス鉄心

例題 2.1

図 2.15 において，すきま χ の値を，互換性の方法と，不完全互換性の方法のそれぞれについて計算して求めよ．ただし，各部品寸法と公差は，つぎのとおりである．

$A = 13 \pm 0.5$, $B = 4 \pm 0.2$, $C = 5 \pm 0.2$, $D = 3 \pm 0.2$

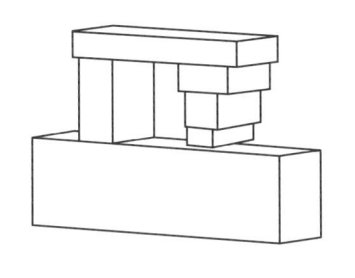

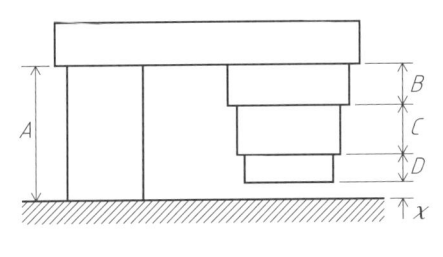

図 2.15

解答

まず，すきま χ の寸法値は，つぎのようになる．
$$\chi = A - (B + C + D) = 13 - (4 + 5 + 3) = 1 \tag{2.12}$$
互換性の方法による公差は，つぎのようになる．
$$0.5 + 0.2 + 0.2 + 0.2 = 1.1 \tag{2.13}$$
不完全互換性の方法による公差は，つぎのようになる．
$$\sqrt{0.5^2 + 0.2^2 + 0.2^2 + 0.2^2} = 0.61 \tag{2.14}$$
したがって，互換性の方法では 1 ± 1.1，不完全互換性の方法では，1 ± 0.61 となる．つまり，互換性の方法では，χ は最小 -0.1 となり，部品が 0.1 干渉することになる．

例題 2.2

図 2.16 において，つぎの二つの条件が与えられているとき，B, C, D が同一部品とした場合の寸法と公差を，互換性の方法と不完全互換性の方法のそれぞれについて計算せよ．

$\chi = 0.5 \pm 0.45$, $A = 8 \pm 0.3$

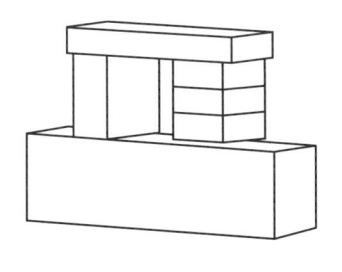

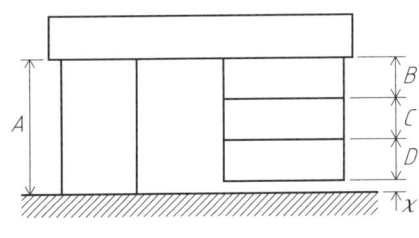

図 2.16

> **解答**
>
> まず，寸法値は，
> $$\chi = A - (B + C + D) \tag{2.15}$$
> $$0.5 = 8 - (B + C + D)$$
> $$(8 - 0.5) \div 3 = 2.5$$
> 互換性の方法による公差は，つぎのようになる．
> $$0.3 + (T + T + T) = 0.45 \tag{2.16}$$
> $$3T = 0.15$$
> $$T = 0.05$$
> 不完全互換性の方法による公差は，つぎのようになる．
> $$0.3^2 + T^2 + T^2 + T^2 = 0.45^2 \tag{2.17}$$
> $$3T^2 = 0.45^2 - 0.3^2$$
> $$T^2 = 0.0375$$
> $$T = 0.19$$
> したがって，互換性の方法では 2.5 ± 0.05 となり，不完全互換性の方法では 2.5 ± 0.19 となる．

[例題2.2]のように，ある値 χ を 0.5 ± 0.45 にしなければならないような設計条件は頻繁に存在している．それを満たすように各部品の寸法と公差を設定するが，その際に互換性の方法と不完全互換性の方法のどちらで考えるかによって，各部品の公差値が大きく異なる．当然，不完全互換性の方法の方が公差値を大きくでき，つまり部品の加工が容易になり，コストダウンにつながる．

公差は物をつくる前に決めておく値である．そのためには，設計者と生産技術者が十分に情報交換することが必要になる．しかし，さまざまな要因によって，製造上の要求が設計者に伝わりにくくなっているのも事実である．設計上の要求と製造上の要求の情報交換が円滑に進むシステムの構築が必須である．PDCAにおける plan, do を十分な検討の上で実施することが，実績と自信に裏付けされた check, act へとつながる．

実際に公差設計に取り組んでいる複数の企業では，互換性の方法と不完全互換性の方法を基本として，さらに企業独特のルール（ノウハウ）にもとづいて公差設計を進めている．

2.7 工程能力

2.7.1 工程能力とは

工程能力とは，標準どおりの作業が行われたとき，その工程で製造される品物の品質特性が，規格をどの程度満足しているかをはかる尺度である．一般的には工程能力指数（C_p や C_{pk}）の形で表される．

工程能力指数は，C_p（process capability index）という記号を用いて次式で計算される．

$$C_p = \frac{U - L}{6\sigma} = \frac{T}{6\sigma} \tag{2.18}$$

ここで，U：規格上限値，L：規格下限値，T：規格の幅（公差域），σ：標準偏差である．

これは，図 2.17 のように規格の幅 $U-L$ が，分布の標準偏差 σ の 6 倍，すなわち不良発生率が約 0.27 % になる場合に，ちょうど $C_p = 1$ になるように指数化したものである．また，表 2.2 は，C_p 値と分布の状態および不良率の一覧表である．

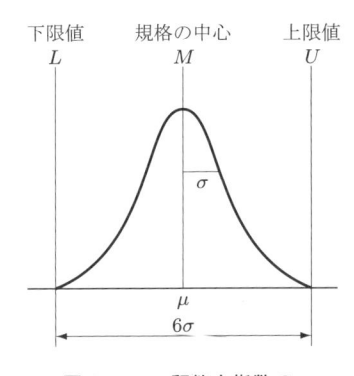

図 2.17　工程能力指数 Cp

表 2.2　C_p 値と不良率

分布の状態	C_p	不良率
規格 L， 4σ，U，実測データ	0.67 (4/6)	4.55 %
6σ，σ，$\pm 3\sigma$	1	0.27 %
8σ	1.33 (8/6)	0.006 %
10σ	1.67 (10/6)	0.00006 % (0.6 ppm)

2.7.2 工程能力の判断

工程能力指数を評価することで，工程能力の有無を判断できる．一般的に，$C_p=1$ が境界であり，それを下回ると対応策が必要になる．式（2.18）からも，対応策は，

① 工程の見直し（ばらつき低減）
② 規格の再検討（公差を広げる）
③ 選別

などがあげられる．

最近の現場で，同一製品の部品において非常に厳しい公差を設定して全数検査分類で対応している部品もあれば，公差の余裕が有り余っている部品も複数あるとよく耳にする．余裕のある公差があらかじめ予測できているなら，その公差を厳しい公差の部品に分けてあげれば，トータルとしてバランスのとれた設計となる．ただし，量産に入ってからでは②は非常に困難となる．いかに，設計段階で公差値を適正につくりこむかが重要である．

2.7.3 C_p と C_{pk} について

実際の製品の平均値 μ は，規格の中心値 M と異なる場合が多い．そこで，工程能力指数として C_p ではなく，C_{pk} を用いる．図 2.18 のように，μ が M の右側になった場合は，次式で計算する．

$$C_{pk} = \frac{U-\mu}{3\sigma} \tag{2.19}$$

C_{pk} は，平均値 μ から規格が厳しい方の側（図 2.18 では U 側）までの幅が小さい方を 3σ で割った値である．もちろん，L 側が厳しい場合は，分子が $(\mu-L)$ となる．

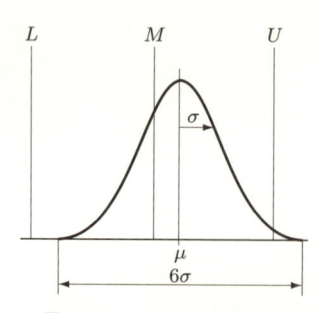

図 2.18 工程能力指数 C_{pk}

C_p を計算する目的は，規格幅に対する工程変動（ばらつき）のレベルを評価するためである．一般的には，工程の平均値を調整するのは比較的容易なため，もし平均値を規格の中心へ調整したなら，この程度まで工程能力が向上するというめやすとなる．

一方，実際の工程では，平均値が規格中心でない場合が多いため，C_p で工程不良率を推定したのでは，実際よりも甘い評価になってしまう．そこで，平均値がずれている方向に厳しい規格側で C_{pk} を評価する．したがって，C_{pk} から全体の不良率を推定すると，不良率は実際のものより高くなるが，これは安全側で判断するという目的である．もちろん，平均値が規格中心から大きく寄っている場合には，上側と下側の両方の不良率を計算して合計した方が，実際の不良率に

近い値が得られる．

【工程能力指数の例】

ある部品の実測データが，図2.19のように $N(11.5, 0.12^2)$ であった．

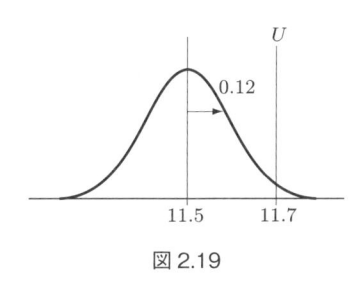

図2.19

上側の許容値が11.7の場合，工程能力指数 C_{pk} は，つぎのようになる．

$$C_{pk} = \frac{11.7 - 11.5}{3 \times 0.12} = 0.56 \tag{2.20}$$

2.8 公差設計の実践レベル

公差の計算においては，部品の寸法と製品の要求する位置関係からレバー比（支点からの距離の比率）の計算が必要であり，かつ部品間のガタ（部品と部品のすきま関係）の考察が重要となる．実際には，レバー比とガタおよびそれらを組み合わせた取り組みが必要になるが，基本的な部分を例題に取り組みながら理解していこう．

2.8.1 レバー比

まず，レバー比に関して，［例題2.3］を用いて説明する．

例題2.3

図2.20のように，定盤Pの一部に支点Bがあり，ブロックFが載っている．ブロックFにはピンCがあり，レバーGが組み立られている．レバーGは上方よりばねSで押されており，点A，B，Cは同一水平線上にあって，かつ定盤の面よりピンCの中心までが15.0である．このときブロックFを置き換えたらピン位置がばらついていたため，寸法15.0が15.1に変化した．この場合の，定盤面から点Aまでの高さを求めよ．ただし，レバー中心のガタは0で，レバーは軽く回転するものとする．

80   第2章 公差設計

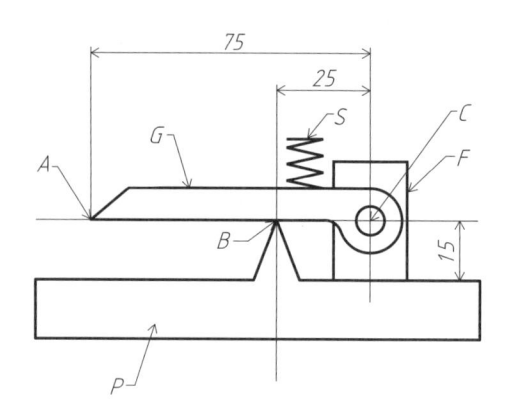

図 2.20 レバー比の例

[解答]

支点 B を中心として，レバーの B からピン C の中心までの長さが 25 であり，点 A までの長さが 75 − 25 = 50 である．したがって，支点からの距離 50 : 25 = 2 : 1 の比率（レバー比：2）で動作量が決まる．

そのため，ピン C の中心までの高さが 15.1 − 15.0 = 0.1 上がると，点 A は，

$$0.1 \times 2 = 0.2$$

となり，0.2 さがることとなる．

このように，レバー比で影響する公差計算をする場合，関係する公差値にレバー比（[例題 2.3] では 2）を掛けて計算することとなる．

2.8.2 ガタとレバー比

つぎに，ガタの扱いとレバー比による影響を，[例題 2.4] を用いて説明する．

例題 2.4

図 2.21 のモデルにおいて，2 箇所の案内ピン部のガタの影響による先端の移動量を求めよ．ただし，各寸法の公差は ±0 として，ガタのみの影響を考え，ねじ部のガタの影響は無視する．

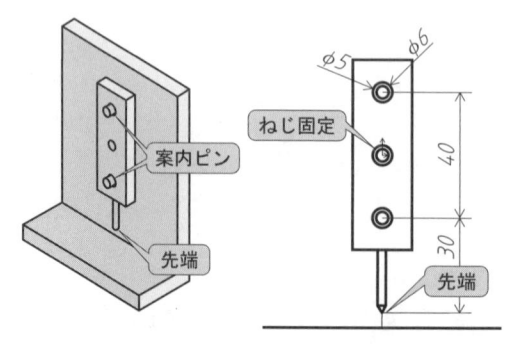

図 2.21 ガタとレバー比の例

解答

ねじで締め付けた際には，回転して図 2.22（a）の状態になるが，計算の便宜上図（b），（c）の二つの状態に分割して考えると理解しやすい．

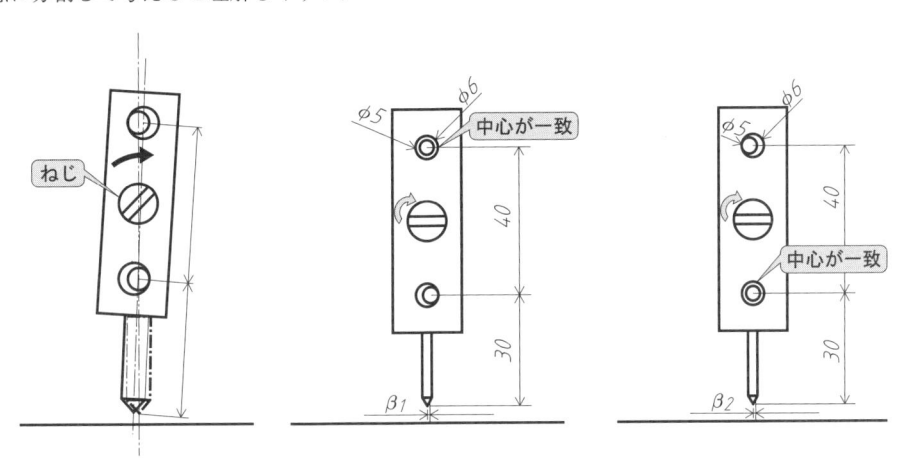

（a）ねじの締め付け状態　　（b）下部ガタによる移動量 β_1　　（c）上部ガタによる移動量 β_2

図 2.22　先端の移動量

図（b）の下部ガタによる先端の移動量 β_1 は，つぎのようになる．

$$\beta_1 = 0.5 \times \frac{70}{40} = 0.875$$

ここで，0.5 がガタ，70/40 がレバー比である．図（c）の上部ガタによる移動量 β_2 も同様につぎのようになる．

$$\beta_2 = 0.5 \times \frac{30}{40} = 0.375$$

したがって，ガタの影響のみによる先端の移動量 β は，つぎのようになる．

$$\beta = \beta_1 + \beta_2 = 1.25$$

公差の計算では，各部のガタおよび各部品の公差値に上記のそれぞれの係数（レバー比）を掛けて計算することとなる．これらは，設計者の意図および周辺構造に大きく左右されるため，実際の設計場面においては，十分な考察が必要となる．

2.9　3次元公差解析ソフト

最近では，数種の 3 次元公差解析ソフトが登場してきている．SolidWorks では，Ver. 2008 から TolAnalyst という 3 次元公差解析ソフトを搭載している．図 2.23 では，ある製品の機能上重要なすきま 0.05 の公差計算をしている．手計算では，互換性の方法で 0.05 ± 0.066，不完全互換性の方法で 0.05 ± 0.024 となっている．

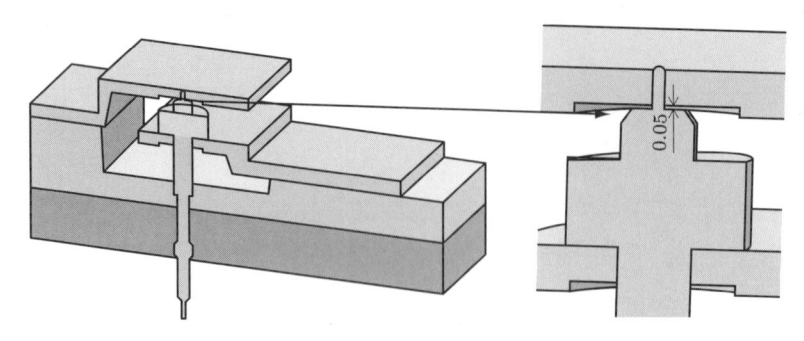

図 2.23　機能上重要なすきまの解

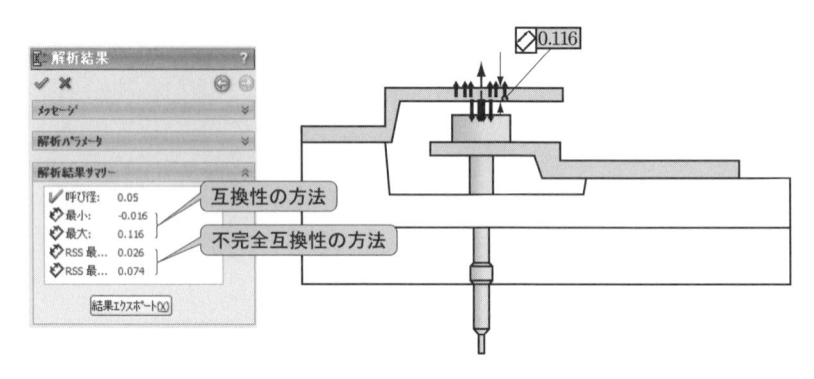

図 2.24　SolidWorks に搭載された TolAnalyst の解析例

TolAnalyst では，図 2.24 のような解析結果となる．当然，公差設計に関する十分な理解が得られた上で利用すれば，有効な活用が期待できる．

演習問題

2.1 図 2.25 でつぎの二つの条件があたえられているとき，$b \sim g$ が同一部品（寸法と公差が同じ）とした場合の寸法と公差を互換性の方法と不完全互換性の方法のそれぞれについて計算せよ．ただし，$\chi = 0.6 \pm 0.45$，$a = 15.0 \pm 0.15$ とする．

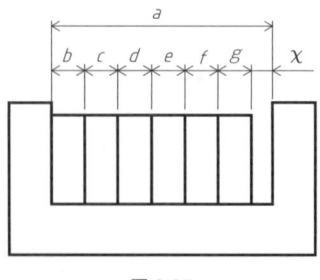

図 2.25

(1) $b \sim g$ の値（寸法）を計算せよ．
(2) 互換性の方法により，公差値を計算せよ．
(3) 不完全互換性の方法により，公差値を計算せよ．ただし，公差値は少数第 4 位を四捨五入すること．

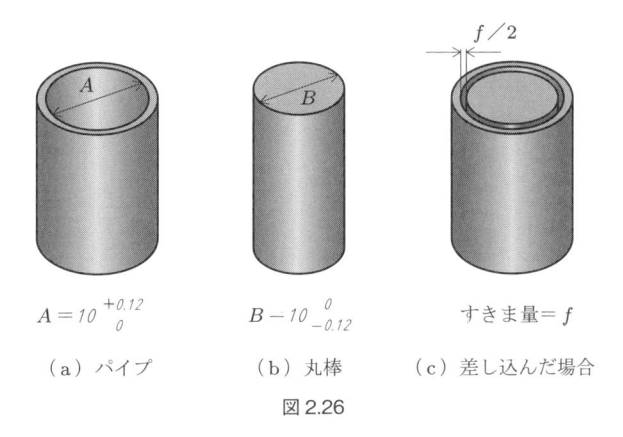

2.2 図 2.26 に示すパイプに丸棒を差し込んだ場合，はまらなくなる確率を求めよ．ただし，パイプの穴の内径 A および丸棒の直径 B は，ともに 10 mm．寸法公差は，穴の内径では上限が $+0.12$ mm で下限が 0 mm，丸棒の直径では上限が 0 mm で下限が -0.12 mm とする．また，製造では 3σ 管理（$C_p = 1$ で管理されている状態）をするとして，ランダムに組み合わされるものとする．

$A = 10 \,^{+0.12}_{0}$

（a）パイプ

$B = 10 \,^{0}_{-0.12}$

（b）丸棒

すきま量 $= f$

（c）差し込んだ場合

図 2.26

参考文献

[2.1] 栗山 弘，"ベーシック公差設計"，「日経ものづくり」，2008 年 1 月号，2 月号，3 月号．日経 BP 社，2008．

[2.2] 今泉益正 ほか，「QSS －普通科テキスト　管理図」，日本規格協会．

[2.3] 大津 亘，「設計技術者のための品質管理」，日科技連出版社，1989．

第3章 機械材料

　機械の設計にあたっては，要求される機能，加工法，コストなどを考慮して，部品の材料が選択される．機械部品には強度の観点から金属が用いられることが多く，とりわけ鉄鋼が多用されている．また，軽量化のためにはアルミニウム合金などの軽金属やプラスチックなどが用いられ，近年ではチタン合金やマグネシウム合金なども多用されている．さらに，機械を設計するには，使用する材料そのものの特性や機械工作法を熟知していることはもちろんであり，素材の製造方法や熱処理方法についての知識も欠かせない．

　本章では，種々の機械や装置に用いられている機械材料について説明する．

Key Word 機械材料，金属材料，非金属材料，鋼，鋳鉄，銅合金，アルミニウム合金，プラスチック

3.1 機械材料の分類

　機械材料は，金属材料と非金属材料に大別できる．金属材料のうち，大量に使用されているものは鉄鋼材料であり，自動車や船舶，産業機械など，身の回りの多くの工業製品でみられる．また，美観性や軽量化のために非鉄金属，とりわけアルミニウム合金などがよく用いられている．一方，非金属材料ではプラスチックが自動車や家電製品などに多く用いられている．図3.1に代表的な機械材料の一覧を示す．3.2節より，各材料について詳しく述べる．

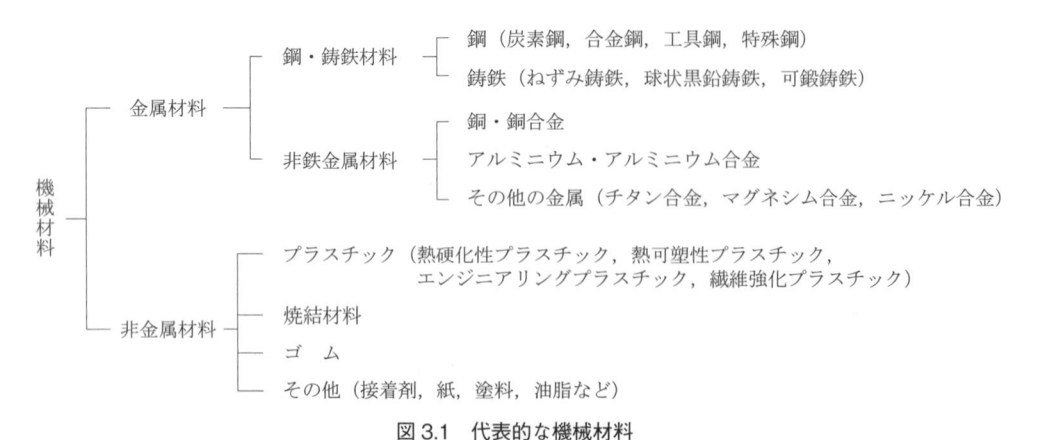

```
機械材料 ─┬─ 金属材料 ─┬─ 鋼・鋳鉄材料 ─┬─ 鋼（炭素鋼，合金鋼，工具鋼，特殊鋼）
　　　　　│　　　　　　│　　　　　　　　└─ 鋳鉄（ねずみ鋳鉄，球状黒鉛鋳鉄，可鍛鋳鉄）
　　　　　│　　　　　　└─ 非鉄金属材料 ─┬─ 銅・銅合金
　　　　　│　　　　　　　　　　　　　　　├─ アルミニウム・アルミニウム合金
　　　　　│　　　　　　　　　　　　　　　└─ その他の金属（チタン合金，マグネシム合金，ニッケル合金）
　　　　　└─ 非金属材料 ─┬─ プラスチック（熱硬化性プラスチック，熱可塑性プラスチック，
　　　　　　　　　　　　　│　　　　　　　　エンジニアリングプラスチック，繊維強化プラスチック）
　　　　　　　　　　　　　├─ 焼結材料
　　　　　　　　　　　　　├─ ゴム
　　　　　　　　　　　　　└─ その他（接着剤，紙，塗料，油脂など）
```

図3.1　代表的な機械材料

3.2 金属材料

3.2.1 鉄鋼

(1) 鉄鋼品の製造工程

鉄鋼は自動車をはじめとして，船舶や鉄道，そして産業設備など多くの工業製品に大量に使用されている．各種鉄鋼品の製造工程を図 3.2 に示す．

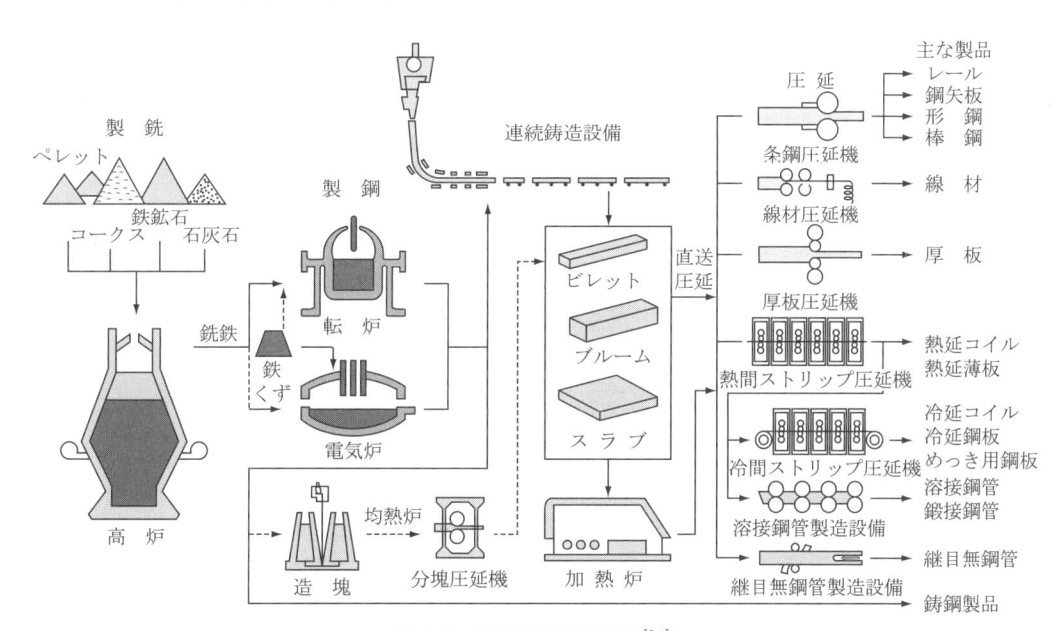

図 3.2 鉄鋼品の製造工程 [3.1]

鉄鋼は，まず原料として鉄鉱石と石灰石，そして燃料としてコークスを溶鉱炉に入れて燃焼させ，この熱で鉄鉱石を溶融し，銑鉄（pig iron）をつくる．こうしてできた銑鉄は，炭素含有量が高いため，凝固すると硬く脆い．そこで，この銑鉄から炭素分を取除き，粘りをもたせるための製鋼作業を，転炉（converter）を用いて行う．転炉では，炭素分を取除くために，溶けた銑鉄に高純度の酸素ガスを直接吹き付ける．この過程で，溶融した銑鉄中の炭素は，二酸化炭素に変わり，粘りのある鋼ができる．一方，銑鉄は鋳造材料（casting material）であり，鋳鉄品をつくる際に用いられる．転炉でつくられた溶鋼は連続鋳造機に注がれ，スラブ（slab），ブルーム（bloom）やビレット（billet）などの中間鉄鋼製品がつくられる．また，転炉でつくられた溶鋼を鋳型に鋳込み，できた鋼塊を再加熱し，圧延して中間鉄鋼製品を製造する方法がかつては主流であった．スラブからは熱間圧延や厚板圧延などにより熱延鋼板，冷延鋼板，厚鋼板，各種鋼管などがつくられる．また，ブルームやビレットなどからは継目無鋼管，形鋼，棒鋼，軌条，線材などがつくられる．

(2) Fe-C 系平衡状態図

金属は組成と温度により，組織が大きく変化する．この変化の様子を理解し，熱処理方法を検討する上で，平衡状態図の理解が欠かせない．図 3.3 は，Fe-C 系平衡状態図である．図 3.3 に

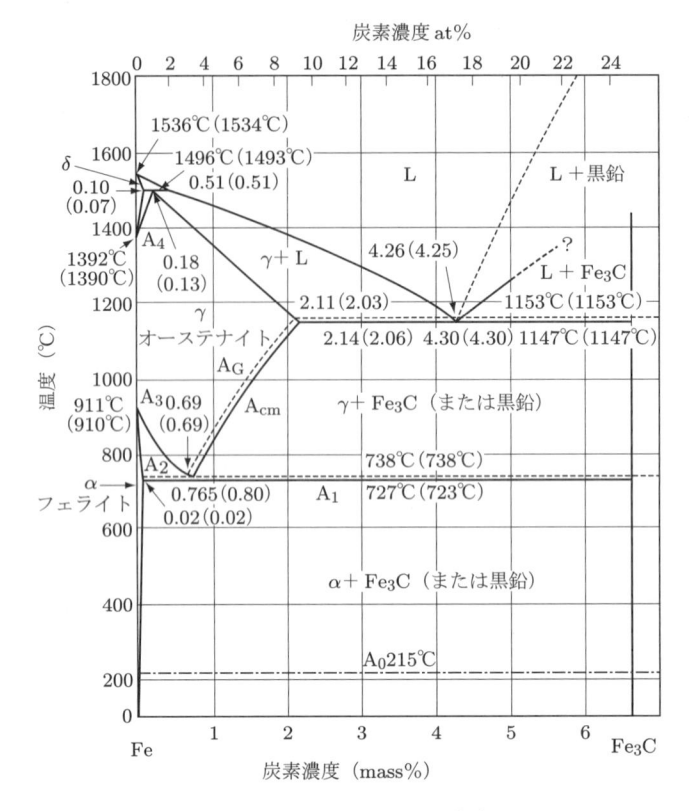

図 3.3 Fe-C 系平行状態図 [3.2]

おいて，実線は鋼の状態を表す Fe-Fe$_3$C 系（準安定系）を示し，また破線は，鋳鉄の状態を表す Fe-C 系（安定系）を示す．

ここで純鉄は，室温から加熱すると 911℃で A$_3$ 変態（α 鉄から γ 鉄）を生じ，また 1392℃で A$_4$ 変態（γ 鉄から δ 鉄）を生じ，1536℃で溶解する．炭素含有量が 0.02～2.14 mass%（質量%，以下%と略す）までの鉄を鋼といい，これを超える範囲では鋳鉄とよばれている．鋳鉄は，炭素を炭化物あるいは黒鉛として最大で 6.69 % 含有する鉄であり，鋳物用材料として多用されている．

（3）構造用圧延鋼材

構造用圧延鋼材としては，一般構造用圧延鋼材（SS 材）や溶接構造用圧延鋼材（SM 材）などが広く用いられている．

SS400 などの一般構造用圧延鋼材は，一般機械，車両，船舶そして橋梁などにおいて用いられている．この鋼材は通常，3.2 節 (7) で説明する焼入れ・焼戻しといった熱処理は行わず，切削加工や塑性加工，そして溶接などにより加工され，製品化される．この鋼は SS 材とよばれ，SS400 の下 3 桁の数字は最低引張強さ（N/mm^2 = MPa）を表している．

図 3.4 は，SS400 の顕微鏡組織である．図 (a) は低倍率の光学顕微鏡組織，図 (b) は高倍率の走査型顕微鏡組織である．光学顕微鏡組織では，黒い線で囲まれた部分が一つの結晶粒である．そして，白い部分はフェライト（α 鉄）とよばれ，また黒い部分はパーライトとよばれるフェライトとセメンタイト（Fe$_3$C）からなる層状組織であり，走査型電子顕微鏡組織からその様子

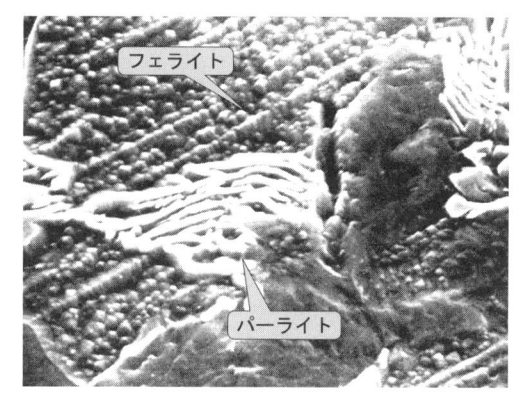

(a) 光学顕微鏡組織　　　　　　　　　　　　(b) 走査型電子顕微鏡組織

図 3.4　SS400 の顕微鏡組織

がよくわかる．SS400 は大部分がフェライトであり，軟らかく，伸びに優れ，機械加工性に富み，さらに溶接しやすい鋼である．

SM400 などの溶接構造用圧延鋼材は，炭素含有量を約 0.2% 以下として，溶接性を高めた圧延鋼材であり，船舶や橋梁，建築物などの大型構造物に用いられている．この鋼材も，熱処理を行うことはなく，溶接により製品化される．この鋼は SM 材とよばれ，SM400 の下 3 桁の数字は，SS 材と同様に最低引張強さ（N/mm^2）を表している．

圧延鋼材としては，このほかに深絞りなどで利用される熱間圧延軟鋼板（SPHC, SPHD, SPHE）や冷間圧延鋼板（SPCC, SPCD, SPCE）があり，自動車部品をはじめとして，機械部品や電気部品などに用いられる．図 3.5 に構造用圧延鋼材の製品例を示す．

(a) 工作機械のカバー　　　　　　　　　　　(b) 圧縮空気タンク

図 3.5　構造用圧延鋼材の製品例

(4) 機械構造用鋼

機械構造用鋼は，製鋼作業において十分脱酸され，内部に気孔などの欠陥がない信頼性の高い材料であり，主として鉄と炭素の合金である機械構造用炭素鋼と，さらに合金元素が添加された

機械構造用合金鋼に分類される．

① **機械構造用炭素鋼**　機械構造用炭素鋼鋼材（S-C材）は，信頼性の高い材料であり，機械部品用としてよく用いられる．この鋼は，S-C材とよばれ，S20CやS45Cなどの鋼材があり，Sのあとの2桁の数字は炭素含有量を表している．S-C材のうち，炭素含有量が0.30%を超える材料では，焼入れ・焼戻しを施して用いられることが多い．しかし，この材料は，焼入れ性が悪いため，深い焼入れが困難である．図3.6は，S-C材の顕微鏡組織である．このうち，図（a）S25Cの組織は白い部分が多く，大部分がフェライトであり，軟らかく，伸びに優れる鋼である．一方，図（b）S45Cの組織は網目状に白い部分が分散し，大部分が黒く，この部分がパーライト組織であり，図（a）の組織よりも硬く，引張強さには優れるが，伸びにくく，さらに溶接性は劣る．

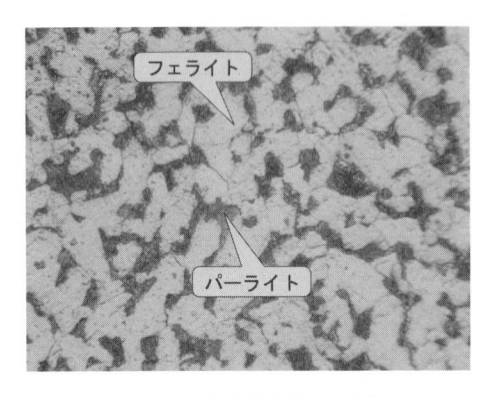

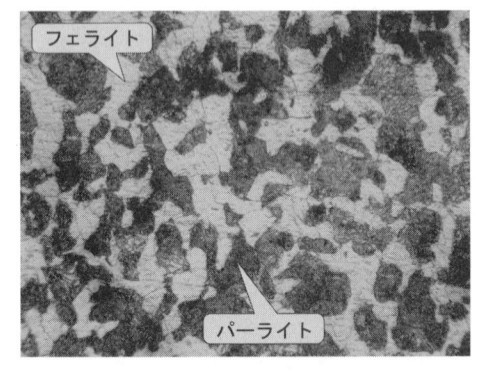

（a）S25C（熱間圧延のまま）　　　　（b）S45C（熱間圧延のまま）

図3.6　S-C材の光学顕微鏡組織

② **機械構造用合金鋼**　機械構造用合金鋼として信頼性が高く，焼入れ性に優れる鋼としてSMn材，SMnC材，SCr材，SCM材，SNC材，SNCM材などがある．これらの機械構造用合金鋼は信頼性と強靭さだけでなく，軽量化を求められる場合によく用いられる．材料選択においては，要求される機能や性能をよく見極め，加工法や熱処理方法もふくめて検討する．図3.7に機械構造用合金鋼の製品例を示す．

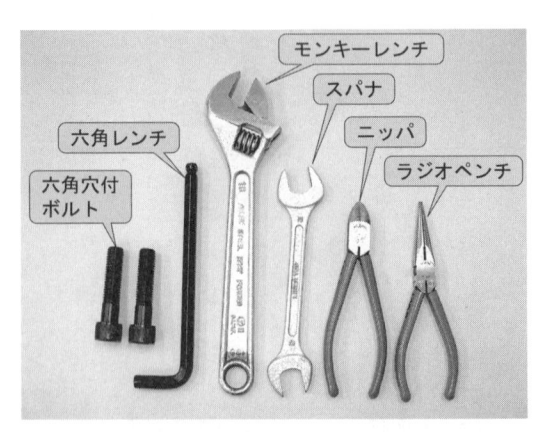

（a）工作機械の歯車　　　　（b）ボルト・各種作業工具

図3.7　機械構造用合金鋼の製品例

(5) 工具鋼

工具鋼（tool steel）や金型材料が要求される特性の一つとして，硬度が高いことがあげられる．このため，一般にこれらの鋼は，炭素含有量が約 0.6％以上である．また，金型材料は使用される温度や作業条件によって，冷間用と熱間用に分けられる．

工具鋼として一般的な炭素工具鋼鋼材（SK材）は，鋼の再結晶温度以上の高温では硬さが低下してしまうため，やすりや刻印などの作業工具に用いられる．また，炭素工具鋼は，旋削用バイトやドリルのシャンク用材料としても用いられている．

図 3.8 は，炭素工具鋼（SK85）の光学顕微鏡組織である．SK85 の炭素含有量は，ほぼ共析組成（0.765％）であり，図でみられるようにフェライトとセメンタイトで構成されるパーライト組織である．

一方，SKS 材や SKD 材などの合金工具鋼鋼材は，炭素工具鋼に Cr, W, V などの合金元素を添加したものである．SKS 材は耐摩耗性に優れ，室温で使用されるタップやダイスなどの切削工具材料，たがねやポンチなどの耐衝撃工具材料として用いられている．また，金型材料であるSKD 材はプレス加工でのポンチやダイス，引抜き加工でのダイスなどの塑性加工工具材料として，あるいは冷間用・熱間用の金型材料として用いられている．SKD 材は，SKS 材よりもさらに多くの Cr, Mo, W, V を添加したものであり，耐摩耗性に優れ，また高温硬さも良好である．

図 3.8　炭素工具鋼（SK85，炭素含有量 0.8 ～ 0.9％）の光学顕微鏡組織（パーライト）

図 3.9　工具鋼の製品例
（a）各種手作業工具（炭素工具鋼鋼材）
（b）各種切削工具（高速度工具鋼鋼材）

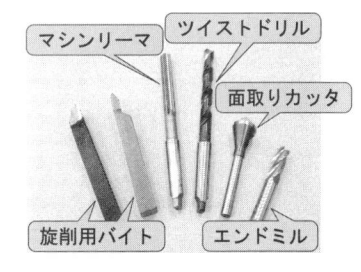

高速度工具鋼鋼材（SKH 材）はハイスともよばれ，切削工具材料として最も優れた鋼であり，19 世紀末にアメリカで開発されたものである．18-4-1 ハイスは鋼（0.8％C）に W を 18％，Cr を 4％，そして V を 1％添加した W 系高速度工具鋼であり，旋削用バイトなどに用いられている．また，より靭性を高めた Mo 系高速度工具鋼が開発され，ドリルやリーマなどの穴加工用切削工具や，ピニオンカッタやホブなどの歯切り用切削工具に用いられている．図 3.9 に工具鋼の製品例を示す．

(6) ステンレス鋼

ステンレス鋼（stainless steel）は，さびにくく，熱に強い鋼である．ステンレス鋼には代表的なオーステナイト系ステンレス鋼のほかに，フェライト系ステンレス鋼，マルテンサイト系ステンレス鋼，そして強力ステンレス鋼がある．図 3.10 にステンレス鋼の製品例を示す．

(a) 鉄道車両の車体　　　　　　　　　　　(b) 受水槽

図3.10　ステンレス鋼の製品例

　オーステナイト系ステンレス鋼は，低炭素鋼（≦0.15％C）にCrを18％，Niを8％添加した鋼であり，各種機械・電気部品，航空機，化学プラント，各種車両，産業機械などに広く用いられている．オーステナイト系ステンレス鋼は加工硬化しやすいため，切削加工性は悪いものの，塑性加工が容易であり，さらに耐食性に優れている．

　フェライト系ステンレス鋼は，低炭素鋼（≦0.12％C）に12〜27％のCrを添加した鋼であり，焼入れでは硬化しない鋼である．塑性加工により，板材，管材，線材が製作され，またプラント設備や建築物などに広く用いられている．

　マルテンサイト系ステンレス鋼は，炭素鋼（＜0.15〜1.2％C）にCrを11.5〜18.0％，Niを＜0.6〜2.5％添加した鋼であり，熱処理によってマルテンサイト組織とし，これに焼戻しを行うことにより引張強さと粘りに優れた鋼となる．用途としては刃物のほかに，タービン翼，ダイスやゲージなどの機械部品，化学工業で広く用いられている．

　強力ステンレス鋼は耐食性を落とさないで，機械的強度を引き上げた析出硬化型[1]のステンレス鋼であり，各種機械部品に用いられている．

> **ポイント**　[1] 析出硬化型とは，過剰に溶け込んだ合金元素をふくむ炭化物が，地の組織中に生じて硬度を高める型式の合金である．

（7）鋼の熱処理

　鋼は熱処理（heat treatment）を施すことにより，組織と機械的性質を大きく変化させる．機械部品は，設計仕様を満たすために焼入れ・焼戻しを行い，機械的特性を改善した後，利用される場合が多い．

　① **焼入れ**　鋼で製作された機械部品をより硬くするためには，図3.11に示すように，Fe-C系平衡状態図のA_3線あるいはA_1線を30〜50℃超える温度範囲に加熱・保持した後，急冷する．この操作を焼入れ（quenching）という．焼入れにより，組織はマルテンサイトに変化し，著しく硬化する．鋼は炭素含有量の増加とともに，焼入れ組織の硬さが増し，炭素含有量が0.6％を超えると，ほぼ一定となる．このことから硬さが要求される場合は，炭素含有量が0.35％以上の鋼がよく用いられる．

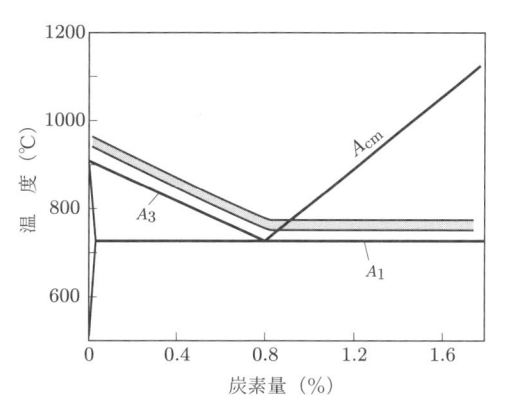

図3.11 鋼の焼入れ温度範囲

② 焼戻し　　焼入れした鋼部品は硬く脆いため，要求される機能，目的に応じて，焼入れ後ただちに適当な温度で加熱・保持する操作を，焼戻し（tempering）という．硬さが重視される場合は，100～200℃で低温焼戻しがなされ，焼入れにともなう残留応力が除去される．この処理により，研削加工などにおける割れを防止することができる．これに対して，粘りが要求される場合は，400～600℃の温度範囲で焼戻しがなされ，硬さはやや低下するものの，粘りのある組織が得られる．

図3.12は炭素工具鋼（SK105）を800℃で加熱・保持した後，油中で焼入れを行い，さらに200℃で焼戻しを行った場合の顕微鏡組織である．図（a）は低倍率の光学顕微鏡組織，図（b）は高倍率の走査型顕微鏡組織である．光学顕微鏡組織では，炭素工具鋼の特徴である球状化したセメンタイトが，分散している様子がよくわかる．地の組織はマルテンサイトであるが，組織が細かいためにわかりにくい．走査型顕微鏡組織では，マルテンサイトの地に球状セメンタイトが分散し，中央のやや下には層状のパーライトがみられ，油中で焼入れを行った場合の特徴がみてとれる．

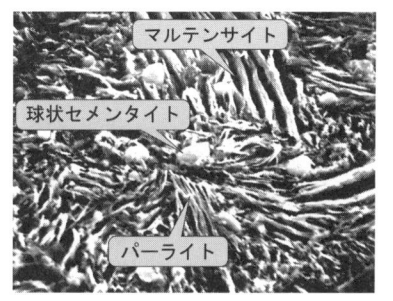

(a) 光学顕微鏡組織　　(b) 走査型電子顕微鏡組織

図3.12　炭素工具鋼（SK105）を油中で焼入れ・焼戻しを行った場合の顕微鏡組織

炭素鋼では焼戻し温度を上げていくと，引張強さと硬さが低下し，逆に衝撃値[2]と伸び，絞りは上昇する．ただし，200～400℃の温度範囲では衝撃値が低下するため，この温度での焼戻しは避けることが重要である．

> **ポイント** ❷ 衝撃値とは，シャルピー衝撃試験機とよばれる材料の衝撃強度を測定する試験機を用いて，ナイフエッジの付いた錘を一定の高さから振り下ろし，角棒試験片を破壊し，材料の脆さの程度を評価する際に得られる数値であり，この値が大きいほど材料は強靭である．シャルピー値ともよばれる．

③ 焼なまし　焼なまし（annealing）は，鋼を適当な温度で加熱・保持した後，徐冷する熱処理である．焼なましには，被削性❸の改善を目的とした完全焼なまし，過共析鋼❹などにおいて，初析セメンタイト❺などを分断する目的の球状化焼なまし，残留応力❻やひずみを除去するための応力除去焼なまし，絞り❼などの塑性加工により硬化した組織を軟化させ，再絞りを可能とするための軟化焼なましなどがある．完全焼なましの場合，亜共析鋼ではA_3線を超えて30〜50℃の温度範囲で，過共析鋼ではA_1線を超えて30〜50℃の温度範囲で対象物を加熱・保持した後，徐冷することにより，組織が軟化し，機械加工性が改善される．

> **ポイント** ❸ 被削性とは，材料の削られやすさをさす．
> ❹ 過共析鋼とは，炭素含有量が0.765〜2.14％の鋼をさす．0.765％の鋼を共析鋼，0.765％よりも少ない鋼を亜共析鋼という．
> ❺ 初析セメンタイトとは，過共析鋼を一様な組織となるように加熱した後，徐冷した場合に結晶粒界に析出するセメンタイトFe_3Cをさす．
> ❻ 残留応力とは，機械加工や熱処理などを行うことにより，材料中に生じて，そのまま残る応力である．
> ❼ 絞りとは，鋼やアルミ合金などの金属板を素材として，ポンチとダイスとよばれる金型を用いて行う加工法のことで，清涼飲料の円筒容器加工などで用いられる．

図3.13は，炭素工具鋼（SK140）の熱間圧延したままの組織である．この図で，結晶粒界には太く白い網目状の初析セメンタイトが析出し，結晶粒内はパーライト組織である．網目状の初析セメンタイトは硬く，機械加工性を低下させるため，球状化焼なましが必要となる．

図3.13　炭素工具鋼（SK140）の熱間圧延したままの光学顕微鏡組織

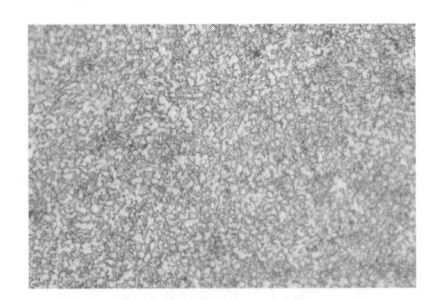

図3.14　炭素工具鋼（SK120）の球状化焼なまし組織

図3.14に，球状化焼なまし処理した炭素工具鋼（SK120）の組織を示す．球状化焼なましは，対象物をA_1線をはさんだ温度に適当な時間だけ交互に繰返し加熱・保持することにより，過共析鋼中の網目状の初析セメンタイトを分断し球状化する．この図で，白い粒状のものは球状セメンタイトであり，地の組織はフェライトである．また，この球状化焼な

まし処理した鋼に焼入れ・焼戻しを行うと，硬化物である粒状のセメンタイトが焼入れ組織であるマルテンサイト中に一様に分散するため，耐摩耗性が著しく向上する．

④ **焼ならし**　焼ならし（normalizing）は，粗大化した組織を微細化するための熱処理である．亜共析鋼では A_3 線を 30 〜 50℃超える温度範囲で対象物を加熱・保持した後，空冷する．一方，過共析鋼では A_{cm} 線を 30 〜 50℃超える温度範囲に加熱・保持した後，空冷する．この処理により，粗大化した金属組織は微細化する．

図 3.15 は，熱間圧延したままの炭素工具鋼（SK105）に焼ならしを行った場合の光学顕微鏡組織である．一様オーステナイト領域で加熱後空冷したため，組織は細かく，粒界には初析セメンタイトが析出し，粒内はパーライト組織となり，引張強さなどの機械的性質が改善される．

図 3.15　炭素工具鋼（SK105）の焼ならし光学顕微鏡組織

（8）表面硬化法

機械部品には，歯車などにみられるように表面は硬く，内部は粘り強いといった相反する性質が要求される場合がある．これには材料表面から炭素や窒素などを拡散浸透させ，表面付近に炭化物や窒化物などの硬化物層を形成したり，表面のみを焼入れ硬化して，要求される硬度の組織をつくり出す操作を表面硬化処理（surface hardening）という．その代表的な方法として浸炭法，窒化法，そして高周波焼入れなどがある．また，硬化層を化学的にあるいは物理的に材料表面に付着させる方法として，化学的蒸着法 CVD や物理的蒸着法 PVD などがある．

① **浸炭法**　浸炭法（carburizing）は材料の表面から炭素を拡散浸透させて，表面の硬さを高める方法であり，これには固体浸炭法，液体浸炭法，ガス浸炭法がある．図 3.16 は，固体浸炭法を用いて機械構造用炭素鋼（S15CK）を浸炭した場合の光学顕微鏡組織である．この図の左が丸棒試料の表面であり，右が中心側である．試料の表面から中心に向かって過共析組織，共析組織，亜共析組織，素材組織と炭素含有量が低下していく様子がよくわかる．機械加工した部品は浸炭後，焼入れ・焼戻しを行い，さらに研削加工などの仕上げ加工がなされて完成する．

② **窒化法**　窒化法（nitriding）は窒素を材料の表面から拡散浸透させて，表面の硬さを高める方法であり，これにはガス窒化，塩浴窒化，軟窒化，イオン窒化がある．窒化法は処理温度が約 500 〜 600℃であり，浸炭法に比べ約 300 〜 400℃ほど低いため，熱処理にともなう工作物の変形を少なくすることができる．

③ **高周波焼入れ**　高周波焼入れ（high frequency quenching）は，浸炭法や窒化法などのように拡散浸透により表面の硬さを高める方法ではなく，炭素含有量が 0.35 〜 0.45％程度

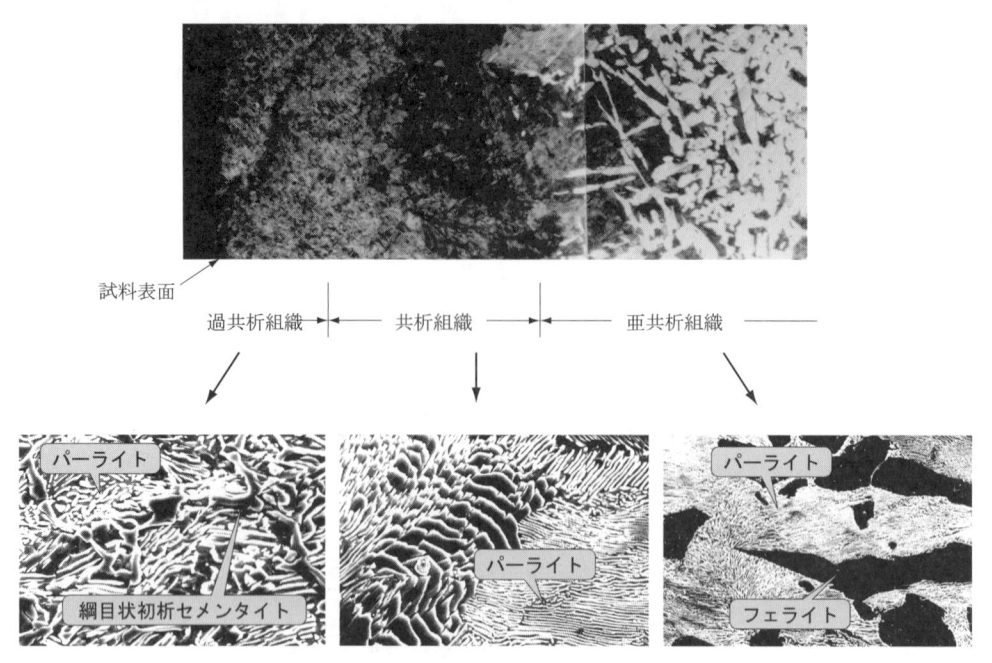

図 3.16 浸炭部の光学顕微鏡組織（浸炭のまま）

の鋼で製作された工作物に対して，高周波電流を用いて工作物の表面を急速加熱し，焼入れを行うことにより，表面のみを硬くし，内部は素材の組織とする方法である．図 3.17 に，歯車を高周波焼入れした場合の様子を示す．歯車の外周に置かれた電極に高周波電流を流すと，歯車の表面のみが急加熱される．その後，急冷すると，歯車の表面だけが硬化する．このとき，内部は焼入れ温度までは加熱されないため，硬化することはなく，素材の組織が保たれる．

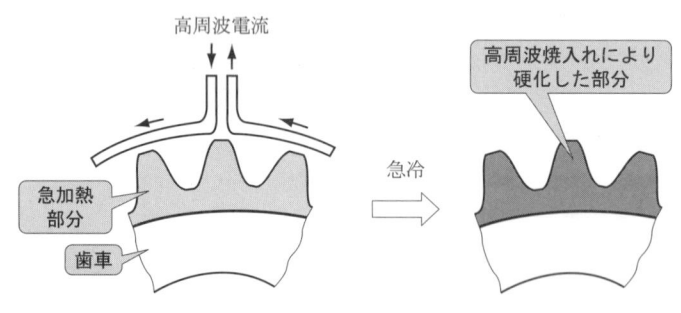

図 3.17 高周波焼入れの方法

④ **化学的蒸着法 CVD** 　化学的蒸着法 CVD（chemical vapor deposition）は，反応ガスにより工作物の表面に硬化物皮膜を生成させる方法である．化学的蒸着法は，半導体製造において用いられてきた方法であるが，反応ガスを変えることにより，炭化物や窒化物の硬化物皮膜を工作物に付着させることができる．図 3.18 に，化学的蒸着法の代表的な方法である熱 CVD 法の概略を示す．

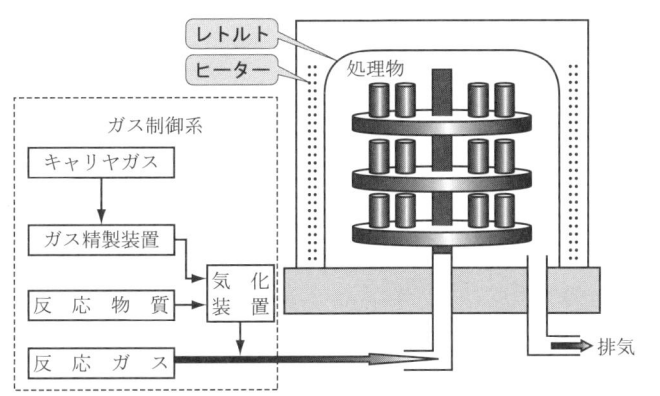

① TiN 膜の生成　：$2\,TiCl_4 + 4\,H_2 + N_2 \rightarrow 2\,TiN + 8\,HCl$（1000〜1200℃）
② TiC 膜の生成　：$2\,TiCl_4 + 3\,H_2 + C_2H_2 \rightarrow 2\,TiC + 8\,HCl$（1000〜1200℃）
③ Al_2O_3 膜の生成：$2\,AlCl_3 + 3\,H_2 + 3\,CO_2 \rightarrow Al_2O_3 + 6\,HCl + 3\,CO$（1000〜1200℃）

図 3.18　熱 CVD 法の概略 [3.4]

⑤ **物理的蒸着法 PVD**　　物理的蒸着法 PVD（physical vapor deposition）は，硬化物質を蒸発させて工作物に付着させる方法である．これには真空蒸着，イオンプレーティングやスパッタリングなどの方法がある．エンドミルやドリルなどの切削工具では，切れ刃に窒化チタン TiN や炭化チタン TiC の硬化物皮膜を付着させることで，切削性能の向上が図られている．図 3.19 は，物理的蒸着法の代表的な方法であるイオンプレーティング法の概略である．

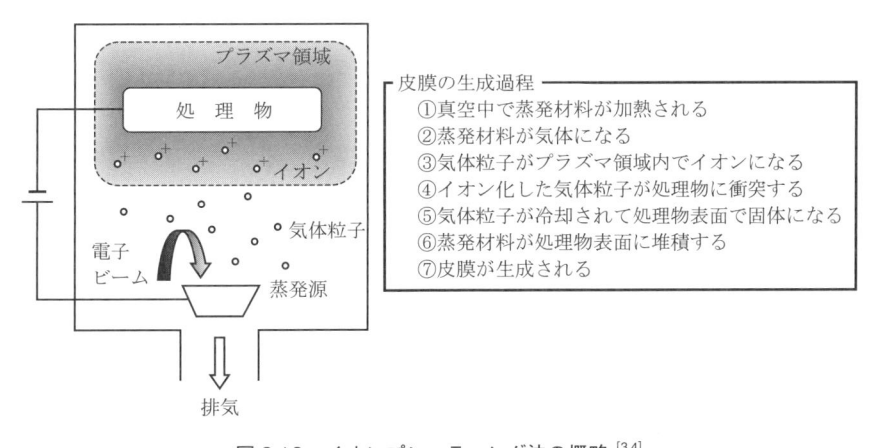

図 3.19　イオンプレーティング法の概略 [3.4]

3.2.2　鋳　鉄

鋳鉄（cast iron）は，工作機械の構造体や鉄鋳物として，機械部品を製作する際によく用いられる．鋳物は，同一形状の部品素材などを大量に製作するのに有用な方法である．また，鋳鉄は機械加工性もよく，振動などを吸収するといった長所がある反面，一般に脆い．そこで，強度を改善した鋳鉄として球状黒鉛鋳鉄（ductile cast iron）があり，また粘りを改善した鋳鉄として黒心可鍛鋳鉄や白心可鍛鋳鉄がある．図 3.20 に鋳鉄の製品例を示す．

（a）工作機械のベッド　　　（b）玉形弁・ねじ込み式管継手

図 3.20　鋳鉄の製品例

（1）ねずみ鋳鉄

鋳鉄には，図 3.21 に示す破断面の色が灰色のねずみ鋳鉄（gray cast iron）がよく用いられている．鋳鉄は圧縮には強いものの，引張りや曲げには弱い．これは主として組織中の黒鉛の形状が影響している．ねずみ鋳鉄の場合，黒鉛の形状は片状であることが多い．ねずみ鋳鉄はさらに細かく分類すると，フェライト地＋片状黒鉛から構成されるフェライト鋳鉄，パーライト地＋片状黒鉛から構成されるパーライト鋳鉄，そしてこれらの中間の組織がある．これらのうち，微細な片状黒鉛をふくむ緻密なパーライト鋳鉄が良好な機械的特性を示す．

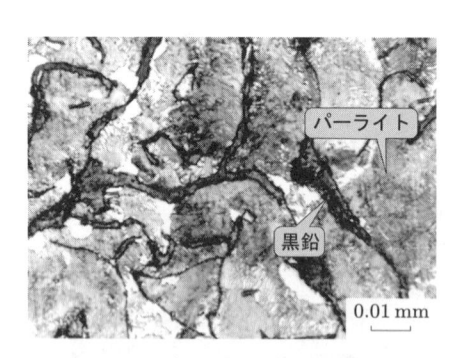

図 3.21　ねずみ鋳鉄の光学顕微鏡組織

（2）球状黒鉛鋳鉄

ねずみ鋳鉄にふくまれる片状黒鉛を球状化して，割れにくくしたものが球状黒鉛鋳鉄（ノジュラー鋳鉄，nodular cast iron）である．これは溶湯（溶けた鋳鉄）に Mg や Ca を添加することにより，凝固の際，黒鉛が球状化した鋳鉄である．この鋳鉄は，粘りもあり強靭であるため，信頼性が要求される機械部品などに用いられている．

（3）可鍛鋳鉄

白鋳鉄（white cast iron）は白色の破断面をもち，これを用いて可鍛鋳鉄がつくられる．白鋳鉄に対して長時間の焼なましを行うことにより，粘りをもたせた鋳鉄が可鍛鋳鉄（malleable cast iron）である．可鍛鋳鉄のうち，白鋳鉄の表面を脱炭し，粘りをもたせたものが白心可鍛鋳鉄（white heart malleable cast iron）であり，白鋳鉄中のセメタイトを黒鉛化して，粘り強くしたものが黒心可鍛鋳鉄（black heart malleable cast iron）である．図 3.22 に黒心可鍛鋳鉄の熱処理サイクルの一例を示す．

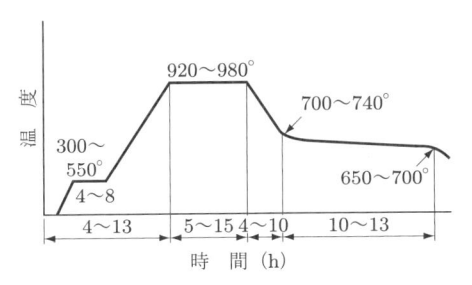

図 3.22　黒心可鍛鋳鉄の熱処理サイクル[3.3]

3.2.3　アルミニウム合金

　機械部品の軽量化や機能美の観点から，アルミニウム合金（aluminum alloy）が広く用いられている．アルミニウム合金は，素材の製造方法の違いから，展伸材用アルミニウム合金と鋳物用アルミニウム合金に分類できる．また，これらはさらに製造したまま，あるいは冷間圧延などを経て使用する非熱処理型合金と，焼入れ（これを溶体化処理という）・焼戻し（これを人工時効硬化処理という）を行って強度を向上させた熱処理型合金に分類することができる．図 3.23 にアルミニウム合金の種類を示す．

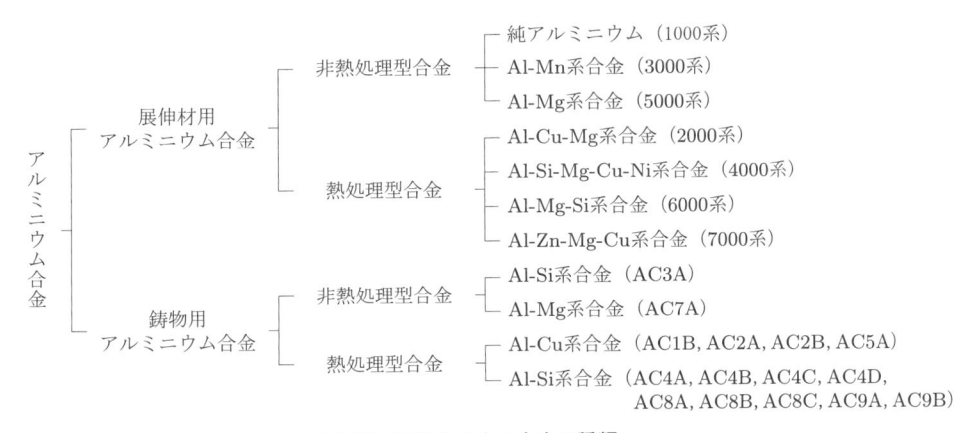

図 3.23　アルミニウム合金の種類

アルミニウム合金
- 展伸材用アルミニウム合金
  - 非熱処理型合金
    - 純アルミニウム（1000系）
    - Al-Mn系合金（3000系）
    - Al-Mg系合金（5000系）
  - 熱処理型合金
    - Al-Cu-Mg系合金（2000系）
    - Al-Si-Mg-Cu-Ni系合金（4000系）
    - Al-Mg-Si系合金（6000系）
    - Al-Zn-Mg-Cu系合金（7000系）
- 鋳物用アルミニウム合金
  - 非熱処理型合金
    - Al-Si系合金（AC3A）
    - Al-Mg系合金（AC7A）
  - 熱処理型合金
    - Al-Cu系合金（AC1B, AC2A, AC2B, AC5A）
    - Al-Si系合金（AC4A, AC4B, AC4C, AC4D, AC8A, AC8B, AC8C, AC9A, AC9B）

　図 3.24 は，熱処理型合金である Al-Mg-Si 系合金を 500℃ で加熱し，焼入れを行った後，145℃ で焼戻しを行った際，材料中に生じた GP ゾーン[8]の透過型電子顕微鏡組織である．GP ゾーンの形成により，材料はひずみ，硬化する．また，図 3.25 は，熱処理型合金である Al-4% Cu 合金の時効硬化曲線の一例であり，時間の経過とともに硬化していく様子がよくわかる．図 3.25 において，R.T. の硬化曲線は室温に放置した場合の時間の経過にともなうビッカース硬さ[9]の変化であり，ゆっくりと硬さが増す様子がわかる．これを，自然時効という．これに対して，120℃，150℃ および 180℃ の硬化曲線は，それぞれの温度で焼戻しを行った場合の硬さの変化である．焼戻し温度を上げていくと，組織変化が短時間でなされるため，最高硬さとなる時間が短縮されるが，最高硬さは低下する（これを過時効という）．

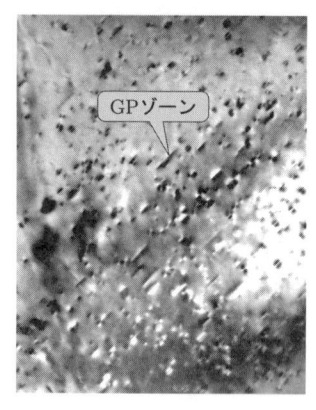

図 3.24　GP ゾーン（Al-Mg-Si 系合金の透過型電子顕微鏡組織）

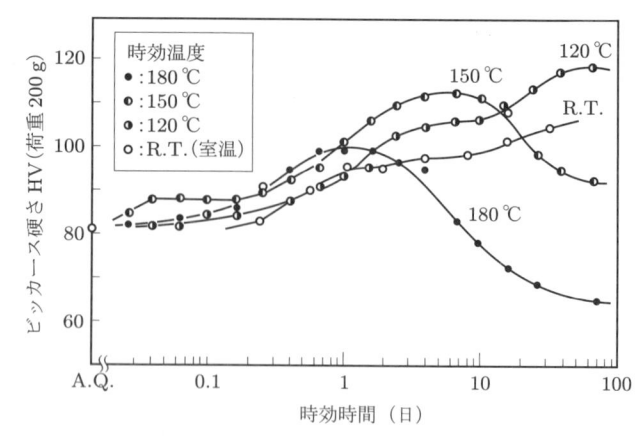

図 3.25　Al-4% Cu 合金の時効硬化曲線 [3.5]

> **ポイント**
> ❽ 焼入れされた熱処理型アルミニウム合金を，室温で保持したり，焼戻しを行った場合，結晶中の特定の場所に溶質原子が集合する結果，結晶構造にひずみを生じる．この場所を GP ゾーンとよぶ．これを透過型電子顕微鏡で観察すると，規則的な短い線状の模様がみてとれる．
> ❾ ビッカース硬さとは，正四角すいのダイヤモンド圧子を一定の試験荷重で試料に押込み，生じた永久くぼみの表面積で試験荷重を除した値である．

　図 3.26 に，代表的なアルミニウム合金である Al-Cu 系状態図を示す．Al-Cu 系合金は，図 3.23 に示すように熱処理型の鋳物用アルミニウム合金として用いられている．図 3.26 に示すように，α 固溶体におけるアルミニウムへの銅の最大溶解度は 5.7% であり，熱処理型鋳物用アルミニウム合金の Cu 含有量は 3.5～5.0% である．また，図 3.27 にアルミニウム合金の製品例を示す．

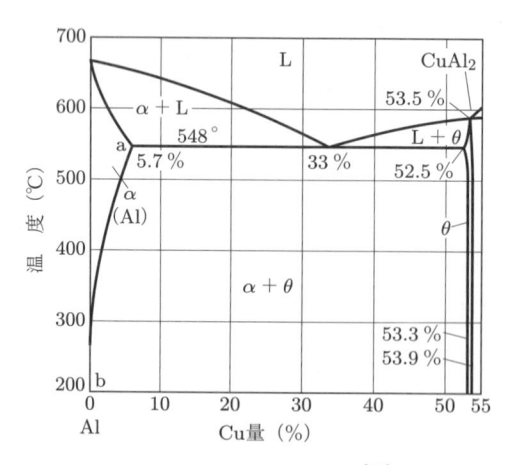

図 3.26　Al-Cu 系状態図 [3.6]

(a) バイクのエンジン部品　　　　　　　　　　　(b) 新幹線用車両の車体

図 3.27　アルミニウム合金の製品例

(1) 展伸材用アルミニウム合金

展伸材用アルミニウム合金のうち，非熱処理型合金ではAl-Mn系合金（3000系）やAl-Mg系合金（5000系）などが用いられ，切削加工などにより機械部品が製作される．また，熱処理型合金には航空機の胴体や主翼に用いられるジュラルミンのAl-Cu-Mg系合金（2000系），Al-Mg-Si系合金（6000系），Al-Zn-Mg-Cu系合金（7000系）などがあり，素材の製造工程で溶体化・人工時効硬化処理により強度特性を向上させて，機械加工した後，使用される．

(2) 鋳物用アルミニウム合金

鋳物用アルミニウム合金は主成分で分類すると，溶体化・人工時効硬化処理により強度特性を改善できるAl-Cu系合金，溶湯の流動性に優れ，凝固時の収縮も少なく鋳造性に優れるAl-Si系合金，さらに粘り強い特性をもつAl-Mg系合金がある．これらから，部品に要求される特性や加工法などを総合的に考慮して材質を選択する．熱処理合金では鋳造後，溶体化・人工時効硬化処理が行われ，この後機械加工により仕上げられる．

3.2.4　銅合金

黄銅（brass）や青銅（bronze）に代表される銅合金（copper alloy）は，適度な機械的強度と良好な機械加工性，そして耐食性に優れることから各種バルブや小型の機械部品に多用されている．銅合金はアルミニウム合金と同様に，素材の製造方法の違いから展伸材用と鋳物用に分類できる．銅合金の製品例を図3.28に示す．

(a) ウォームホイール　　　　　　　(b) 各種バルブ

図 3.28　銅合金の製品例

(1) 黄　銅

黄銅は銅と亜鉛の合金であり，亜鉛の添加量により七三黄銅（亜鉛が30％，C2600），六四黄銅（亜鉛が40％，C2801）などのほかに，丹銅（亜鉛が約22％未満）に分類できる．図3.29にCu-Zn系状態図の一部を示す．Cu-Zn系合金は，展伸材と鋳物のいずれにも用いられ，亜鉛の含有率は最大で約41％である．

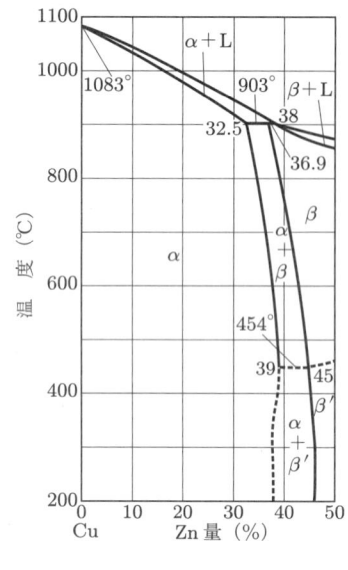

図3.29　Cu-Zn系状態図 [3.6] 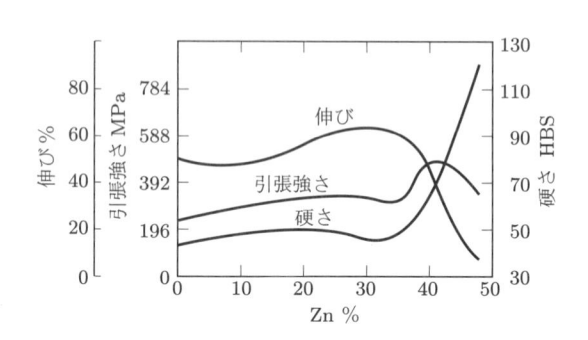　　　　**図3.30　黄銅板の機械的性質** [3.3]

図3.30に，黄銅板の機械的性質を示す．図3.30より，六四黄銅は七三黄銅と比べ，引張強さと硬さは優れるが，伸びは小さいことがわかる．また黄銅は，圧延などの加工の度合いを高めるにつれて，加工硬化が増し，引張強さと硬さが増す．これに対して黄銅鋳物は，つぎに述べる青銅鋳物と比較して切削性，美観性（金色）や鋳造性に優れる．

(2) 青　銅

青銅は銅とすずの合金であり，強靭でかつ鋳造性，耐摩耗性や耐食性に優れている．加工用青銅には，りん青銅（銅-すず-りん系）があり，機械的性質と耐食性に優れる．また，りん青銅はばね用材料としても優れた特性を示し，電磁リレーやスイッチなどの各種電子機器に用いられている．さらに，りん青銅は鋳物用としても強靭であり，耐食性・耐摩耗性に優れるため，歯車や軸受などの機械部品に広く用いられている．

図3.31に青銅の機械的性質を示す．展伸材用の青銅は，すずの含有量が10％より少ない．図3.31より，すずの含有量が10％より少ない場合は硬さが低く，伸びやすいことから，展伸材用として適切であることがわかる．また，とくに耐摩耗性が要求される部品ではりん青銅を用い，この場合のすずの含有量は9〜15％である．

特殊青銅の一つであるアルミニウム青銅は，銅-アルミニウム系合金であり，すずはふくまない．アルミニウム青銅は耐摩耗性，耐海水性に優れるため，この鋳物は船舶用プロペラに用いられる．

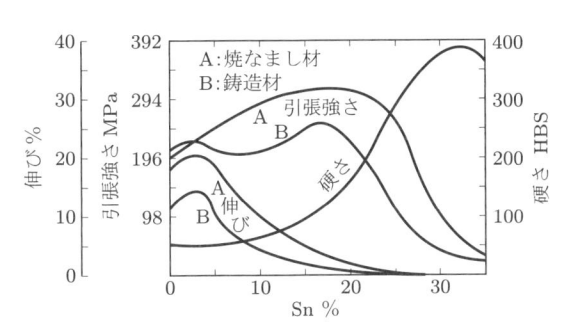

図 3.31 青銅の機械的性質 [3.3]

3.2.5 その他の金属

機械材料として用いられるその他の主な金属としては，比強度（強さ/比重）が大きく耐食性に優れたチタン合金，軽量でありかつ比強度が大きいマグネシウム合金，耐食性や高温強度に優れたニッケル合金，そして粉末冶金材料などがある．以下では，それぞれの特徴について説明する．

（1）チタン合金

チタン合金（titanium alloy）は，比重が鋼の約 3/5 と軽く，融点は純チタンで約 1668℃であり純鉄よりも約 132℃高く，また応力腐食割れが生じないなど耐食性に優れるため，火力発電所などにおける復水器，化学プラント用装置などに用いられている．このほかに，高温強度やクリープ強度に優れていることから，航空宇宙関連の機械部品や原子力機器などの分野でも広く用いられている．

（2）マグネシウム合金

マグネシウム合金（magnesium alloy）はアルミニウムの約 2/3 の比重であり，軽量化を進めるうえでは有望な材料であるものの，酸化燃焼しやすく，溶解や機械加工では特別な注意が必要である．この合金は，近年ノート型パソコンの筐体として，あるいは航空機部品，自動車部品，医療用材料，そして電気機械部品などに広く用いられている．

（3）粉末冶金材料

粉末冶金法で使用される主な金属粉末には，鉄合金，アルミニウム合金，銅合金などがある．粉末冶金法では金属粉末を金型に入れ，加圧・成形したのち，融点以下の温度で加熱し，焼結する．その後，機械加工を経て，製品となる．この方法では材料の無駄が少なく，機械的特性も良好である．粉末法による金属材料のうち，切削工具に用いられるものに高速度工具鋼がある．この方法でつくられた高速度工具鋼は，溶解法と比べ，炭化物が微細でかつ均一に分散するため，耐摩耗性などの機械的特性が良好である．

3.3 非金属材料

非金属材料としては，ここで述べるプラスチックと焼結材料のほかに，ゴムやその他のものがあるが，割愛する．

3.3.1 プラスチック

プラスチック（plastics）は，軽量であり，耐水性，電気絶縁性，成形性などに優れるため，自動車部品をはじめとして広範囲で使用されている．機械設計においてプラスチックを用いる場合は，材料そのものの特性のほかに，加工法についても十分考慮して材料選択を進める必要がある．ここでは，よく用いられるプラスチックの特徴[3.7, 3.8]について述べる．

(1) 熱可塑性プラスチック

熱可塑性プラスチック（thermoplastics）は加熱すると軟化し，冷やすと固まる性質を利用して成形がなされる．この成形法としては，加熱して軟化したプラスチック材料を高圧で金型に注入して製品を成形する射出成形法（4.2.3項 (1) 参照），プラスチック材料を金型から押し出して板や棒そしてパイプなどに成形する押し出し成形法，ペットボトルなどの容器を成形する中空成形法などがある．熱可塑性プラスチックの代表的なものにはポリエチレン，ポリプロピレン，アクリル樹脂，塩化ビニル樹脂，ポリスチレン，ポリエチレンテレフタレートおよびエンジニアリングプラスチックなどがあり，表3.1（p.103）にその一覧を示す．また，熱可塑性プラスチックの製品例を図3.32に示す．

(a) プラスチック模型(ポリスチレン) 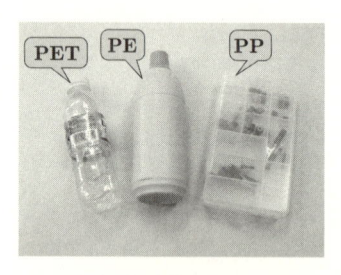　　(b) 各種容器・ケース（PET・PE・PP）

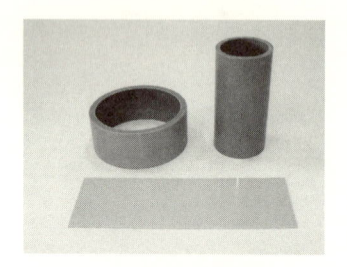

(c) パイプ・板材（塩化ビニル） 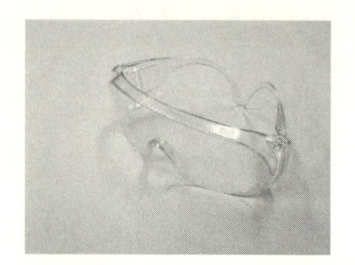　　(d) 安全メガネ（アクリル樹脂）

図3.32　熱可塑性プラスチック

(2) 熱硬化性プラスチック

熱硬化性プラスチック（thermosetting plastics）は，加熱すると硬化し，いったん硬化すると，さらに熱を加えても軟化しない．このプラスチックの成形法は，金型に樹脂を流し込み，加熱して硬化させる圧縮成形法やトランスファ成形法のほかに，熱可塑性プラスチックと同様に金型に樹脂を高圧で射出し，加熱・硬化させる射出成形法がある．熱硬化性プラスチックの代表的なものには，フェノール樹脂，エポキシ樹脂，ユリア樹脂，不飽和ポリエステル樹脂およびメラ

表 3.1 熱可塑性プラスチック

種類	特徴，用途
ポリエチレン	ポリエチレン PE（polyethylene）は包装用フィルム，コンテナなどの運搬容器，パイプなどに広く用いられている代表的な熱可塑性プラスチックである．耐薬品性，電気絶縁性，防水性，引張強度などに優れ，コストが安く，成形加工性もよい．
ポリプロピレン	ポリプロピレン PP（polypropylene）は自動車部品，家電部品，コンテナ，フィルムなどに広く用いられているプラスチックである．電気絶縁性や高周波特性などがきわめて優れ，成形性や耐衝撃性にも優れている．
アクリル樹脂	アクリル樹脂 PMMA（polymethyl methacrylate）は高い光透過性と高屈折率により，美しい成形品が得られ，メガネレンズ，各種カバー，照明器具などに広く用いられている．特徴としては透明性，光学特性，耐溶剤性，耐候性に優れている．
塩化ビニル樹脂	塩化ビニル樹脂 PVC（polyvinyl chloride）は電線被覆材，パイプ，フィルムなどに広く用いられているプラスチックである．とくに機械的強度に優れ，耐薬品性，耐油性，成形性などに優れ，接着や着色も容易である．
ポリスチレン	ポリスチレン PS（polystyrene）は電気工業用，包装容器，シートなどに用いられる一般用ポリスチレン GPPS と，耐衝撃性ポリスチレン HIPS があり，電気工業用や包装容器として用いられる．
ポリエチレンテレフタレート	ポリエチレンテレフタレート PET（polyethylene terephthalate）はボトル，フィルム，繊維などに用いられる．ペットボトル材料として有名であり，このほかに電気・電子，自動車・車両の分野で用いられる．
エンジニアリングプラスチック	エンジニアリングプラスチックは，機械的性質に優れ，各種機械部品や構造材料として用いられ，ナイロン樹脂，ポリカーボネイト，ポリイミド，フッ素樹脂（テフロン）などがある．
	① ナイロン樹脂 — ナイロン樹脂（nylon）は耐薬品性，耐油性，耐摩耗性，そして機械的強度に優れているため，各種自動車部品，建材，油圧・空気圧配管，電線被覆などに広く用いられている．
	② ポリカーボネイト — ポリカーボネイト PC（polycarbonate）は電気・電子部品，各種自動車部品，医療器具，建材，精密機械部品などに広く用いられている．光透過性や耐熱性に優れ，とりわけ耐衝撃性がきわめて高い．
	③ ポリイミド — ポリイミド PI（polyimide）は自動車用部品，事務機器，産業機器，半導体製造装置などに広く用いられている．耐熱性，電気絶縁性，耐摩耗性，耐薬品性に優れている．
	④ フッ素樹脂（テフロン） — フッ素樹脂（polytetra fluoroethylene）はテフロン PTFE（四フッ化エチレン樹脂）に代表されるように，優れた電気絶縁性や耐熱性，そして耐薬品性をもち，摩擦係数も低いことから，電気・機械部品，化学プラント，航空・宇宙関連など，あらゆる分野で用いられている．

ミン樹脂などがあり，表 3.2 にその一覧を示す．また，熱硬化性プラスチックの製品例を図 3.33 に示す．

（3）繊維強化プラスチック

プラスチック材料には，上記のほかにガラス繊維や炭素繊維などを汎用プラスチックと複合して高強度化した繊維強化プラスチック FRP（fiber reinforced plastics）があり，航空機，船舶，自動車などに盛んに利用されている．

表 3.2 熱硬化性プラスチック

種　類	特徴，用途
フェノール樹脂	フェノール樹脂（phenol-formaldehyde）は，代表的な熱硬化性プラスチックであり，20世紀初頭にアメリカで開発された．このプラスチックは耐熱性，耐油性，耐酸性，電気絶縁性に優れているため，電気・電子部品，各種自動車部品，機械部品などに広く用いられている．
エポキシ樹脂	エポキシ樹脂（epoxide）は繊維強化プラスチックの材料としてだけでなく，土木・建築関連，電気・半導体関連，塗料，そして接着剤などに広く用いられている．接着性，耐熱性，耐薬品性，電気絶縁性に優れ，機械的強度が大きい．
ユリア樹脂	ユリア樹脂（urea-formaldehyde）は，配線・照明器具部品，日用雑貨，接着剤などに広く用いられている．無色透明で耐有機溶剤性，耐摩耗性に優れている．
不飽和ポリエステル樹脂	不飽和ポリエステル樹脂（unsaturated polyester）は，繊維強化プラスチックにおいて補強材であるガラス繊維をつつむことにより強度を高めて建材，住宅機材，自動車部品，船舶などに広く用いられている．補強材への含浸性や接着性，機械・電気的特性，耐水・耐薬品性に優れている．
メラミン樹脂	メラミン樹脂（melamine-formaldehyde）は食器，電気部品，建材などに広く用いられている．無色透明で耐水性や耐熱性，電気絶縁性に優れている．

　（a）ハンドル・レバーの握り　　　（b）プリント基板・端子台
　　　（フェノール樹脂）　　　　　　　　（フェノール樹脂）

図 3.33　熱硬化性プラスチックの製品例

3.3.2　焼結材料

　高強度で耐熱性に優れる焼結材料には，主として酸化物系，炭化物系，窒化物系などがある．陶器やレンガなどは旧来の焼結材料であり，近年は製造方法が高度化され，特性が著しく向上した高強度の焼結材料が開発されている．ここでは，構造用と切削工具用の焼結材料の概要を述べる．また，焼結材料の製品例を図 3.34 に示す．

　（a）点火プラグ・ブロックゲージ　（b）旋削・フライス削り用超硬チップ

図 3.34　焼結材料の製品例

(1) 構造用焼結材料

構造用焼結材料として実用化されているものは，アルミナ（Al_2O_3），ジルコニア（ZrO_2），炭化ケイ素（SiC），窒化ケイ素（Si_3N_4）である．アルミナは代表的な酸化物系焼結材料であり，耐熱性や耐食性に優れ高硬度であることから，点火プラグ，軸受やIC基板などに用いられている．また，ジルコニアは耐熱性に優れ，各種刃物などに用いられ，炭化ケイ素はアルミナより強度や熱衝撃性に優れるため，半導体装置部品，高温ファン，熱交換器などに用いられる．さらに，窒化ケイ素は耐食性，耐熱性，耐疲労性に優れているため，ターボチャージャー，軸受，自動車部品などに用いられている．

(2) 切削工具用焼結材料

切削工具用焼結材料としては，アルミナ，炭化ケイ素，超硬合金およびサーメットが代表的である．これらのうち，アルミナと炭化ケイ素は，研削砥石に用いられる．超硬合金は炭化タングステン粉末を用い，コバルトを結合剤として加圧成形した後，焼結したものであり，耐摩耗性に優れ，高剛性であり，さらに耐熱性にも優れるため，切削工具だけでなくプレス加工におけるポンチやダイスとしても用いられている．また，サーメットを構成する炭化チタン（TiC）や窒化チタン（TiN）は，切削工具や機械部品の耐食性や耐摩耗性を向上させるためのコーティング材料としても用いられている．

演習問題

3.1 つぎの文章のうち正しいものには○を，間違っているものには×をつけよ．

(1) 鉄鋼・熱処理・表面処理・鋳鉄
① オーステナイト系ステンレス鋼は軟らかいため，切削加工性に優れている．
② 鋼は，炭素を0.02％〜2.14％含有する．
③ 熱間圧延軟鋼板（SPHC）は冷間圧延鋼板（SPCC）を材料としてつくられる．
④ 機械構造用炭素鋼鋼材（S-C）は不純物が少なく信頼性の高い鋼であることから，機械部品の材料として広く用いられている．
⑤ 肌焼鋼は浸炭処理に用いられる低炭素鋼である．
⑥ 機械部品において，表面付近の硬度のみが要求される場合は，焼入れ性に優れる機械構造用合金鋼を用いる．
⑦ 球状化焼なましとは，過共析鋼を冷却した場合に結晶粒界に生じやすい初析フェライトを分断し，切削加工しやすい組織に変える熱処理である．
⑧ 焼戻しは，焼入れした鋼部品を用途応じて適当な温度に加熱保持し，粘りを与える熱処理である．
⑨ 鋳鉄は，被削性に優れ，また圧縮強さなどの機械的性質に優れるため，機械部品用材料として広く用いられる．
⑩ 可鍛鋳鉄とは，鍛造が可能な鋳鉄を指す．

(2) 非鉄金属・プラスチック
① アルミニウム合金は，塑性加工などにより製造される展伸材と鋳物材とに分類できる．
② 七三黄銅とは亜鉛が70％，銅が30％の合金である．
③ チタン合金は耐食性に優れることから，熱交換器や化学用装置などに用いられている．
④ ポリプロピレン（PP）は耐熱性に優れている．

⑤ 塩化ビニル樹脂は代表的な熱可塑性樹脂であり，耐薬品性や電気絶縁性に優れている．

3.2 つぎの文章にあてはまるものを，それぞれ後の選択肢から選べ．
(1) とくに強度特性が要求される機械部品の材料は，焼入れ性に優れることが重要である．この場合，下記の鋼材のうち，適切なものを選択せよ．
① 白心可鍛鋳鉄品（FCMW370），② 一般構造用圧延鋼材（SS400），③ クロムモリブデン鋼鋼材（SCM445H），④ 機械構造用炭素鋼鋼材（S35C），⑤ 炭素工具鋼鋼材（SK85）
(2) 工具鋼は，工具を製作する際の機械加工性を向上させるために，特別な熱処理が施されている．この熱処理を下記から選択せよ．
① 窒化，② 高周波焼入れ，③ 浸炭，④ 球状化焼なまし，⑤ PVD

3.3 つぎの問題に答えよ．
(1) 粗大化した組織の鋼材料を微細な組織に変えるには，どのような熱処理を施すことが適当か．熱処理名と熱処理方法（加熱温度と手順）について，説明せよ．
(2) 切削工具では性能向上を目的として，切れ刃部を種々の硬化物皮膜で被覆処理している．この被覆処理法について，名称と概要を説明せよ．

参考文献

[3.1] 日本鉄鋼連盟,「鉄ができるまで」, 日本鉄鋼連盟, 1998.
[3.2] 日本金属学会,「改訂3版金属便覧」, 丸善, 1971.
[3.3] 高橋 昇, 浅田千秋, 湯川夏夫,「金属材料学（第3版）」, 森北出版, 1989.
[3.4] 仁平宣弘, 三尾 淳,「はじめての表面処理技術」, 工業調査会, 2001.
[3.5] 神尾彰彦,「アルミニウム新時代」, 工業調査会, 1993.
[3.6] 門間改三,「大学基礎機械材料SI単位版」, 実教出版, 1993.
[3.7] 森本孝克,「プラスチックの使いこなし術」, 工業調査会, 1997.
[3.8] 三浦秀士 ほか,「機械材料学」, 日本機械学会, 2008.

第4章 加工法

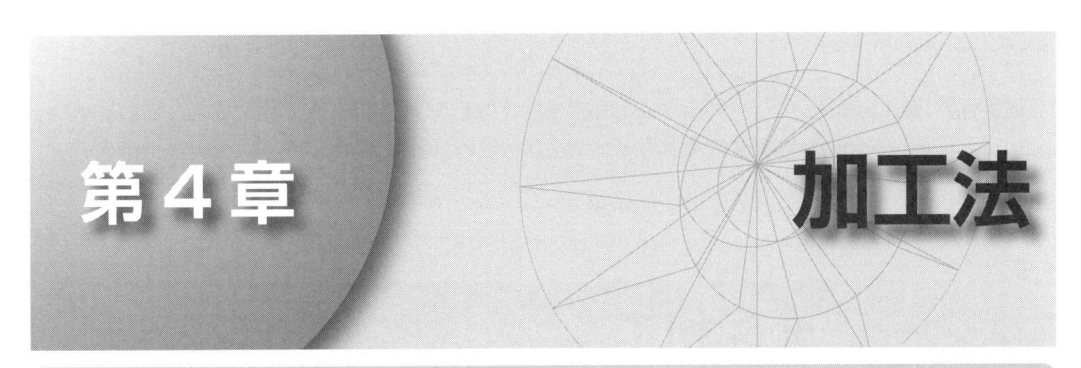

　今日，ものづくりの現場では，コンピュータが組み込まれた NC 工作機械が素材を自動的に機械加工し，組み立てを行い，製品を生産することが多い．このうち，機械加工では CAD/CAM システムとよばれる高度な情報技術を活用した生産技術が用いられている．しかし，これらの NC 工作機械による機械加工の基本は，旋盤やフライス盤，ボール盤などに代表される汎用工作機械であり，これらの工作機械の仕組みや働きを正しく理解することが，CAD/CAM システムを理解する早道である．

　本章では，基礎的なものづくりに欠かせない種々の機械加工法について述べた後，今日のものづくりの主流である CAD/CAM システムの概要を述べる．

● Key Word　加工法，機械加工，工作機械，汎用工作機械，NC 工作機械，数値制御，CAD/CAM システム

4.1　加工法の分類

　加工法は，素材に熱や荷重を加えてはじめの形状を変えて製品をつくる変形加工，素材の一部を削り取って切りくずとし，設計した形状・精度をもつ製品をつくり出す除去加工，そして素材に熱や圧力を加えて一体化させる接合加工に大きく分類される．図 4.1 に，現在のものづくりで

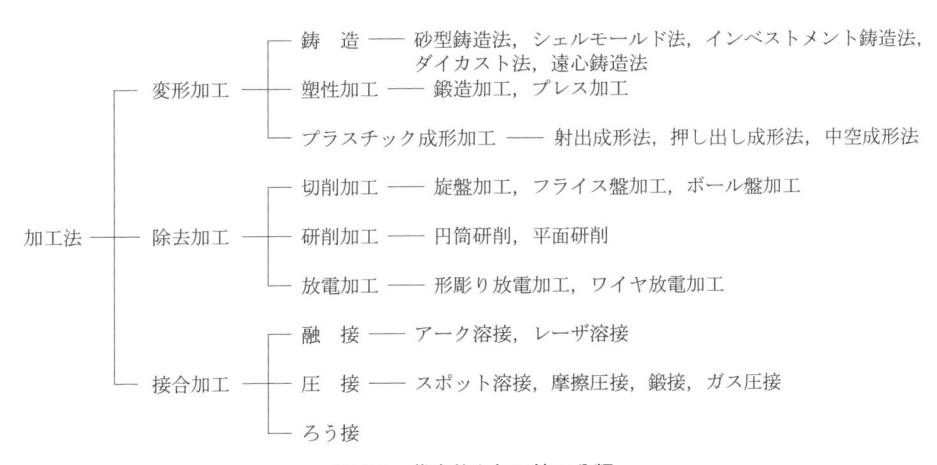

```
                 ┌ 鋳　造 ── 砂型鋳造法，シェルモールド法，インベストメント鋳造法，
                 │             ダイカスト法，遠心鋳造法
       ┌ 変形加工 ┼ 塑性加工 ── 鍛造加工，プレス加工
       │         └ プラスチック成形加工 ── 射出成形法，押し出し成形法，中空成形法
       │
       │         ┌ 切削加工 ── 旋盤加工，フライス盤加工，ボール盤加工
 加工法 ┼ 除去加工 ┼ 研削加工 ── 円筒研削，平面研削
       │         └ 放電加工 ── 形彫り放電加工，ワイヤ放電加工
       │
       │         ┌ 融　接 ── アーク溶接，レーザ溶接
       └ 接合加工 ┼ 圧　接 ── スポット溶接，摩擦圧接，鍛接，ガス圧接
                 └ ろう接
```

図 4.1　代表的な加工法の分類

用いられている代表的な加工法❶の分類を示す．

> **ポイント** ❶これまで，プラスチック成形加工や放電加工は，特殊加工として分類されることが多かったが，現在ではこれらの加工法は一般的であり，加工の内容に合わせて図4.1のように分類した．

4.2 変形加工

変形加工は，素材に熱や荷重を加えて，はじめの形状から変化させて製品とする加工法である．変形加工には，各種鋳物をつくる鋳造法，自動車や鉄道車両のボディ製作に用いられるプレス加工，プラスチック製品の製作法であるプラスチック成形加工法がある．

4.2.1 鋳造

鋳造法は，複雑な形状の製品を大量生産するのに適する加工法である．また，切削加工に代表される除去加工と比べ，一般に短時間で，安く製作できる．代表的な鋳造法としては，鋳型が鋳物砂でつくられる砂型鋳造法，鋳型の形状が殻状であるシェルモールド法，消失模型法の一つであるインベストメント鋳造法，軽金属製品を大量生産するのに適したダイカスト法，パイプなどの円筒製品を効率よく生産できる遠心鋳造法がある．

（1）砂型鋳造法

砂型鋳造法は，鋳物砂で製作されている鋳型を用いて鋳物を製作する基本的な鋳造法である．図4.2に，砂型鋳造法の流れを示す．

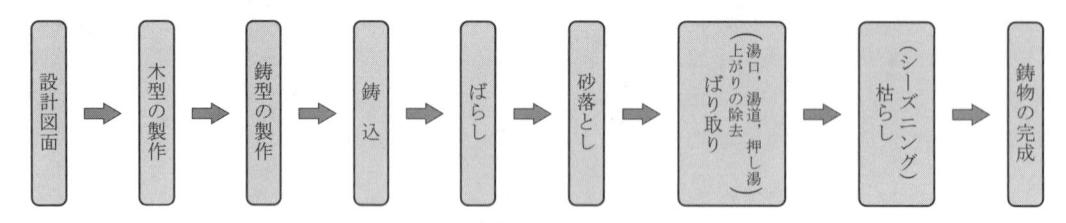

設計図面 → 木型の製作 → 鋳型の製作 → 鋳込 → ばらし → 砂落とし → （湯口，湯道，押し湯，上がりの除去）ばり取り → （シーズニング）枯らし → 鋳物の完成

図4.2　砂型鋳造法の流れ

鋳物の製作では，まずはじめに設計図面がつくられる．設計図面をもとに，木型とよばれる模型が製作される．さらに，木型を用いて鋳型がつくられる．こうしてできあがった鋳型に溶湯（溶けた金属）を注ぎこむことを，鋳込という．その後，ばらしとよばれる鋳型から鋳物を取り出す作業があり，鋳物に付着した鋳物砂を落とす．引き続き，鋳物に付いた湯口，湯道，押し湯，上がりなどの不要な部分を取り除くばり取りを行う．さらに，できた鋳物には，経年変化の原因となる残留応力が残っているため，枯らし❷を行う．このような流れを経て，鋳物は完成する．

> **ポイント** ❷枯らし（シーズニング）とは，鋳物を風雨にさらして自然に鋳物に残る残留応力を取り除く方法である．鋳物には，鋳造の際に生じる残留応力が原因で，時間の経過とともに形状が変化する場合がある．これを経年変化とよび，精密な機械部品では不具合を生じる．そのため，この経年変化の発生を防ぐために，枯らしが必要である．

図 4.3 に，製品，木型，中子および鋳型の関係を示す．製品は，鋳抜き穴をもつフランジ付きの部品である．木型は仕上しろと縮みしろ分だけ製品より大きく，また鋳抜き穴をつけるための中子を支えるはばきを付けた形状であり，分割型である．中子は鋳抜き穴をつけるための鋳型である．鋳型は型込めの後，木型を取り除き，中子を組み込んだ状態を示し，中子の両端をはばきと呼ぶ．

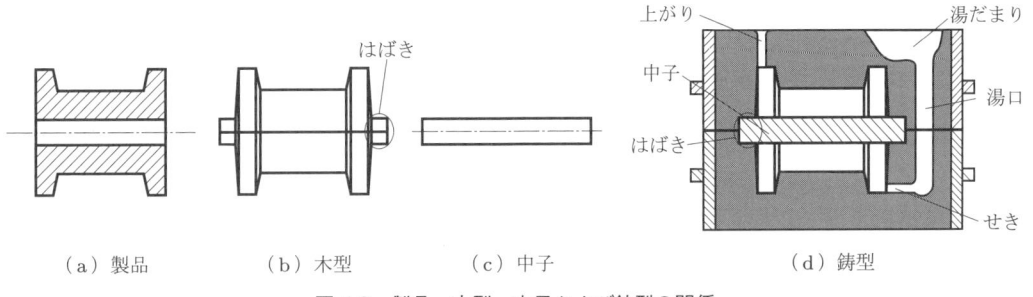

（a）製品　　　（b）木型　　　（c）中子　　　（d）鋳型

図 4.3　製品，木型，中子および鋳型の関係

（2）シェルモールド法

鋳型の形状が殻状であるシェルモールド法（shell molding）は，ほかの鋳造法に比べて比較的精度のよい鋳物が得られる精密鋳造法の一つである．図 4.4 にシェルモールドの製作法を示す．シェルモールドの製作法は，まず図（a），（b）のように，約 250〜300℃に加熱された金型の表面を 5〜10% のフェノール樹脂が混合された鋳物砂（レジンサンド）で覆い，金型形状を転写する．つぎに，図（c），（d）のように，金型を反転し，余分な鋳物砂を落とした後，300〜350℃ で焼成硬化させる．最後に，図（e），（f）のように，硬化した鋳型を金型から取り外し，

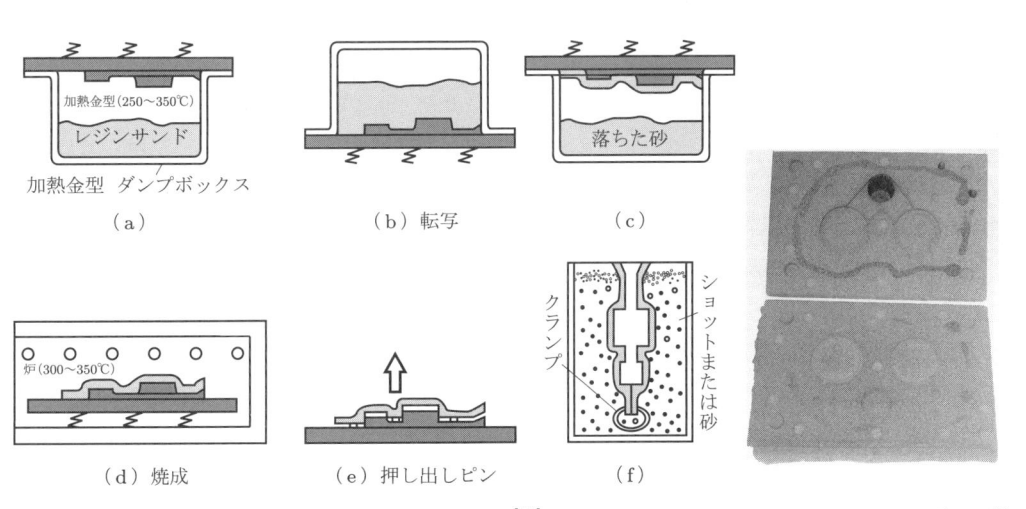

（a）　　　（b）転写　　　（c）

（d）焼成　　　（e）押し出しピン　　　（f）

図 4.4　シェルモールドの製作法 [4.1]

図 4.5　シェルモールドの一例

組み立てて鋳枠に入れ，周囲を鋳物砂などで固定して鋳型を完成させる．シェルモールドは水分をふくまないため，通気性がよく，巣（気孔）も発生しにくい．また，機械で製作するため，安定した品質の鋳型を大量に生産することができる．図4.5に，シェルモールドの一例を示す．

（3）インベストメント鋳造法

消失模型法の一つであるインベストメント鋳造法（investment process）は，精度のよい鋳物を大量生産する場合に適した精密鋳造法である．図4.6に，インベストメント鋳型の製作法を示す．金型などで製作されたろう模型の表面に水ガラスなどの結合剤を塗り（コーティング），ここに細かな鋳物砂をふりかけ（サンディング），乾燥させる．こうしてできる被覆層が2～3mmになるまで繰り返す．高融点金属の鋳物を製作する場合には，模型の表面に接する被覆剤として，とくに耐火性の高いシリカなどを用いる．周囲を被覆剤で覆った模型を鋳枠に入れ，鋳物砂で周囲を押さえて固定する（二次インベストメント充てん）．この状態で乾燥させた後，焼成するとろうが溶けて流れ出すので，空間ができ，鋳型が完成する．インベストメント鋳造法により製作される鋳物は，表面が滑らかで精度も良好なため，仕上加工が不要の場合が多い．

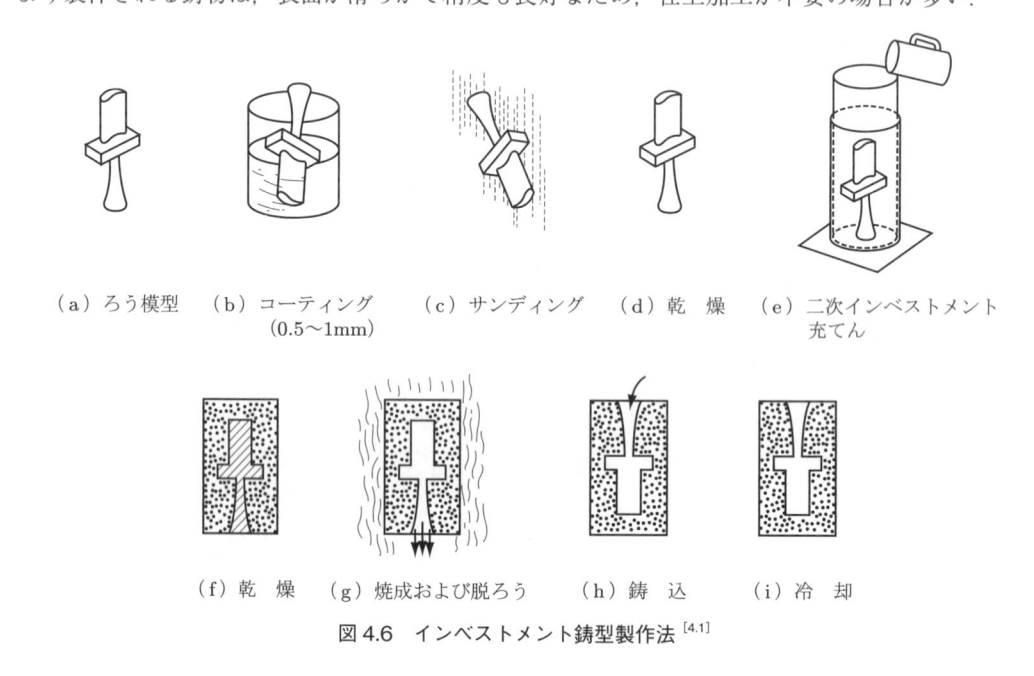

（a）ろう模型　（b）コーティング　（c）サンディング　（d）乾　燥　（e）二次インベストメント
　　　　　　　　（0.5～1mm）　　　　　　　　　　　　　　　　　　　　　　　　　　　　充てん

（f）乾　燥　（g）焼成および脱ろう　（h）鋳　込　（i）冷　却

図4.6　インベストメント鋳型製作法[4.1]

（4）ダイカスト法

ダイカスト法（die cast）は，溶融した金属を金型に圧入して鋳物をつくる方法である．ダイカスト法は，溶解炉がダイカスト機に付属している熱加圧式（hot chamber type）と，溶解炉を別に置く冷加圧式（cold chamber type）に分類できる．ダイカスト法で製作される鋳物は精度が高く，表面は滑らかなため，大量生産に適している．ここで用いられる金属は，主に亜鉛合金やアルミニウム合金などの軽金属である．図4.7に，ダイカスト法で製作された身近な模型自動車の例を示す．図4.8に，熱加圧式ダイカスト法を示す．熱加圧式ダイカスト法は，Sn, Pb, Znなどの低融点合金の鋳込に適し，溶解炉から溶湯を取り，0.5 kN/cm²程度の圧力で金型へ注入する方法である．一方，図4.9に示す冷加圧式ダイカスト法では，アルミニウム合金や銅合金など融点の高い溶湯を機械あるいは人手で本体の加圧室に注ぎ，プランジャポンプを用いて1

4.2 変形加工　111

図 4.7　ダイカスト法で製作された模型自動車

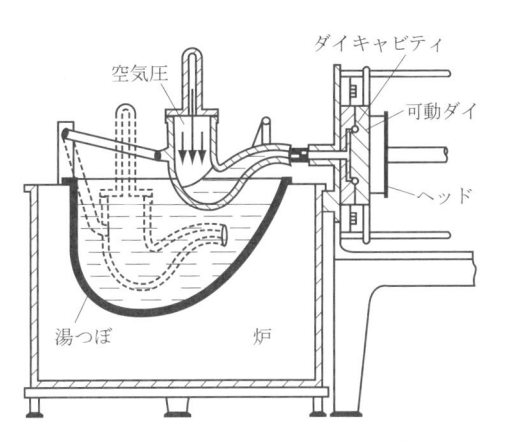

図 4.8　熱加圧式ダイカスト法 [4.2]

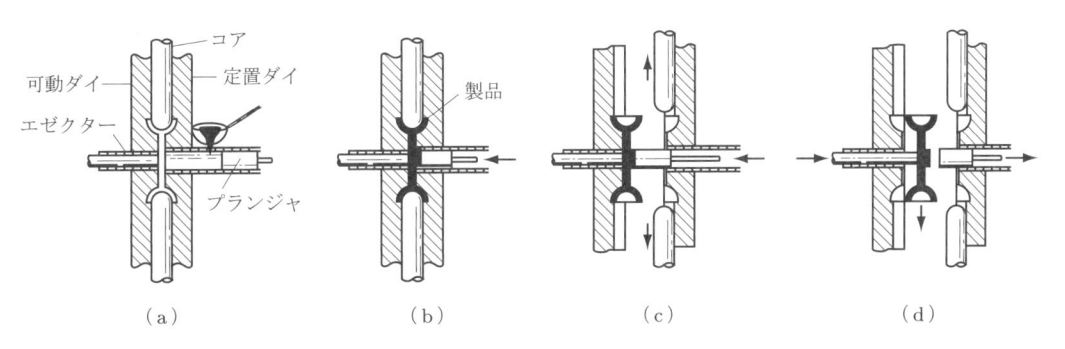

図 4.9　冷加圧式ダイカスト法 [4.2]

～$10\,\mathrm{kN/cm^2}$ 程度の圧力で金型へ圧入して鋳物をつくる方法である．

(5) 遠心鋳造法

遠心鋳造法（centrifugal casting）は，回転させた鋳型に溶湯を注ぎ込み，遠心力を利用して鋳物を得る鋳造法である．遠心鋳造法では，緻密で機械的性質が優れた製品が製作でき，円筒状の鋳物を効率よく生産できる．図 4.10 に，回転軸が水平である横形遠心鋳造法を示す．また，図 4.11 に遠心鋳造法で製作されたダクタイル管の例を示す．回転軸が垂直である立て形遠心鋳造法を用いると，直径に比べて長さが短い車輪や機械的性質が優れた歯車素材を効率よく生産できる．図 4.12 に，立て形遠心鋳造法の例を示す．

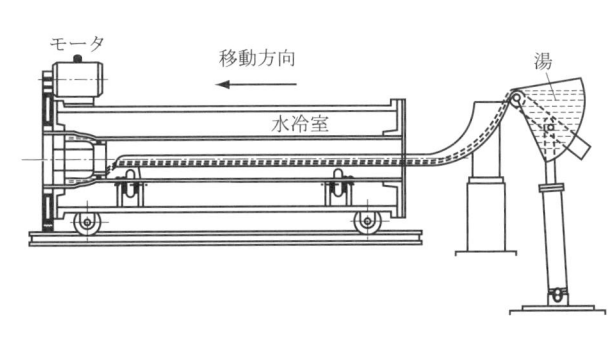

図 4.10　横形遠心鋳造法 [4.2]

図 4.11　遠心鋳造法で製作されたダクタイル管

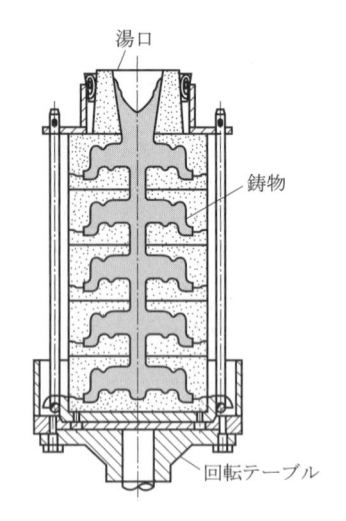

図 4.12　立て形遠心鋳造法 [4.2]

4.2.2　塑性加工

(1) 鍛造加工

　鍛造加工（forging）は，素材をハンマなどにより衝撃を加えて塑性変形させ，希望する形状・寸法に加工する方法であり，自由鍛造と金型を用いる型鍛造に分類される．金属の塊から棒材，板材，管材を製作することを一次加工とよび，一次加工で製作された素材を用いて，さらに加工して設計した形状・寸法の製品とする過程を二次加工とよぶ．ここでは，主に二次加工での型鍛造加工について説明する．

　鍛造加工は，加工するときの材料の温度により，冷間加工と熱間加工に分けられる．室温付近の温度で加工する場合を冷間加工とよび，材料を再結晶温度以上に加熱して加工する場合を熱間加工とよぶ．熱間加工では材料の変形抵抗が小さく，少ない動力で加工できるが，表面に酸化物が生じるため，精度のよい加工はできない．一方，冷間加工では材料の変形抵抗が大きく，熱間加工の場合より大きな動力を必要とするが，精度のよい加工ができ，加工硬化による機械的性質の改善が可能である．

　冷間鍛造は，ボルトや歯車素材など比較的小さい機械部品の大量生産に用いられ，低炭素鋼，中炭素鋼，低炭素合金鋼，銅・銅合金，アルミ・アルミ合金など広範囲の材料に対して適用されている．図 4.13 に，冷間鍛造品である自動車用等速ジョイントの外輪（大きい部品）と内輪を示す．この部品は，冷間鍛造により精度を確保し，その後熱処理により硬度を高めて要求される機能（強度と耐摩耗性）を満たしている．これに対して熱間鍛造では，冷間鍛造の場合よりも大きい機械部品や変形抵抗の大きい材料の加工に用いられている．熱間鍛造品としては，エンジン用クランク軸や連接棒，歯車素材などがあげられる．

　鍛造加工ではこれらのほかに，金型や鍛造用機械に工夫を凝らし，機械加工と同程度の加工精度を，精密鍛造だけで実現するネットシェイプ加工❸がある．

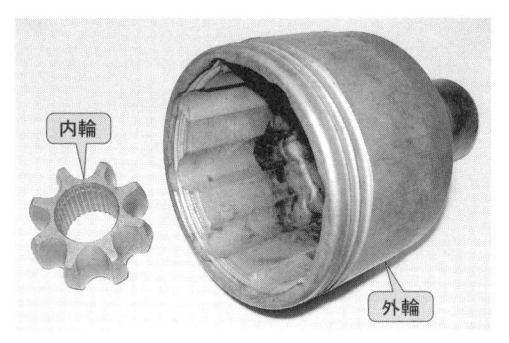

図 4.13 冷間鍛造により製作された等速ジョイント部品

ポイント
❸ネットシェイプ加工とは，精密鍛造のように1回の加工で仕上げまで行う加工方法のことである．

(2) プレス加工

プレス加工 (press working) とは，板材をせん断したり，種々に成形する加工である．このうちせん断作業は，一組のポンチとダイスを用いて板材を打ち抜き，穴あけ，切断などを行う．図 4.14 に種々のせん断作業の例を示す．

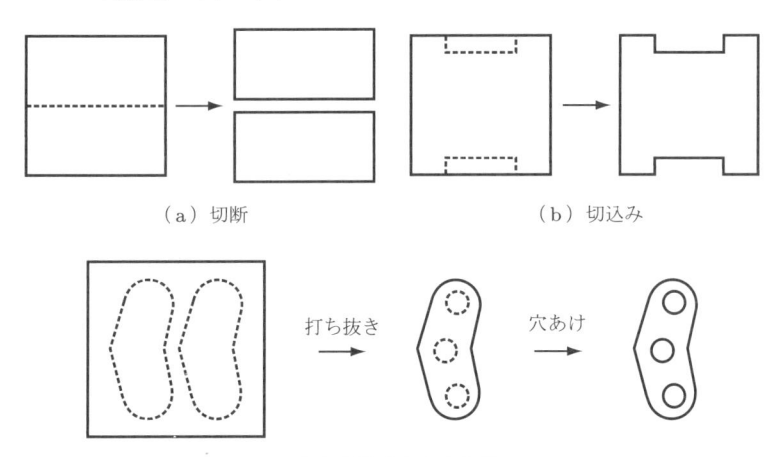

(a) 切断　　(b) 切込み

(c) 打ち抜きと穴あけ

図 4.14 せん断作業の例

板材のせん断では，せん断角 (shear angle) が作業性や能率を左右し，重要である．図 4.15 のように，切れ刃にせん断角を付けると，小さなせん断力で板材を切断できる．ただし，せん断角が大きすぎると，板材を横方向に動かそうとする力が大きくなるため，2〜5°程度のせん断角がつけられている．また，板材のせん断加工の様子を図 4.16 に示し，せん断加工した後のせ

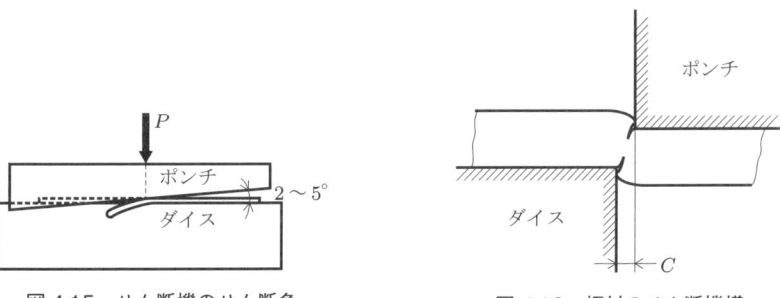

図 4.15 せん断機のせん断角

図 4.16 板材のせん断機構

ん断面を図 4.17 に示す．この場合，ポンチとダイスの隙間 C が適切でないと，さまざまな不具合を生じる．図 (a) のように隙間 C が過大の場合にはだれやかえりが大きく，図 (c) のように隙間 C が過小の場合には二次せん断面を生じるのでせん断機械に無理がかかる．

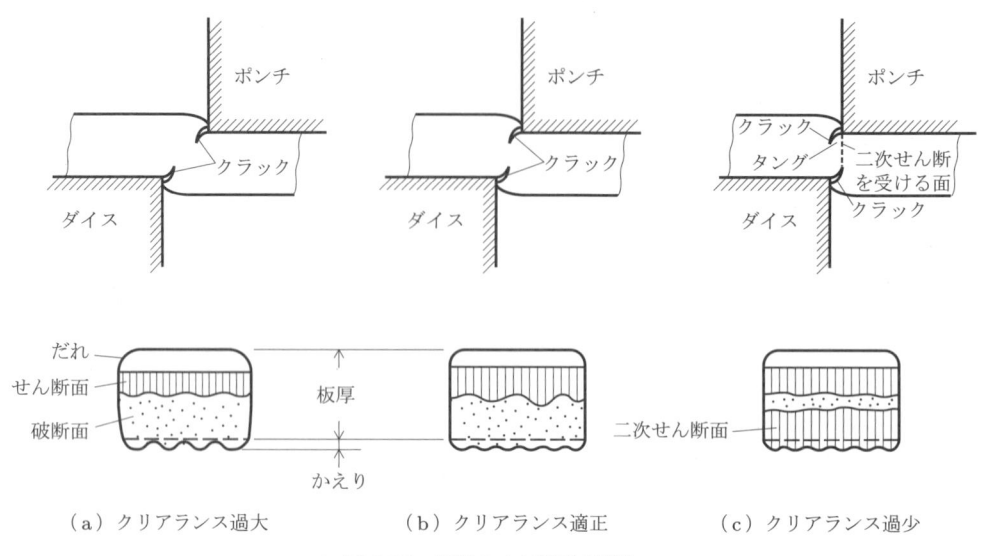

(a) クリアランス過大　　(b) クリアランス適正　　(c) クリアランス過少

図 4.17　板材のせん断面の形状

成形作業には，曲げ，ねじり，絞りのように板材の厚さはあまり変えず，形状だけを変える場合と，圧印やエンボシングなどのように板材の厚さと形状の両方を変える場合がある．図 4.18 に曲げ加工，図 4.19 に深絞り，図 4.20 に圧印とエンボシングの様子を示す．

図 4.18　曲げ加工 [4.2]

図 4.19　深絞り加工 [4.2]

(a) 圧印　　(b) エンボシング

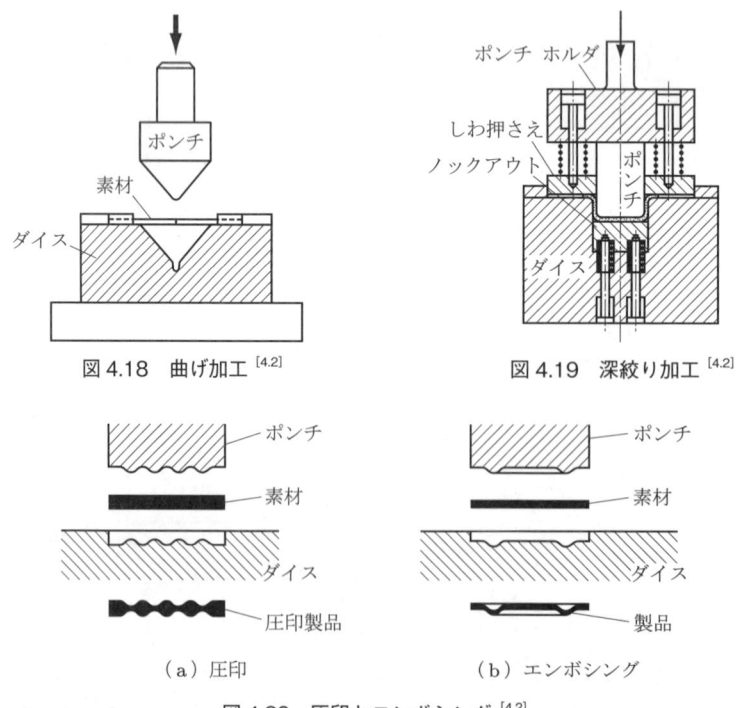

図 4.20　圧印とエンボシング [4.2]

代表的なプレス機械の一覧を表 4.1 に示す．板材の打ち抜きや穴あけに用いられるプレス機械として，図 4.21 に示すクランクプレスがあげられる．図 4.22 に，せん断加工においてよく用いられているせん断機を示す．また，細長い板材などの折り曲げ加工では，図 4.23 に示すプレスブレーキが用いられる．さらに，絞り加工では図 4.24 に示す複動プレスや図 4.25 に示す液圧プレスが用いられる．

表 4.1 代表的なプレス機械の一覧

加工名	プレス機械名	内　容
打ち抜き・穴あけ加工	クランクプレス	一般的な機械プレス．
せん断加工	せん断機	板材を直線状に切断．ごく一般的なせん断機．
曲げ加工	プレスブレーキ	長尺物の折り曲げ加工で用いる．
絞り加工	複動プレス	板押さえと絞りの 2 種類の動作が可能．
	液圧プレス	任意のストロークが得られ，加圧したままの状態を保つことができる．

図 4.21　クランクプレス

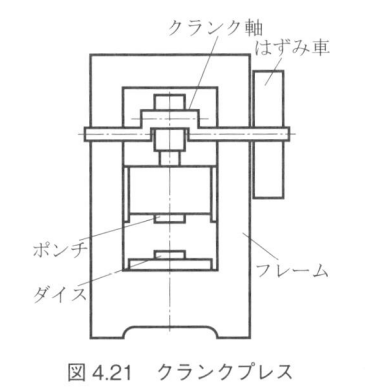

図 4.22　せん断機

図 4.23　プレスブレーキ
[提供：東洋工機]

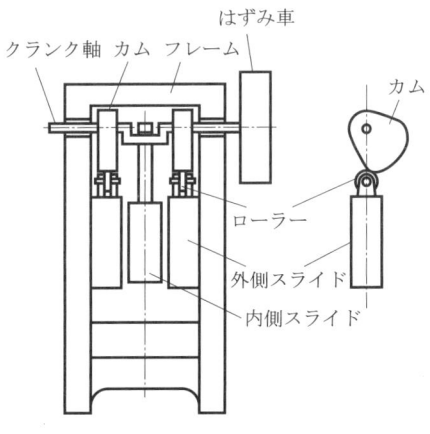

図 4.24　複動プレス

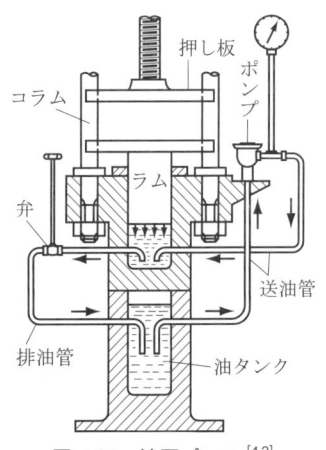

図 4.25　液圧プレス[4.2]

4.2.3 プラスチック成形加工

多くの工業製品，そして日用品でプラスチック製品が使われている．これらの多くは，射出成形法あるいは中空成形法とよばれる成形加工法で製作されている．プラスチックには第3章で述べたように，熱可塑性プラスチックと熱硬化性プラスチックの2種類があるが，ここでは熱可塑性プラスチックの代表的な成形加工法として，射出成形法と中空成形法について述べる．

(1) 射出成形法

身の回りにある多くのプラスチック製品は，射出成形法（injection molding）とよばれる加工法により製作されている．図4.26に射出成形機の外観，そして図4.27に射出成形機の構造を示す．射出成形は，つぎの工程で行われる．

① **型閉じ・型締め** 金型を閉じた後，プラスチックを射出させたとき金型から漏れを防ぐために，金型を強く締め付ける．このとき，ペレット状のプラスチック材料は計量・可塑化❹を終えている．

② **射出・保圧** 油圧シリンダでスクリューを押し込むことにより，すでにホッパーから供給されシリンダ内で溶融したプラスチックをノズルから金型に射出し，射出圧が保たれる．

③ **冷　却** 金型に射出されたプラスチックを冷却・固化させる．このとき，スクリューを回転させて，つぎの射出で使われるペレット状のプラスチックをシリンダーに導き，可塑化する．

④ **成形品の取り出し** 金型を開き，成形品を取り出す．

(2) 中空成形法

中空成形法（blow molding）は，ペットボトルをはじめとするプラスチック容器の代表的な

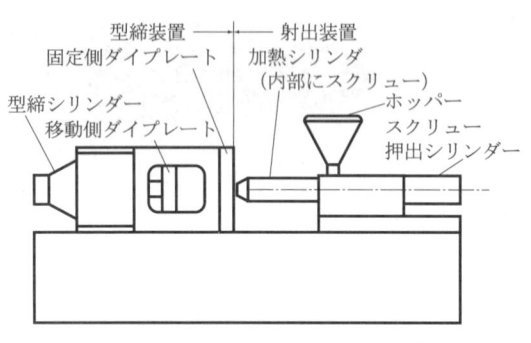

図4.26 射出成形機の外観

> **ポイント**
> ❹プラスチックの可塑化とは，射出成形ではプラスチックを勢いよく金型に注入させるために，シリンダーの外側に配置されたヒータを用いてプラスチックを溶かして変形できる状態にすることである．

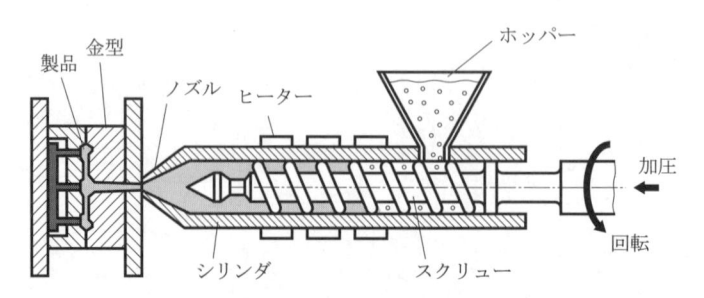

図4.27 射出成形機の構造

製造方法である．図 4.28 に，中空成形法を示す．中空成形法では，つぎの工程で製品がつくられる．

① 金型が閉じ，パリソンとよばれる筒状の素材が金型で挟まれる．このとき，パリソンは変形しやすい状態にある．
② 金型が閉じた状態でパリソンに空気が送り込まれると，パリソンは膨張して，金型の内側に押しつけられる．
③ 冷却後，金型が開き，製品が取り出される．

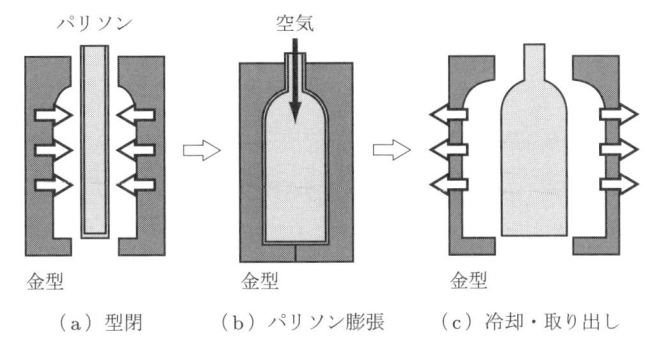

図 4.28 中空成形法

4.3 除去加工

除去加工は，工作物から不要な部分を取り除き，設計した形状・寸法とする加工法である．ここでは，除去加工として代表的な切削加工，研削加工および放電加工を取り上げる．

4.3.1 切削加工

切削加工は，工作物からバイト，フライスやドリルなどを用いて不要な部分を削り取る加工法である．ここでは，切削加工として旋削加工，フライス加工および穴加工を取り上げる．これらのほかに，切削加工には形削り加工，平削り加工，立て削り加工などがあるが，本書では省略する．

（1）旋削加工

旋削加工（turing）は，切削加工の中で最も一般的な加工法である．旋盤を用いて切削工具をバイト，ドリル，リーマ，タップなどに取りかえることで，さまざまな加工が可能である．図 4.29 に，代表的な普通旋盤を示す．旋盤の大きさはベッド上の振り（$2 \times R_1$），センタ間の距離（L）および往復台上の振り（$2 \times R_2$）などで表す．図 4.30 に，旋盤の大きさの表し方を示す．旋削加工では，種々のバイトを用いて外周削り，端面削り，突切り，テーパ削り，穴ぐり，ねじ切りなどの加工が行える．図 4.31 に，主な旋削加工を示す．

図 4.29 普通旋盤[4.3]

図 4.30 旋盤の大きさの表し方

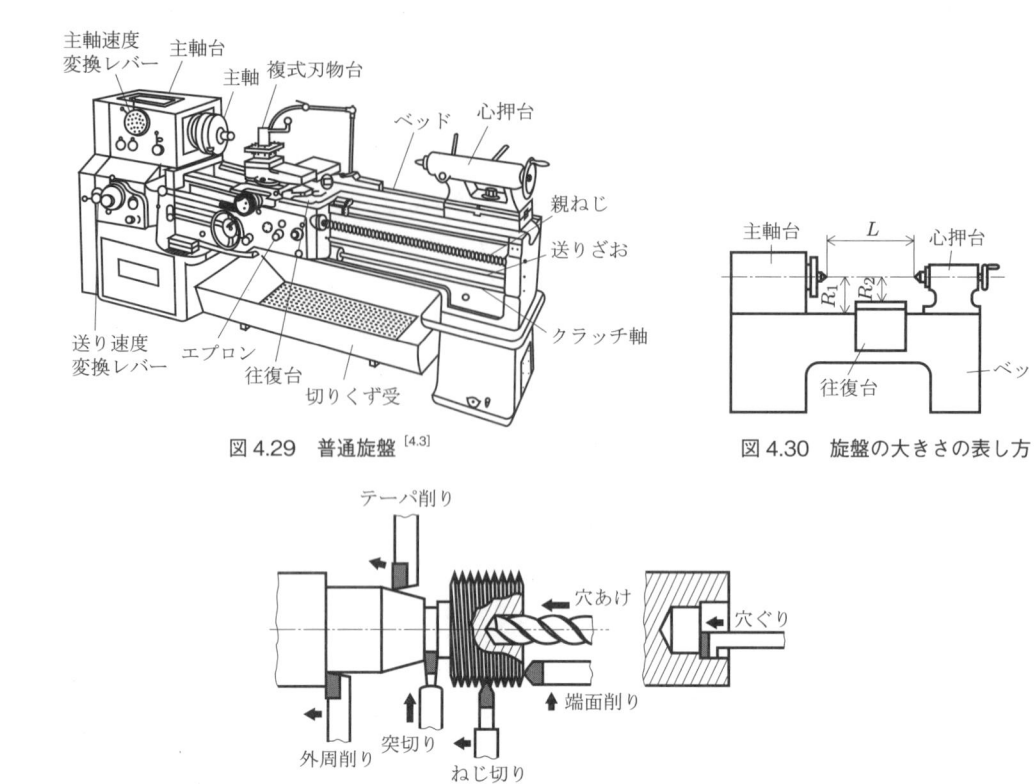

図 4.31 主な旋削加工

（2）フライス加工

フライス加工（milling）は，主として平面切削を能率よく行う加工法である．この際に用いられるフライス盤は，機械の構造からひざ形フライス盤とベッド形フライス盤に分けられる．さらに，ひざ形フライス盤には主軸の方向により，ひざ形横フライス盤とひざ形立てフライス盤に分類され，さらにひざ形横フライス盤のテーブルが水平旋回することで，はすば歯車やねじれ溝加工ができるフライス盤が万能フライス盤である．図 4.32 にひざ形横フライス盤を，図 4.33 にひざ形立てフライス盤を示す．フライス盤では，図 4.34 に示す各種フライス工具を用いて平面削り，溝削り，輪郭削りなどが行える．また，フライス工具の代わりに，ドリル，リーマおよびタップを主軸に取りつけることで，穴あけ，リーマ仕上，ねじ立てを行うこともできる．

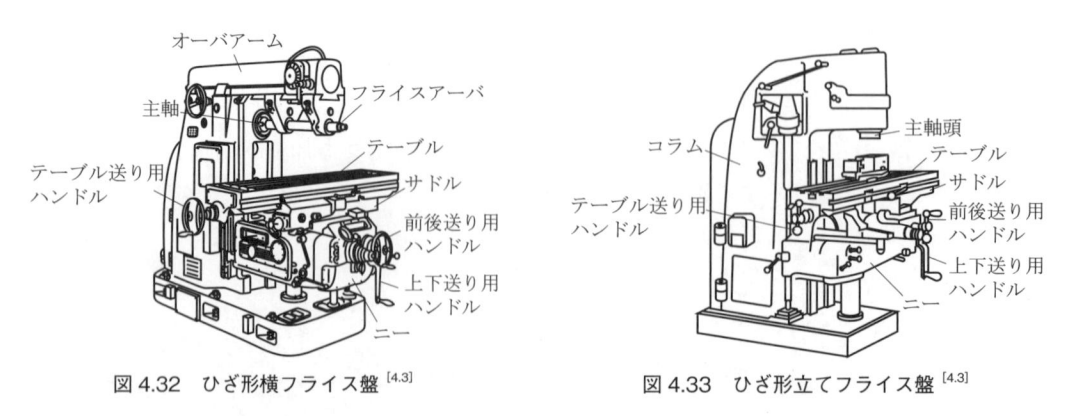

図 4.32 ひざ形横フライス盤[4.3]

図 4.33 ひざ形立てフライス盤[4.3]

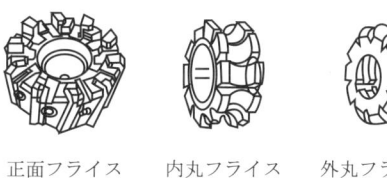

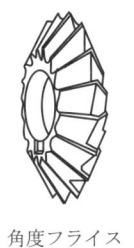

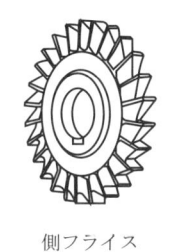

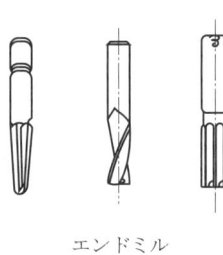

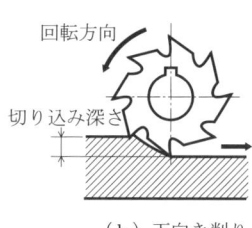

図 4.34　各種フライス工具[4.4]

図 4.35　上向き・下向き削り

フライス加工において問題となるのは，横フライス盤を用いた平フライスによる平面切削を行う場合である．図 4.35 に平フライスを用いた上向きと下向き削りの様子を示す．下向き削りでは，工作物の送り方向と平フライスの回転方向が同じ方向となるため，テーブルの送り系にバックラッシが大きいと，切削中の振動が大きくなるため，バックラッシ除去装置を使用しなければならない．一方，上向き削りでは工作物の送り方向と平フライスの回転方向が向き合うため，この不具合は生じない．

（3）穴加工

ボール盤（drilling machine）は，一般によく知られ，普及している穴加工用の工作機械である．ボール盤には机の上に設置される卓上ボール盤，やや大きい直立ボール盤，大きく重い工作物の穴加工に用いられるラジアルボール盤がある．図 4.36 に直立ボール盤を，図 4.37 にラジアルボール盤を示す．また，図 4.38 にドリル各部の名称を示す．ボール盤では，主軸に取り付ける切削工具を取りかえることにより，図 4.39 に示す各種ボール盤作業を行うことができる．

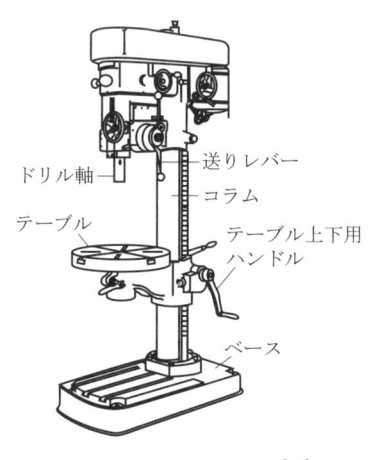

図 4.36　直立ボール盤[4.3]

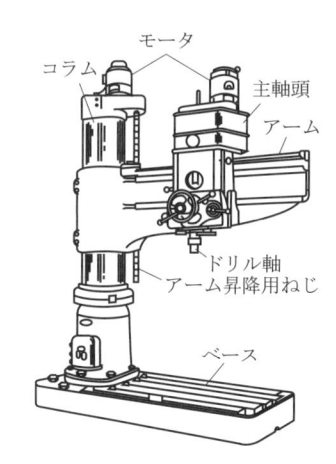

図 4.37　ラジアルボール盤[4.3]

図 4.38　ドリル各部の名称

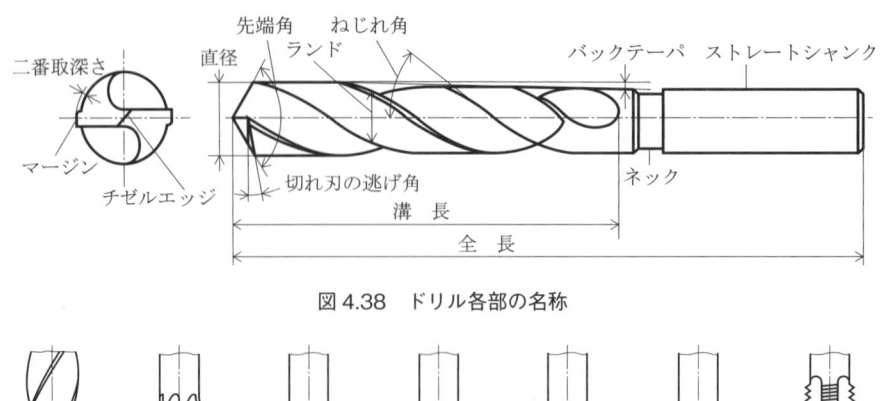

図 4.39　各種ボール盤作業
（a）穴あけ　（b）リーマ仕上げ　（c）中ぐり　（d）座ぐり　（e）深座ぐり　（f）さらもみ　（g）タップ立て

4.3.2　研削加工

研削加工は，砥石車を用いて工作物から不要な部分をわずかに削り取る加工法である．通常，鋼の機械部品は製作する工程において，素材を切削加工した後，機械的強度や表面硬度を高めるために熱処理を施し，その後に仕上げ加工する工程で研削加工が行われる．工作物が円筒形状の場合は，円筒研削盤を用いて円筒研削が行われ，平面を得るためには平面研削盤を用いて平面研削が行われる．

（1）研削加工の特徴

研削加工（grinding）は，切削加工では加工が困難である焼入れされた鋼材や超硬合金でできた機械部品の加工に用いられる．ここでは，砥石車を切削工具として，工作物から不要部分をわずかに削り取る．この際，切削加工の 10～100 倍の切削速度に相当する周速度となる主軸回転数で砥石車を回転させる．たとえば，鋼材に対する切削速度は高速度工具鋼の場合で約 30 m/min，超硬合金で 100～200 m/min 程度であるのに対して，砥石車では平面研削で 1200～1800 m/min である．一方，研削加工での切込みは切削加工の 1/10～1/100 であり，荒研削では 1 回の切込みが 0.02 mm 程度，仕上研削では 2～3 μm，そしてスパークアウトとよばれる切込みが 0 mm での仕上げ研削が行われて，研削加工を終える．

（2）砥石車

研削加工で用いられる砥石車（grinding wheel）の特性は，砥粒，結合剤そして気孔の三つの因子で表され，これを砥石の 3 要素という．また，砥石の特性をさらに詳しく表すために砥粒の種類，砥粒率を表す組織，砥粒の粒度，結合剤および結合度を，砥石の 5 因子という．

砥石車の砥粒には，人造研削材が多く用いられている．この人造研削材は，鋼に対してはアルミナ質研削材が用いられ，非鉄金属や鋳鉄，そして超硬合金には炭化けい素質研削材が用いられる．表 4.2 に主な人造研削材と用途を示す．これらのほかに，人造研削材としては，人造ダイヤ

表 4.2 主な人造研削材と用途

区　分	種　類	記号	用　途
アルミナ質研削材	褐色アルミナ	A	鉄鋼の研削全般
	白色アルミナ	WA	硬鋼の研削
	淡紅色アルミナ	PA	焼入鋼，工具・歯車の研削
	解砕形アルミナ	HA	総形研削，ねじ研削
	アルミナジルコニア	AZ	鉄鋼・ステンレス鋼の研削
炭化けい素質研削材	黒色炭化けい素	C	鋳鉄，非鉄金属などの研削
	緑色炭化けい素	GC	超硬合金などの研削

モンドや立方晶窒化ホウ素などが用いられる．

　砥石車は使用中に砥粒が割れたり，脱落することにより新しい切れ刃が生じ，研削を続けることができる．これらを砥石車の自生発刃作用という．また，砥石車は使用中にさまざまな不具合を生じる．図4.40に，砥石車の不具合を示す．これらのうち，図 (a) の目詰まりとは，砥石車の外周に工作物の切粉などが付着し，砥粒が埋まってしまい，研削加工ができなくなることである．図 (b) の目つぶれとは，砥石車の結合度が強すぎて，砥粒が脱落することなく砥粒の角がなくなり，平らになって研削加工ができなくなることである．図 (c) の目こぼれとは，砥石車の結合度が低すぎて，砥粒が脱落してしまい，研削加工ができなくなることである．

（a）目詰り　　（b）目つぶれ　　（c）目こぼれ

図 4.40　砥石車の不具合

（3）円筒研削

　工作物が円筒形状の場合は，図4.41に示す円筒研削盤（external cylindrical grinding

図 4.41　円筒研削盤

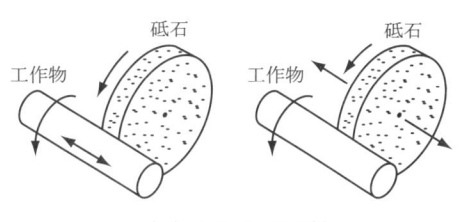

（a）トラバース研削

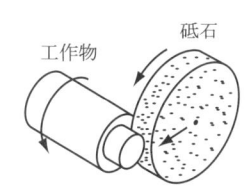

（b）プランジ研削

図 4.42　円筒研削法

machine）を用いて円筒研削（cylindrical grinding）が行われる．円筒研削は，トラバース研削とプランジ研削に分けられる．トラバース研削とは，切込みを与えた後，工作物の軸芯と平行に砥石を移動するか，あるい砥石の軸芯と平行に工作物を移動する研削法である．一方，プランジ研削とは，工作物の軸芯と直角方向に砥石を送る研削法である．図 4.42 に円筒研削法として，トラバース研削とプランジ研削を示す．

（4）平面研削

円筒研削と異なり，工作物の加工面が平面の場合には，図 4.43 に示す横軸角テーブル形平面研削盤（surface grinding machine）を用いて，平面研削（surface grinding）が行われる．平面研削では，切込みを与えた後，長手方向に工作物を往復運動させ，運動の向きが変わるたびに前後方向に送りを与えて，研削面を得る．図 4.44 に，平面研削法を示す．

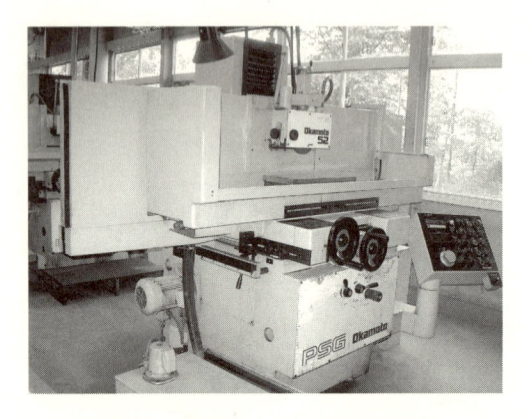

図 4.43　横軸角テーブル形平面研削盤　　　図 4.44　平面研削法

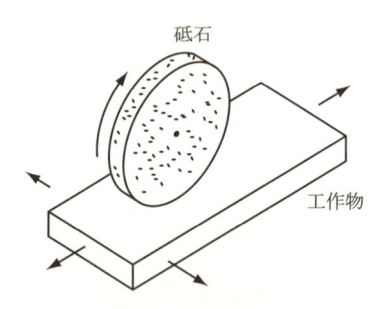

4.3.3　放電加工

放電加工（electrical discharge machining）は，焼入れした金型部品や超硬合金のように，工作物が硬くて切削加工が困難な場合に，形彫りや切断を非接触で行う加工法である．放電加工では工作物と電極の間に電圧を加え，双方を近づけたときに生じる放電のエネルギーで工作物をわずかに溶かして除去し，これを繰り返して要求されている形状に加工する．このため，放電加工は切削加工に比べて一つの部品の加工時間が長時間になりやすい．しかし，複雑でかつ高精度な仕上がり形状を要求される金型加工においては，不可欠な加工法である．放電加工は，電極形状をそのまま工作物に転写する形彫り放電加工と，0.2 mm 程度の細い黄銅線を電極として工作物を水平面で自在に移動させて任意の形状に仕上げるワイヤ放電加工に分類される．

（1）形彫り放電加工

形彫り放電加工は，複雑でかつ高精度な仕上がり形状を要求される金型加工に多く用いられている．耐摩耗性が要求される金型は硬度が高く，切削加工では加工困難な場合が多い．このように高硬度の機械部品の加工には，形彫り放電加工が適している．図 4.45 に，形彫り放電加工の原理を示す．形彫り放電加工では，工作物と電極を加工油中に浸し，工作物をプラス，黒鉛あるいは銅合金でつくられた電極にマイナスの電圧を加え，電極を工作物に徐々に近づけて放電させる．このときの放電エネルギーで工作物を微量溶融除去し，これを繰り返して電極の形状を工作

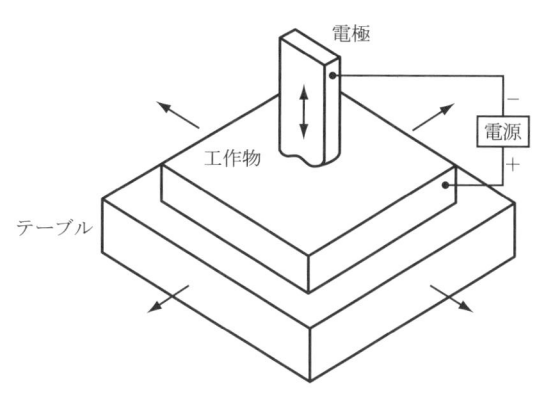

図 4.45　形彫り放電加工の原理

物に転写する．

(2) ワイヤ放電加工

ワイヤ放電加工は，0.2 mm 程度の黄銅線を電極とし，工作物を加工液中（イオン交換樹脂で浄化して絶縁性を高めた純水）に浸し，黄銅線と工作物の間に電圧を加え，近づけて放電させる．このとき，放電エネルギーで工作物を微量溶融除去し，工作物を2次元的に移動させることにより，任意形状の加工を行う．またこの際，上ワイヤガイドを動かすことによりワイヤを傾斜させ，テーパ加工を行うことができる．図 4.46 にワイヤ放電加工の原理を示す．図 4.47 はワイヤ放電加工機の一例である．

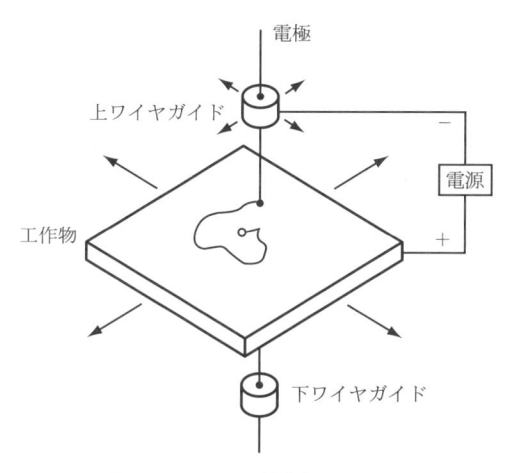

図 4.46　ワイヤ放電加工の原理　　　図 4.47　ワイヤ放電加工機

4.4　接合加工

接合加工は，部品どうしを接合することで，強度を高めたり，設計機能を満足する部品とする加工法である．接合加工には，部品の一部を溶かして接合する融接と，部品どうしを熱しながら圧力を加えて接合する圧接がある．さらに，接合する材料どうしの間に，接合する材料よりも低融点のろうと呼ばれる接合材料をはさみ，このろうのみを溶かし，接合するろう接がある．ここ

では，接合加工として代表的な融接と圧接について述べる．

4.4.1 融接

金属の代表的な接合法である融接（fusion welding）は，母材どうしを溶かし接合する方法（溶接）であり，アーク溶接やレーザ溶接が代表的である．このほかに，熱源として酸素－アセチレンガスを用いるガス溶接がある．

（1）アーク溶接

電源に接続された電極と母材との間で火花放電を生じさせた後，両者の間に適当な間隙を保つと，アーク流が生じる．アーク溶接（arc welding）は，このとき発生するアーク熱を利用する溶接法である．アーク溶接法は融接の代表的な接合法であり，機械部品の接合のほかに，船舶や橋梁などの大型構造物の接合に盛んに用いられている．アーク溶接には，溶接棒の表面にフラックス❹が塗布された被覆溶接棒を用いる被覆アーク溶接や，シールドガス❺として不活性ガスを用いるイナートガスアーク溶接が代表的である．

【被覆アーク溶接】

被覆アーク溶接（shielded metal arc welding）は，被覆溶接棒を用いて行う溶接法であり，鋼材の溶接に広く用いられている．被覆溶接棒は表面がフラックスで被覆され，アーク熱によりフラックスがガスを発生し，このガスで溶融金属を覆い酸化や窒化を防止する．また，フラックスは溶融金属中の不純物をスラグとして分離する精錬作用があり，溶着金属の表面を覆い，冷却速度を緩慢にする働きがあるため，粘りのある溶着金属が得られる．しかし，被覆アーク溶接ではアルミニウム合金などのように，母材の融点よりも酸化皮膜の融点が高い場合にはうまくとけ合わず，溶接不良が生じる．図4.48はアーク溶接の様子を示す．

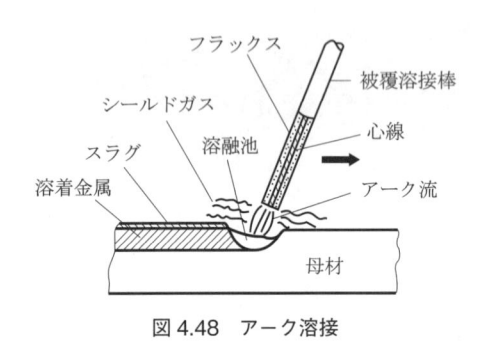

図4.48 アーク溶接

ポイント

❹フラックスとは溶接棒に塗布され，溶接の際生じる熱でガスを発生させ，溶融金属を酸化や窒化から防いだり，アークを安定させたり，溶融金属の精錬や合金元素の添加がその役目である．

❺シールドガスとは，溶融金属を空気からしゃ断し，酸化や窒化を防ぐためのガスのこと．

【イナートガスアーク溶接】

イナートガスアーク溶接（inert gas shielded arc welding）は，アルゴンやヘリウムなどのイナートガス（不活性ガス）を溶接部に吹き付けながら，溶融金属を空気から遮断し，酸化や窒化を防ぎ，高品質の溶接部が得られる溶接法である．また，イナートガスアーク溶接は，母材の酸化皮膜を破壊して除去するクリーニング作用があるため，アルミニウム合金などの被覆アーク溶接では溶接が困難な場合に用いられる．このイナートガスアーク溶接には，電極にタングステン棒を用いて母材とほぼ同質の溶加材を溶かしながら溶接を行うTIG溶接と，電極として母材とほぼ同じ材質の金属棒を用いるMIG溶接がある．図4.49に，イナートガスアーク溶接の様子

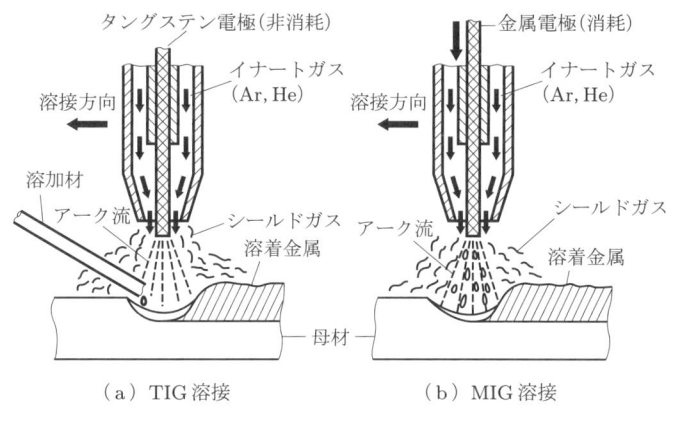

図 4.49 の各部名称:
- タングステン電極（非消耗）
- 金属電極（消耗）
- イナートガス（Ar, He）
- 溶接方向
- 溶加材
- アーク流
- シールドガス
- 溶着金属
- 母材

（a）TIG 溶接　　（b）MIG 溶接

図 4.49　イナートガスアーク溶接

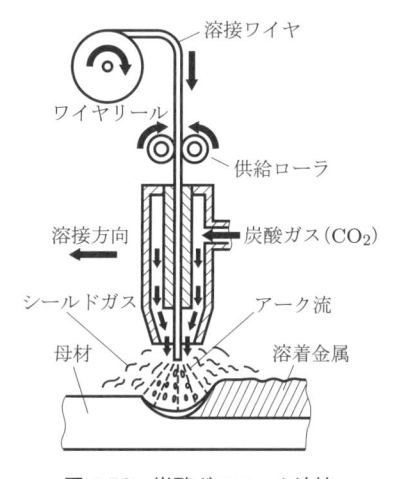

を示す．

【炭酸ガスアーク溶接】

炭酸ガスアーク溶接は，シールドガスとしてアルゴンガスよりも安価な炭酸（CO_2）ガスまたは CO_2 – Ar 混合ガスを用いる溶接法であり，鋼材の溶接でよく用いられる．図 4.50 に，炭酸ガスアーク溶接の様子を示す．炭酸ガスアーク溶接で用いる溶接ワイヤには，ソリッドワイヤ（単線）とフラックス入りワイヤとがある．

図 4.50　炭酸ガスアーク溶接

（2）レーザ溶接

レーザ溶接（laser beam welding）は，熱源としてレーザ光を用いる溶接法である．レーザ光には，CO_2 ガスを用いる気体レーザと，YAG[6]結晶などを用いる固体レーザがある．レーザ溶接では，レーザ光のビーム径を細くすることができるため，小型部品や狭い部分の溶接が可能であり，さらに溶け込みが深いため，厚板の溶接が可能である．図 4.51 に示すように，レーザ溶接では溶接部をヘリウムやアルゴンなどの不活性ガスあるいは窒素ガスなどを吹き付けて溶接を行う．

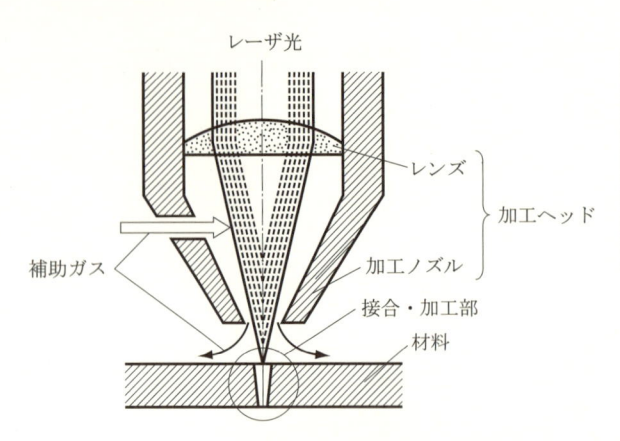

図 4.51 レーザ溶接 [4.5]

ポイント
❻ YAGとは，イットリウム（yttrium）とアルミニウム（aluminium）とガーネット（garnet）の頭文字をとったものである．

4.4.2　圧　接

　圧接（pressure welding）は，母材の接合部を加熱し，圧力を加えて接合する方法である．圧接には，自動車の車体の製造ラインで多用されているスポット溶接や，ドリルやエンドミルなどの切削工具の製造において切れ刃とシャンクの接合を行う摩擦圧接がある．このほかに，継ぎ目のある鋼管の接合で用いられる鍛接や，コンクリート構造物の鉄筋や鉄道レールの接合に用いられるガス圧接などがある．

（1）スポット溶接

　スポット溶接（spot welding）は，簡単に薄板を接合できるため，自動車の車体製造ラインの溶接ロボットに用いられ，能率のよい車体の生産を実現している．図 4.52 に示すように，スポット溶接では薄い母材を重ね，上下から電極を当て電流を流し，このとき生じる抵抗熱で母材を加熱するとともに電極を加圧することで，母材を接合する．図 4.53 に，スポット溶接機を示す．

（2）摩擦圧接

　摩擦圧接（friction welding）は，接合しようとする部材の一方を回転し，他方を固定して回

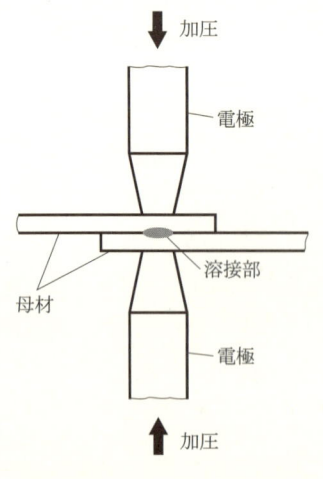

図 4.52　スポット溶接の原理

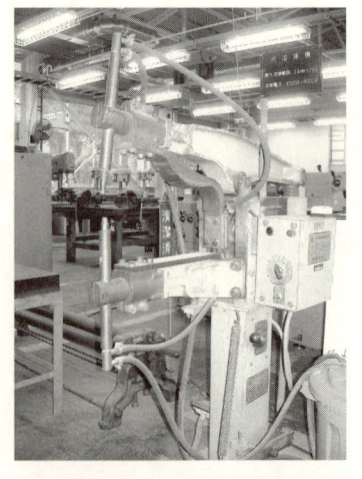

図 4.53　スポット溶接機

転側に押しつけ，発生する摩擦熱で加熱軟化させて接合する溶接法である．摩擦圧接では，高速度鋼と炭素工具鋼のような同種の金属の接合だけでなく，アルミニウムと軟鋼のような異種金属でも接合が可能である．図 4.54 に，摩擦圧接の原理を示す．まず図 (a) のように，二つの部材を突き合わせて一方を回転させると，発熱しはじめる．つぎに，図 (b) のように，接合部がやや軟化して，膨れはじめる．最後に，図 (c) のように，回転を止めて押し続けて接合を完了させる．

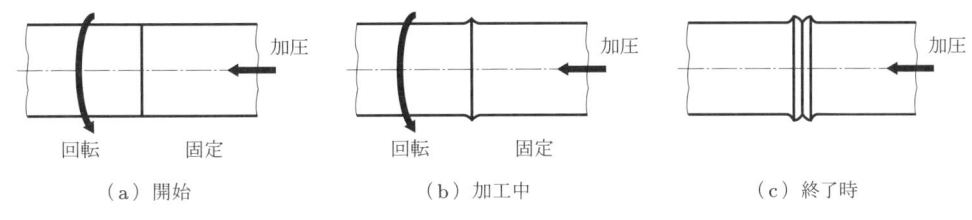

図 4.54 摩擦圧接の原理

(3) 鍛 接

鍛接 (forge welding) は，接合しようとする部材を熱間加工温度まで加熱しておき，打撃を加えたり，強く押し付けたりして接合する方法である．刃物や鋼管の製造において，なくてはならない接合法であり，1300 〜 1400 ℃の高温で加工される．図 4.55 に示すように，加熱した鋼板を成形ロールで丸めて，つぎの向かい合う 2 個の鍛接ロールの間を通過させる際に，強く押しつけて接合することで，鍛接鋼管ができあがる．

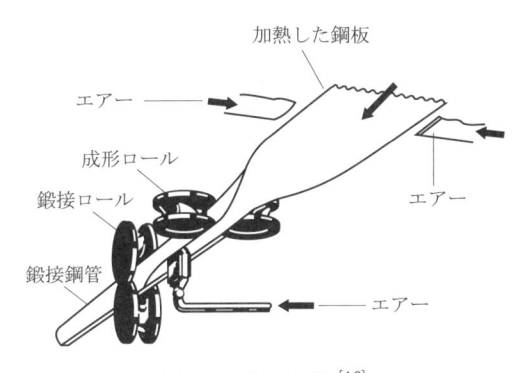

図 4.55 鍛接の例 [4.6]

(4) ガス圧接

ガス圧接 (pressure gas welding) は図 4.56 に示すように，接合したい部材の端を突き合わせ，

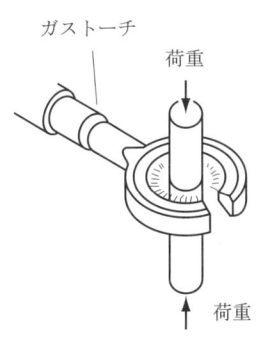

図 4.56 ガス圧接の原理

荷重を加えつつ接合部をガス炎で溶融温度よりやや低い温度まで加熱して接合する方法である．ガス圧接は，ビルや橋脚などのコンクリート構造物中の鉄筋の接合や，鉄道レールのロングレール化工事でのレールの接合などに用いられる．

4.5　数値制御加工システム

　近年，工業製品の製造現場では，各種の数値制御（NC：numerical control）工作機械を，光ケーブルなどでメインコンピュータと接続し，NCプログラムや生産状況などの生産情報を瞬時に互いにやり取りしながら，製品づくりがなされている．ここでは，数値制御加工の概要と，CADデータを利用した生産システムであるCAD/CAMシステム，そして試作において重要視されている3次元造形法について述べる．

4.5.1　数値制御加工の流れ

　数値制御工作機械（numerically controlled machine tool）を用いたものづくりでは，図4.57に示すようにまず設計図面が提示され，これをもとにしてNC工作機械，加工工程，切削工具および切削条件を考慮して，プロセスシートを作成する．つづいて，このプロセスシートからNCプログラムがつくられ，NCシミュレータなどを用いてプログラムチェックがなされ，不具合がなければ，つぎの数値制御加工に移る．ここでプログラムミスが発見された場合は，NCプログラムの作成あるいはプロセスシートの作成まで戻ってプログラム修正が行われる．完成したNCプログラムをNC工作機械に入力し，素材の取り付け，切削工具の準備およびワーク座標系の設定といった種々の段取りを終えた後，数値制御加工が実行される．数値制御加工が完了すると，寸法・形状測定等の検査が行われ，種々の部品を組み立てて製品が完成する．

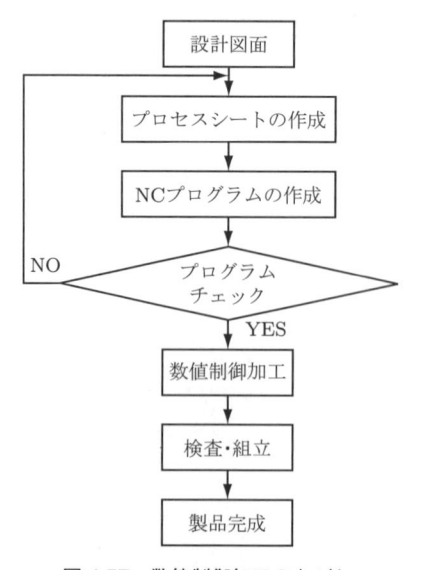

図4.57　数値制御加工のながれ

4.5.2　数値制御方式とサーボ機構

数値制御加工で用いられる NC プログラムは，つぎの二つの制御方式でつくられている．

① **位置決め制御**（positioning control）　切削工具を途中の経路を指定しないで，目標とする座標まで早送りで移動させる制御（point to point）である．

② **輪郭制御**（contouring control）　1 軸あるいは同時 2 軸で目標とする座標まで直線的に切削送りさせる制御であり，また同時 2 軸で目標とする座標まで指定した半径の円弧上を切削送りさせる制御でもある．

数値制御工作機械では，搭載されたコンピュータに NC プログラムであらかじめ加工情報をあたえる．加工を実行する際は，コンピュータがこの加工情報を逐次解析し，主軸回転数の設定や主軸の起動と停止，テーブルの移動などの制御を行う．NC 工作機械のテーブル制御には，図 4.58 に示す数値制御サーボ機構が用いられている．図（a）に示すオープンループ NC は，ステッピングモータでテーブルを駆動する最も簡単な制御方式で，簡易 NC 工作機械で用いられる．図（b）に示すクローズドループ NC は，サーボモータでテーブルを駆動しつつ，テーブルの位置を検出し NC 装置にフィードバックさせる方式で，高精度の制御が可能である．さらに，図（c）に示すセミクローズドループ NC は，サーボモータでテーブルを駆動しつつ，サーボモータに組み込まれたパルスジェネレータなどの位置検出器の信号を NC 装置にフィードバックさせる方式であり，多くの NC 工作機械に組み込まれている．

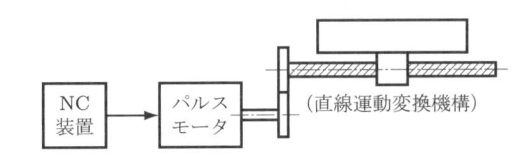

（a）オープンループ NC

（b）クローズドループ NC　　（c）セミクローズドループ NC

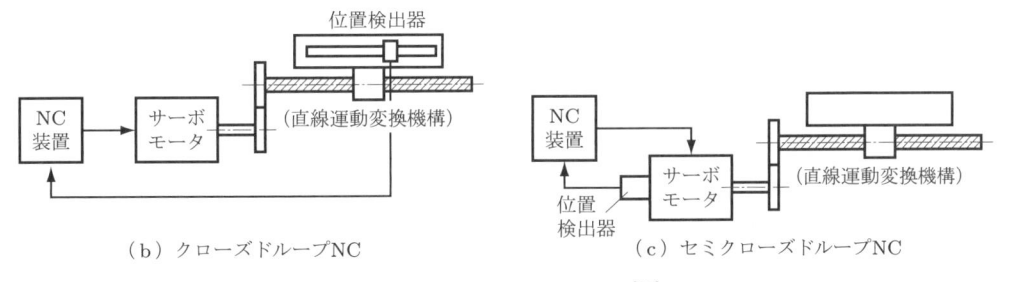

図 4.58　数値制御サーボ機構 [4.7]

4.5.3　NC プログラム

NC 工作機械を動作させるには，NC プログラムとよばれる数値データをあらかじめ NC 工作機械に入力しておかなければならない．たとえば，NC フライス盤を用いて板材に中ぐり加工を行う場合，入力する NC プログラムには以下に示す内容がふくまれている．

① NC プログラム中の数値データが絶対値なのか増分値なのかを区別する指令方式

② 工作物の加工基準であるワーク座標系
③ 最初の工具の移動点
④ 主軸の回転数や送りなどの切削条件
⑤ 切削工具の移動経路
⑥ 主軸の起動と停止，冷却液のON/OFFなどの補助機能

図 4.59 に，エンドミルによる中ぐりを行う工具経路（ツールパス）と NC プログラムを示す．これはアルミ合金板に直径 50 mm の中ぐりを行う場合の 1 サイクルのプログラムである．メインプログラム（O1000）で切り込み深さを設定し，サブプログラム（O2000(SUB)）で切削工具の移動経路を指示する．

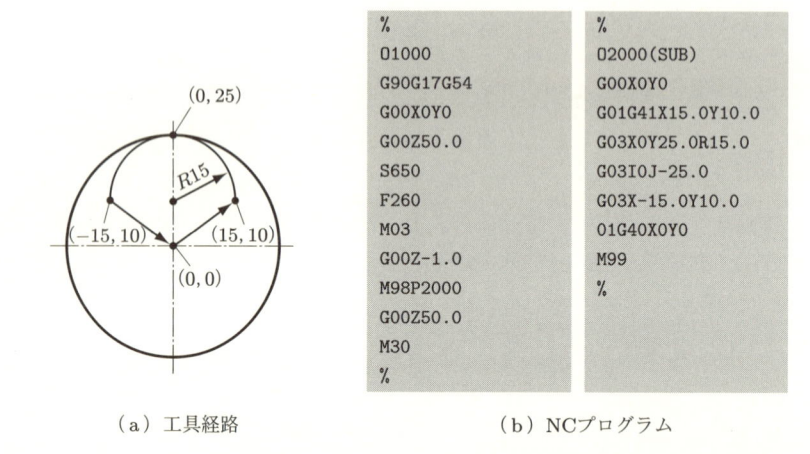

```
%
O1000
G90G17G54
G00X0Y0
G00Z50.0
S650
F260
M03
G00Z-1.0
M98P2000
G00Z50.0
M30
%
```

```
%
O2000(SUB)
G00X0Y0
G01G41X15.0Y10.0
G03X0Y25.0R15.0
G03I0J-25.0
G03X-15.0Y10.0
O1G40X0Y0
M99
%
```

（a）工具経路　　　　　　（b）NCプログラム

図 4.59　エンドミルによる中ぐり

4.5.4　NC 工作機械

近年の機械加工の現場では，汎用工作機械に代わり，NC 工作機械による加工が一般的である．第 2 次世界大戦後，アメリカで開発された NC 工作機械は，その後急速に世界各国で普及した．現在では，工作機械の NC 化だけでなく，その後 CAD が普及したことから，CAD データを利用する CAD/CAM システムにより NC プログラムが作成され，これを用いて機械加工されることが多くなっている．

代表的な汎用工作機械である旋盤やフライス盤は，NC 化とともに複合化も進み，ターニングセンタやマシニングセンタ（MC）が開発された．また，研削盤やボール盤なども NC 化が進み，効率的な生産が行われている．さらに，NC フライス盤やマシニングセンタの中でも，5 軸加工機などの多軸制御 NC 工作機械が生産現場に投入され，複雑な 3 次元形状物体の切削などに広く用いられている．図 4.60 に，5 軸マシニングセンタの例を示す．この場合はテーブルの前後・左右移動と，切削工具の上下動で 3 軸を制御し，テーブル上に取り付けられた傾斜 NC 円テーブルにより，さらに別の 2 軸が制御され，5 軸加工が行われる．図 4.61 に，この傾斜 NC 円テーブルを示す．

4.5 数値制御加工システム　*131*

図 4.60　5 軸マシニングセンタの例

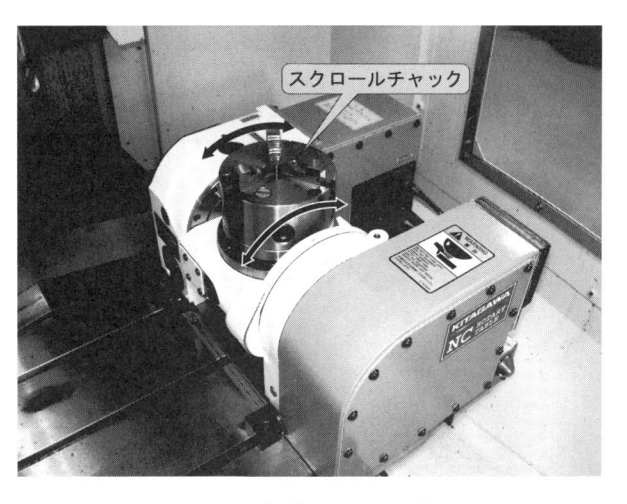

図 4.61　傾斜 NC 円テーブル

4.5.5　CAD/CAM システム

　CAD データを利用して数値制御加工に必要な NC プログラムを作成する機能を，CAD/CAM とよぶ．また，これを実現するパーソナルコンピュータやソフトウェアの両者を合わせて CAD/CAM システムとよぶ．図 4.62 に示すように，NC データを作成するには，手動プログラミング，

（a）手動プログラミング

図面を作成 → プロセスシートの作成 → NCプログラムの作成 → NCシミュレーション → プログラムチェック → NCプログラムの完成

（b）自動プログラミング

図面を作成 → 素材形状・加工情報の入力 → NCプログラムの自動作成 → NCシミュレーション → プログラムチェック → NCプログラムの完成

（c）CAD/CAM

CADによる図面作成 → 素材形状・加工情報の入力 → ツールパスの自動作成 → NCシミュレーション → プログラムチェック → ツールパスの完成 → ポストプロセッサ処理 → NCプログラムの完成

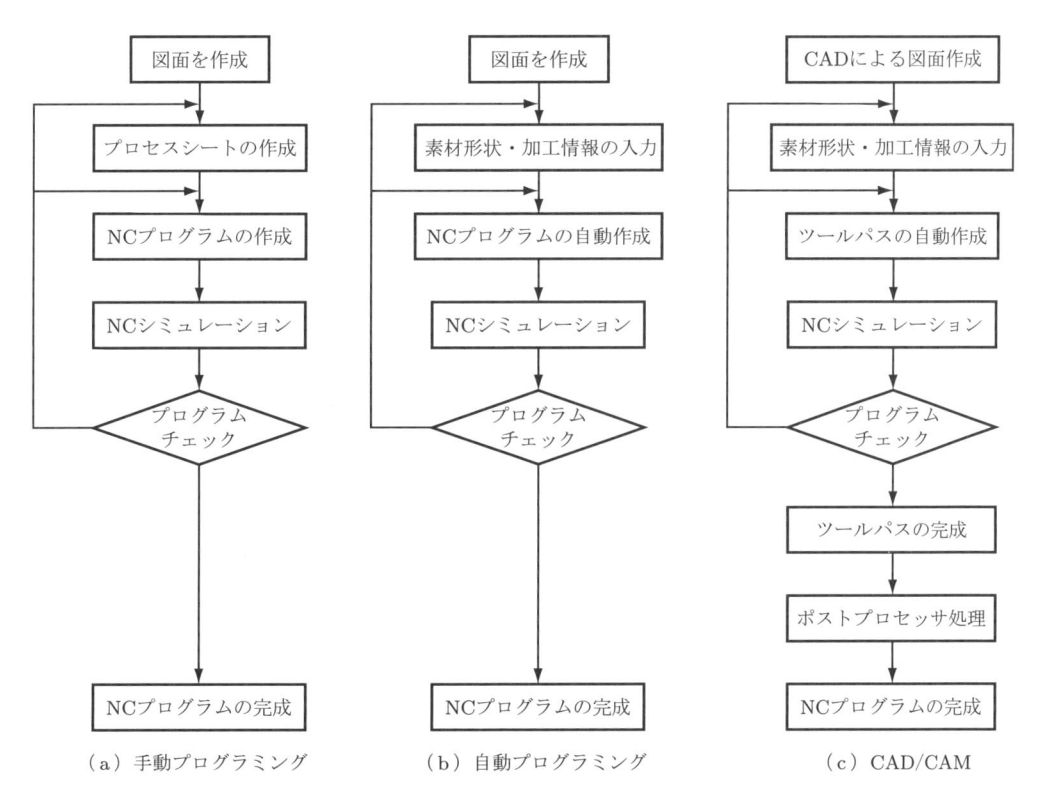

図 4.62　各種の NC プログラミング

自動プログラミング，CAD/CAM の三つの方法が考えられる．図 (a) に示す手動プログラミングは，部品形状が小さく，形状が単純な場合に適している．一方，図 (b) に示す自動プログラミングは，形状がやや複雑である場合に用いられる．近年 CAD が普及し，この CAD データを活用する CAD/CAM が設計現場で用いられている．図 (c) に示す CAD/CAM では，CAD データに切削工具，切削条件，切削法などの切削情報をあたえて，ツールパスを作成し，この結果を用いて切削シミュレーションを行う．この結果が良好であれば，つづいてポストプロセッサ処理とよばれる使用する NC 工作機械に対応した NC データの作成が行われ，数値制御加工に用いられる NC プログラムが完成する．

4.5.6　3 次元造形法

3 次元 CAD で形状を設計してモデリングした設計対象を実物に置き換えるための方法として，3 次元造形法が急速に普及している．製品のライフサイクルの短縮にともない，製品開発の期間をさらに圧縮することが求められている．設計において，デザインや部品相互の干渉など設計対象の適否を判断するために試作が行われるが，この段階でより短時間で製作が可能な 3 次元造形法が広く採用されている．図 4.63 に，代表的な積層造形法である光造形法を示す．

光造形法は，最初に開発された 3 次元造形法であり，光硬化性樹脂を用い，3 次元 CAD で設計したモデルを薄く輪切りにして得られたデータをもとに，造形して実物を得る．同様の方法として粉末焼結法がある．これは，光造形法での光硬化性樹脂を粉末に置き換えた方法であり，粉末にはワックスや樹脂が用いられる．一方，インクジェットプリンタの技術を応用した方法がインクジェット法であり，インクジェットノズルから溶融したワックスを吹き付け積層造形する方法である．このほかに，加熱溶融した樹脂をノズルから押し出し積層造形する樹脂押し出し法やシートをレーザ光やナイフで切り，これを積層造形するシート切断法などがある．

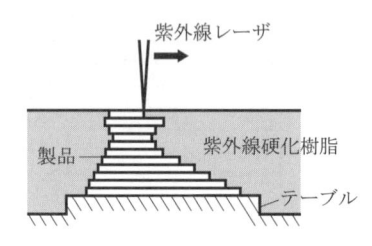

図 4.63　光造形法の原理

演習問題

4.1 つぎの文章のうち正しいものには○を，間違っているものには×をつけよ．
(1) 変形加工（鋳造・塑性加工・プラスチック成形加工）
　① 枯らしとは，鋳物の残留応力を取り除くための処理である．
　② 鋳物は鋳込において収縮するので，木型はこれを見込んで小さくつくる．
　③ ダイカスト法は，溶融した金属を砂型に注湯して鋳物をつくる方法である．
　④ 遠心鋳造法は，密度の高い丸棒を効率よく製造する鋳造法である．

⑤ シェルモールド鋳造法では，鋳物砂と熱硬化性樹脂を混合し，加熱した金型にふりかけて硬化させることにより鋳型をつくる．
⑥ プレス加工とは，金属板をせん断する加工である．
⑦ 絞り加工では複動プレスが用いられ，押さえと絞りの2種類の動作が行える．
⑧ プレスブレーキは長尺物の折り曲げによく用いられる．
⑨ 射出成形法は，加熱シリンダーの先端に取り付けられた金型からパイプや丸棒などの製品を押出す成形法である．
⑩ 中空成形法は，パリソンとよばれる筒状の素材を金型で挟み，ここに圧縮空気を注入し，ペットボトルなどの容器をつくる成形法である．

(2) 除去加工（切削加工・研削加工・放電加工）
① 旋盤の大きさはチャックの外径，ベッドからセンタ中心までの高さの2倍で表す．
② フライス盤は，平面切削だけを効率よく加工するために開発された工作機械である．
③ フライス盤では送り系にバックラッシがあると振動を生じるので，常にバックラッシ除去装置を働かせる．
④ 下向き削りとは，工作物の送り方向と切削力の向きが一致する削り方である．
⑤ 直立ボール盤では，ねじ立てが行える．
⑥ 研削加工では切削加工の10〜100倍の周速度で加工が行われる．
⑦ 砥石の3要素とは砥粒，結合度および気孔の三つの因子である．
⑧ 砥粒の自生発刃作用とは，加工にともない，砥粒が割れたり，あるいは角のすり減った砥粒が脱落し，新しい砥粒に置き換わることをさす．
⑨ 放電加工は，工作物が硬く，切削加工が困難な金属部品の加工に用いられる．
⑩ ワイヤカット放電加工は，空気中で放電を生じさせ，工作物を微量溶融除去することを繰り返して，要求された形状に仕上げる．

(3) 接合加工（融接・圧接）
① 被覆アーク溶接棒は，溶接時にシールドガスを発生させたり，溶融金属を精錬する．
② イナートガスアーク溶接は，窒素ガスをシールドガスとする溶接法である．
③ TIG溶接は電極として母材と同質の金属を用いる溶接法である．
④ 炭酸ガスアーク溶接は，MAG溶接とよばれる．
⑤ イナートガスアーク溶接は，アルミニウム合金の溶接に用いられる．
⑥ レーザ溶接は溶接幅が広く，溶け込みの浅い溶接が可能である．
⑦ スポット溶接は薄板を重ね，上下から電極を当てて電流を流し，母材を加熱しつつ加圧して接合する溶接法である．
⑧ 摩擦圧接は接合しようとする部材の一方を固定し，他方を回転しつつ加圧して摩擦熱で加熱軟化させて接合する溶接法である．
⑨ 鍛接は鋼では約1000℃の熱間加工温度で加熱し，加圧して接合する方法である．
⑩ ガス圧接は接合したい部材を突き合わせ，荷重を加えつつガス炎で融点直下まで加熱して接合する方法である．

(4) 数値制御加工
① 位置決め制御は途中の経路を指定せずに，目標とする座標まで早送りで移動させる制御である．
② オープンループNCは，テーブルの位置を検出してNC装置にフィードバックさせる方式である．
③ セミクローズドループNCは，サーボモータに組込まれた位置検出装置の信号をNC装置にフィードバックさせる方式である．

④ NC工作機械の発達により，汎用工作機械は不要となっている．
⑤ CAD/CAMシステムではCADデータから自動的にツールパスが作成され，NCプログラムが作成される．

4.2 つぎの文章に当てはまるものを，それぞれ後の選択肢から選べ．
(1) ダクタイル鋳鉄管をつくるのに適した鋳造法を選択せよ．
　①砂型鋳造，②インベストメント鋳造法，③フルモールド法，④遠心鋳造法，⑤ダイカスト法
(2) 板圧1.0 mmの鋼板をせん断するのに用いられるプレス機械を選択せよ．
　①クランクプレス，②せん断機，③液圧プレス，④プレスブレーキ，⑤複動プレス

4.3 つぎの問題に答えよ．
(1) 加工法について大きく分類せよ．
(2) 板材のせん断加工では，ポンチとダイスのすきまが大切である．すきまが過少の場合の切り口の特徴について述べよ．
(3) 汎用フライス盤に組込まれているバックラッシ除去装置とはなにかを述べよ．
(4) 数値制御加工の流れについて述べよ．
(5) 3次元造形法とはどのような加工法であるかを述べよ．

参考文献

[4.1] 湯本誠治，前田俊明，昆野忠康，「基本機械工作（I）－鋳造・溶接・塑性加工－」，日刊工業新聞社，1980．
[4.2] 萱場孝雄，加藤康司，「機械工作概論〔第2版〕」，理工学社，1995．
[4.3] 日本規格協会，「JIS B 0105：1993 工作機械－名称に関する用語」，日本規格協会，1993．
[4.4] 中山一雄，上原邦雄，「新版 機械加工」，朝倉書店，1997．
[4.5] 山口克彦，沖本邦郎，「材料加工プロセス－ものづくりの基礎－」，共立出版，2000．
[4.6] 今井 宏，「パイプづくりの歴史」，アグネ技術センター，1998．
[4.7] 機械工作学編集委員会，「新編 機械工作学」，産業図書，1995．

第5章　強度設計

機械設計における強度設計とは，機械を構成する各部材（部品）が壊れずに機能を発揮できるように，弱い箇所を予測し，その部分に作用する力（荷重）が限度を越えないように寸法・形状を定め，さらには用途に適した材料を選ぶことである．したがって，力を受けた部材の内部でどのような現象が起こるのか，材料が示す力学的特性（機械的性質）はどのようなものなのかを知る材料力学がその基本となる．

本章では，まず最初に，力の種類，応力・ひずみの定義，許容応力と安全率について説明する．つぎに，材料力学では，部材と部材に作用する力を単純形状と基本的な荷重として取り扱うため，単純形状部材として一様な棒を，基本荷重として引張，圧縮，せん断，曲げ，ねじりを考え，部材の強度，変形について解説する．

● Key Word　材料力学，応力，ひずみ，引張り，圧縮，せん断，曲げ，ねじり，強度，変形

5.1　応力とひずみ

5.1.1　部材に作用する力

機械を構成する各部材は，多種多様な力（荷重）を受けるが，材料力学[5.1]～[5.7]では，図5.1に示すように，力を面に垂直に作用する垂直力と面に平行に作用するせん断力に分類して取り扱う．なお，垂直力は面に対して外向き，すなわち引張りとして作用するときを正とし，正の垂直力を引張力，負のものを圧縮力とよぶ．また，力の単位は，国際単位系（SI単位系）でN（ニュートン）である．さらに，面に働く荷重に対しては，ある1点に集中して作用している場合を集

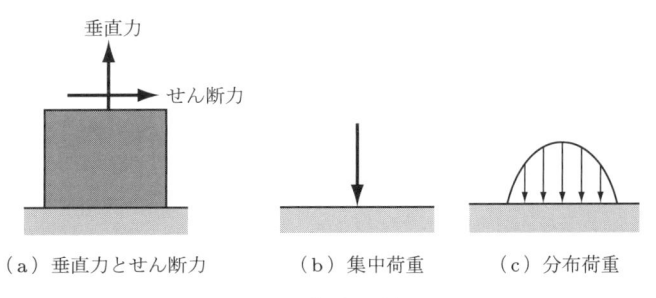

（a）垂直力とせん断力　　（b）集中荷重　　（c）分布荷重

図5.1　荷重の種類

中荷重，ある範囲に分布して作用する場合を分布荷重とよび，分布荷重は，単位長さ（あるいは面積）あたりの荷重値となる．

部材に作用する荷重を，図 5.2 に示すように棒（軸）を例として考えると，引張り・圧縮・せん断・曲げ・ねじりの形で作用する場合，あるいはこれらが組み合わされて作用する場合が考えられる．また，材料力学では，一般的にこれらの荷重が静的に作用し続けるものとして扱う．しかし，実際の部材には，図 5.3 に示すように，これらの荷重は時間とともに変化し，繰返し荷重（交番荷重）・衝撃荷重として作用することも多い．このような場合には，作用する荷重を大きく見積もる，あるいは材料のもつ強度を小さく設定するなどの工夫が必要である．

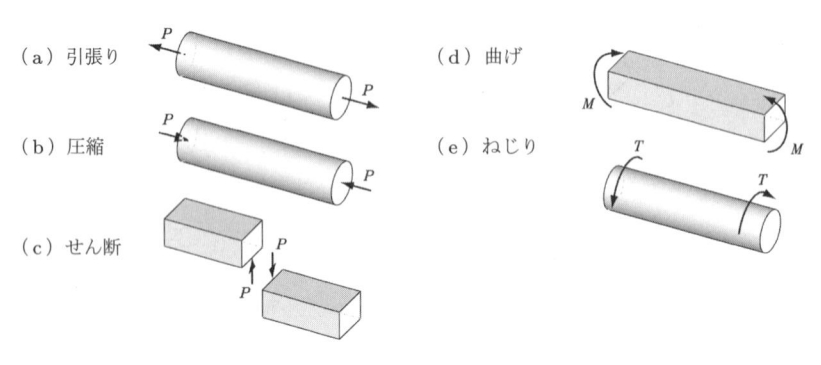

図 5.2　荷重の作用形態

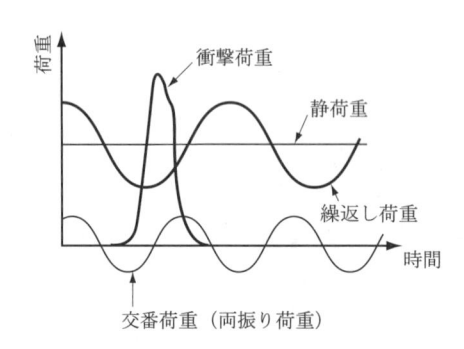

図 5.3　荷重の作用形態と時間の関係

5.1.2　垂直応力と垂直ひずみ

図 5.4 に示すような軸に引張荷重 P を加えた場合，中央の細い部分が弱くて破断してしまいそうなことは，材料力学を学んでいない者でも容易に想像できる．この場合，頭の中では軸の各部分の断面積を比較し，断面積に対する荷重の大きさの割合を考慮している．材料力学では，この荷重 P を断面積 A で除して得られる単位面積あたりの力を応力（stress）σ とよび，機械設計ではこの値が材料のもつ許容値（許容応力）を超えないことが一つの指標とされている．断面積 A の軸に垂直力 P が作用する場合の応力 σ は，次式で与えられる．

$$\sigma = \frac{P}{A} \left[\frac{\mathrm{N}}{\mathrm{m}^2} = \mathrm{Pa} \right] \tag{5.1}$$

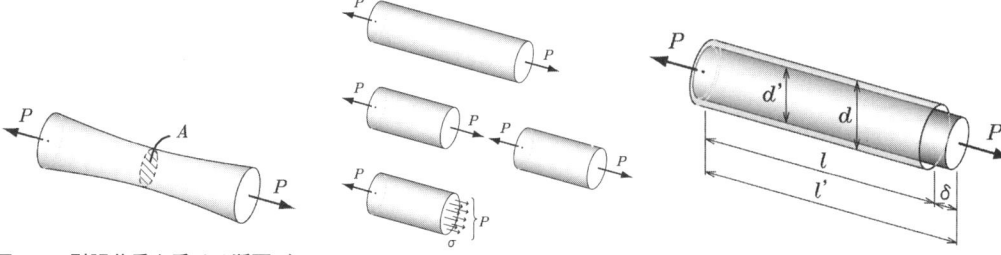

図 5.4 引張荷重を受ける断面が一様でない軸

図 5.5 自由物体と内力

図 5.6 荷重を受けて変形する軸

　この応力は，図 5.5 に示すように軸を任意の位置で仮想的に切断した自由物体（free body）を考え，この切断面でつり合う力（内力）を想定し，この内力を断面に均等に分布させたものと同等と考えることができる．この場合，応力は断面に対して垂直に作用するので，これを垂直応力とよぶ．また，垂直応力は，垂直力の分類と同様に，引張りとして作用するときを正とし，正の垂直応力を引張応力，負のものを圧縮応力とよぶ．

　さらに，図 5.6 に示すように，引張荷重を受ける丸軸には，前述のように内部に引張応力が生じるとともに，長さが $\delta = l' - l$ だけ伸び，直径が $\delta' = |d' - d|$ だけ縮むような変形が生じる．同じ引張荷重 P に対して，これらの変形量は元の長さ（直径）が大きければそれだけ大きいことになる．そこで，これらの変形量を元の長さ（直径）で除して得られる値をひずみ（strain）とよび，無次元量とし，その大きさを比較検討する．長さ方向の縦ひずみ ε（垂直ひずみ）と直径方向の横ひずみ ε' は，それぞれ次式で与えられる．

$$\varepsilon = \frac{l' - l}{l} = \frac{\delta}{l} \tag{5.2}$$

$$\varepsilon' = \frac{d' - d}{d} = \frac{-\delta'}{d} \tag{5.3}$$

　また，式（5.2）は，軸が伸ばされて生じたひずみなので引張ひずみ，式（5.3）は，縮みによって生じたひずみなので圧縮ひずみともよばれる．同様に，圧縮荷重を受ける場合は，長さ方向に圧縮ひずみを，直径方向に引張ひずみを生じることになり，垂直力を受ける軸に生じる縦ひずみ ε（垂直ひずみ）と横ひずみ ε' とは符号の異なるものとなる．さらに，ひずみは無次元量であるが，たとえば，$\varepsilon = 0.001$ であれば，$\varepsilon = 1000 \times 10^{-6}$ のように $\times 10^{-6}$ の形で表し，$1000 \mu\varepsilon$（マイクロひずみ）のように表す場合，式（5.2）右辺に 100 を掛けてパーセントひずみとして表す場合もある．

　これら二つのひずみの間には，次式で示すような一定の関係が存在する．これをポアソン比 ν（Poisson's ratio）とよび，それぞれの材料には固有の値が存在する．

$$\nu = \left| \frac{\varepsilon'}{\varepsilon} \right| \tag{5.4}$$

例題 5.1

　直径 $d = 20$ mm，長さ $l = 1$ m の鋼製丸棒に引張荷重 $P = 62.8$ kN が作用している．このとき，棒の伸び $\delta = 1$ mm，直径の縮み $\delta' = 0.006$ mm であった．棒に生じる応力 σ，縦ひずみ

ε，横ひずみ ε'，ポアソン比 ν を求めよ．

解答

丸棒の断面積は，$A = \pi d^2/4 \fallingdotseq 314 \text{ mm}^2$ である．したがって，応力は，

$$\sigma = \frac{P}{A} \fallingdotseq \frac{62.8 \times 1000}{314} = 200 \text{ N/mm}^2 = 200 \times 10^6 \text{ N/m}^2 = 200 \text{ MPa}$$

である．縦ひずみ ε と横ひずみ ε' は，

$$\varepsilon = \frac{\delta}{l} = \frac{1}{1000} = 1 \times 10^{-3} = 1000 \times 10^{-6}, \quad \varepsilon' = \frac{\delta'}{d} = -\frac{0.006}{20} = -3 \times 10^{-3} = -300 \times 10^{-6}$$

となるので，ポアソン比は，つぎのようになる．

$$\nu = \left|\frac{\varepsilon'}{\varepsilon}\right| = \left|\frac{-300 \times 10^{-6}}{1000 \times 10^{-6}}\right| = 0.3$$

5.1.3　せん断応力とせん断ひずみ

図 5.7 に示すように，断面積 A の軸にせん断力 P が作用する場合，垂直力が作用する場合と同様に，せん断力につり合うように同じ大きさの内力が生じ，これが次式で示すせん断応力（shearing stress）τ となる．

$$\tau = \frac{P}{A} \tag{5.5}$$

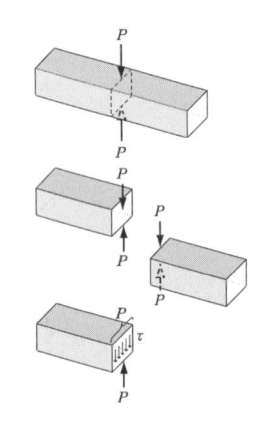

図 5.7　せん断力を受ける軸　　図 5.8　せん断力による変形

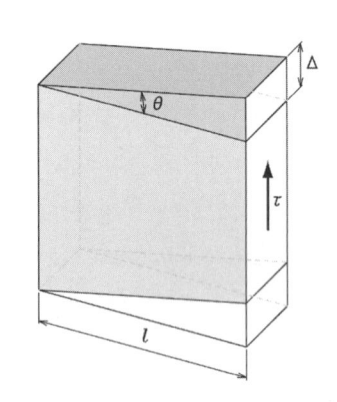

この場合，材料内部ではせん断面に沿って図 5.8 に示すような変形が生じるため，次式で示すせん断ひずみ（shearing strain）γ が発生する．また，この場合，Δ が l に比べて小さい微小変形のとき，ひずみ γ は変位角 θ と近似的に等しい．

$$\gamma = \frac{\Delta}{l} = \tan\theta \fallingdotseq \theta \tag{5.6}$$

5.1.4　応力とひずみの関係

図 5.9 は，機械設計によく用いられる鋼材料（軟鋼）に対し，引張荷重を加え，徐々に荷重を増加させ破断にいたるまでの，荷重（応力）と伸び（ひずみ）との関係を表している．荷重が小

さい領域（図の原点から点 A まで）では応力とひずみとは比例関係にあり，次式が成立する．

$$\sigma = E\varepsilon \tag{5.7}$$

式 (5.7) の関係をフックの法則（Hooke's law）とよぶ．また，比例定数 E は縦弾性係数（modulus of longitudinal elasticity）やヤング率（Young's modulus）とよばれる材料固有の値である．

式 (5.7) より，断面積 A が一様で長さ l の軸に引張力（圧縮力）P が作用する場合，伸び（縮み）δ と縦弾性係数 E との間に次式が成立する．

$$\frac{P}{A} = E\frac{\delta}{l} \qquad \therefore \quad \delta = \frac{Pl}{AE} \tag{5.8}$$

図 5.9 の点 B は弾性限度であり，これ以上の応力を負荷すると永久ひずみが残る．さらに応力が増すと点 C ～ E で降伏（yielding）現象を生じ，点 C を上降伏点（upper yielding point），点 C ～ E 間で最小応力を生じる点を下降伏点（lower yielding point）という．その後はひずみが著しく増大し，最大応力の点 F にいたる．点 F の応力を引張強さ（tensile strength）という．この点を過ぎると材料はくびれを生じ，点 G で破断する．明確な降伏現象を生じない材料に対しては，0.2％の永久ひずみとなる応力を $\sigma_{0.2}$ と表し，耐力（proof stress）とよんで，降伏点の代わりに用いる．一方，ひずみが大きくなると，断面積は負荷前に比べて小さくなるので，荷重を負荷時の断面積で除したものを真応力と定義し，図中の破線で示している．

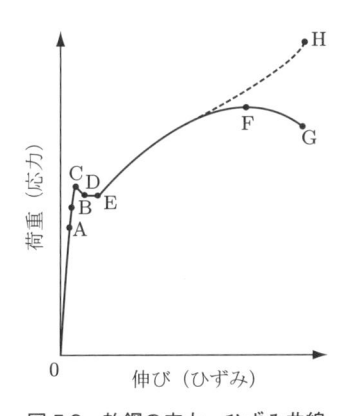

図 5.9 軟鋼の応力－ひずみ曲線

表 5.1　主な金属材料の弾性係数およびポアソン比 [5.7]

材　料	E (GPa)	G (GPa)	ポアソン比 ν
一般構造用鋼（SS400）	206	80	0.29
軟鋼（S20C）	192	79.4	0.3
硬鋼（S50C）	206	79.4	0.3
ばね鋼（SUP3 焼入れ）	206	83	0.24
ニッケル・クロム鋼（SNC236）	204	—	—
ステンレス鋼（SUS304）	197	73.7	0.34
ねずみ鋳鉄（FC200）	98	37.2	—
7/3 黄銅（C2600 − H）	110	41.4	0.33
純アルミニウム（A1100 − H18）	69	27	0.28
超ジュラルミン（A2024 − T4）	74	29	0.22
純チタン	106	44.5	0.19
チタン合金（Ti − 6Al − 4V）	109	42.5	0.28

せん断応力 τ とせん断ひずみ γ との間にも，次式で与えられる線形関係が成立する．

$$\tau = G\gamma \tag{5.9}$$

この比例定数 G を横弾性係数（modulus of transverse elasticity）とよぶ．この横弾性係数も前述した縦弾性係数 E やポアソン比 ν と同様に，材料固有の値をもつ．そしてこれらの三つの間には，次式の関係が成り立つ．

$$G = \frac{E}{2(1+\nu)} \tag{5.10}$$

表 5.1 に，代表的な金属材料の弾性係数およびポアソン比などを示す．

例題 5.2

［例題 5.1］において，棒の縦弾性係数（ヤング率）E，横弾性係数 G を求めよ．

解答

式 (5.7) のフックの法則より，E はつぎのようになる．

$$E = \frac{\sigma}{\varepsilon} = \frac{200 \times 10^6}{1000 \times 10^{-6}} = 200 \times 10^9 \text{ Pa} = 200 \text{ GPa}$$

式 (5.10) より，G はつぎのようになる．

$$G = \frac{E}{2(1+\nu)} = \frac{200}{2 \times 1.3} \fallingdotseq 77 \text{ GPa}$$

5.1.5 許容応力と安全率

機械を構成する各部材が，使用期間中に壊れず，機能を発揮できるようにするためには，部材に作用する応力（使用応力 σ_w）が設計上許すことのできる限界の応力（許容応力 σ_a）以下でなければならない．すなわち，次式の関係を満足する必要がある．

$$\sigma_\text{w} \leqq \sigma_\text{a} = \frac{\sigma_\text{S}}{S} \tag{5.11}$$

ここで，σ_S は基準強さであり，部材に作用する荷重が静的で材料が脆性材料であれば引張強さを，延性材料であれば降伏点を，作用する荷重が繰返し荷重であれば疲労限を用いるのが一般的である．また，基準強さを許容応力で除した値を安全率 S といい，機械設計においては部材の材質や寸法形状および荷重の作用状況の不確実さを補うための安全性を考慮した指標としており，次式のように定義している．

$$S = \frac{\sigma_\text{S}}{\sigma_\text{a}} \tag{5.12}$$

静的な荷重を1度受けただけでは破壊しない材料でも，繰返し荷重が作用すると破壊を起こす場合がある．この現象を疲労という．また，疲労による破壊は，材料の降伏点以下の応力の繰り返しによっても起こる．材料の疲労に対する強さは，破壊が生じる応力振幅（繰返し応力の最大値と最小値の幅）と繰返し数の関係を示した S-N 曲線で示される．一般に，鉄鋼材料の S-N 曲線は，繰返し数 $10^6 \sim 10^7$ 回の間で水平に折れ曲がり，この折れ曲がりを示す応力振幅を疲労限とよぶ．しかし，ある種の高強度材料では，いったん現れたこの水平部分が長時間の繰り返しで再び低下する現象が現れるので注意が必要である[5.8]．

荷重の作用状況と使用部材の材質とを考慮した基礎的な安全率の数値例を表 5.2 に示す．また，安全を考慮に入れた設計法として，部材の材質や寸法形状および負荷状況のばらつきを考慮して統計的に扱う信頼性設計の手法[5.10]があり，以下にその一部の概略を述べる．

表 5.2 安全率の数値例[5.9]

材料	安全率			
	静的な荷重	動的な荷重		
		片振り繰返し負荷	両振り繰返し負荷	衝撃負荷・変動負荷
鋼	3	5	8	12
鋳鉄	4	6	10	15
木材	7	10	15	20
れんが・石材	20	30	—	—

材料の強度（ストレングス）は，応力（ストレス）が繰り返しかかる使い方をされると，しだいに低下してくる．さらに，材料強度や応力にもばらつきがある．しかも，図 5.10 に示すように，使用開始のときに比べ，時間の経過とともに材料強度のばらつきは増加してくるのが一般的である．この図はストレス・ストレングスモデルといい，信頼性設計にとって大切な考え方である．使用開始のときは十分余裕（安全余裕）があっても，時間経過とともに余裕がなくなり，ある確率で破壊にいたってしまう．設計にあたっては，単に安全率だけではなくストレス・ストレングスモデルを考慮することが大切となる．安全余裕がない場合には，単に強度を上げるだけでなく，応力を下げたり，ばらつきを少なくするなどの工夫も必要である．信頼性設計については，その定義や適用手法などについて，第 7 章で詳述する．

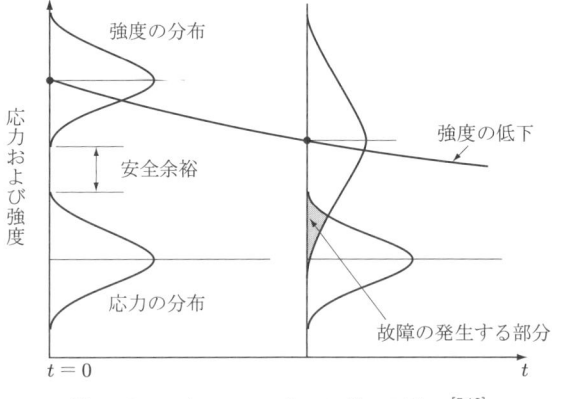

図 5.10 ストレス・ストレングスモデル [5.10]

5.2 引張り・圧縮・せん断

5.2.1 トラス問題

図 5.11（a）に示すように部材端が滑節点（pin joint）のみで成り立っている骨組構造では，すべての部材は引張（圧縮）力のみを受け，このように，曲げ力などが作用せず，軸力のみが発生する構造をトラス（truss）構造とよぶ．また，図 5.11（b）に示すように部材端が剛節点（rigid joint）であるときは，部材は曲げ力なども受け，この場合をラーメン（rahmen）構造とよぶ．

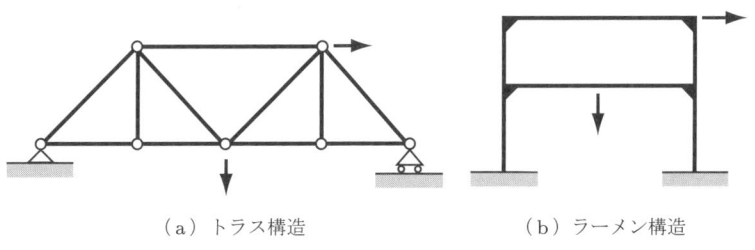

（a）トラス構造　　　　　（b）ラーメン構造

図 5.11 骨組構造の種類

いま，図5.12 (a) に示すような簡単なトラス問題を考える．そこで，まず図5.12 (b) に示すように節点と部材を分割した自由物体を考え，節点Oに関する自由物体で水平方向と鉛直方向の力のつり合いを考慮して，以下のように軸力（内力）求める．

水平方向の力のつり合い：
$$\sum F_\mathrm{H} = N_1 \sin\theta - N_2 \sin\theta = 0 \quad \therefore \quad N_1 = N_2 \tag{5.13}$$

鉛直方向の力のつり合い：
$$\sum F_\mathrm{V} = N_1 \cos\theta + N_2 \cos\theta - P = 0 \quad \therefore \quad 2N_1 \cos\theta = P \tag{5.14}$$

式 (5.13)，(5.14) より，次式を得る．
$$N_1 = N_2 = \frac{P}{2\cos\theta} \tag{5.15}$$

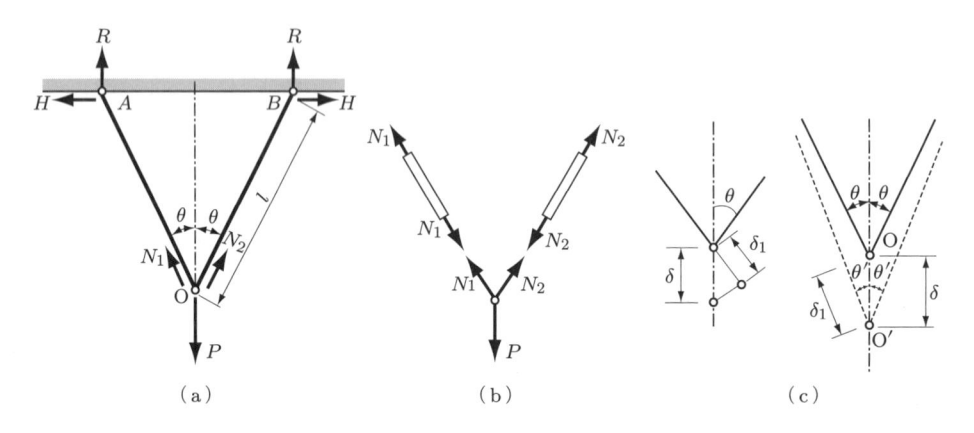

図5.12 トラス構造に作用する力と変形

このとき，構造が複雑なために部材に働く力が引張りか圧縮かの判断が困難な場合は，部材には引張力のみが働くものと仮定して自由物体を考え，上で述べた方法で作用する軸力を求める．求められた軸力が負符号をもつ場合は，圧縮力が作用していると考える．

式 (5.15) で求められた引張力によって両部材には伸びが生じ，図5.12 (c) に示すように点Oは鉛直方向に点O'へ距離δだけ移動する．軸力N_1による部材の伸びは，式(5.7)のフックの法則より，次式のように求められる．

$$\delta_1 = \sigma\frac{l}{E} = \frac{N_1}{A}\frac{l}{E} = \frac{Pl}{2AE\cos\theta} \tag{5.16}$$

鉛直方向移動量と部材の伸びとの間には，図5.12 (c) の関係が成り立つ（$\theta \fallingdotseq \theta'$）から次式を得る．

$$\delta = \frac{\delta_1}{\cos\theta} = \frac{Pl}{2AE\cos^2\theta} \tag{5.17}$$

つぎに，図5.12 (a) の滑節点Aにおいてピンが受ける応力について考える．ピンには部材AOに作用する引張力N_1によりせん断力が作用する．図5.13に示すように，ピンは断面aaおよびbbでせん断力を支えている．したがって，ピンの断面積をA_pとすれば，ピンに働くせん断応力τは，次式のように求められる．

$$\tau = \frac{N_1}{2A_\mathrm{p}} \tag{5.18}$$

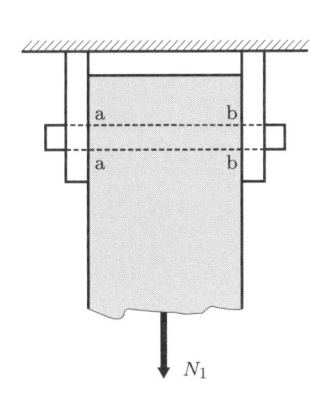

図 5.13　ピンに作用するせん断力　　図 5.14　不静定トラス構造と荷重および変形

図 5.14 (a) に示すような場合は，鉛直荷重 P によって生じる未知の部材軸力が N_1, N_2, N_3 の三つとなる．しかし，図 5.14 (b) に示すような節点付近の自由物体を考えると，これらから導かれるのは水平方向および鉛直方向の力のつり合い式が二つのみであり，三つの未知の軸力を定めることができない．このような場合を不静定という．そして，この種の問題は各部材の変形量の関係を考慮に入れることで解くことができる．力のつり合いからそれぞれ次式を得る．

水平方向の力のつり合い：
$$\sum F_\mathrm{H} = N_1 \sin\theta - N_3 \sin\theta = 0 \quad \therefore \quad N_1 = N_3 \tag{5.19}$$

鉛直方向の力のつり合い：
$$\sum F_\mathrm{V} = N_1 \cos\theta + N_2 + N_3 \cos\theta - P = 0 \quad \therefore \quad 2N_1 \cos\theta + N_2 = P \tag{5.20}$$

いま，仮に N_1, N_2 が確定していると考えると，これらの軸力による各部材の伸び量は次式となる．ただし，各部材とも，断面積 A，縦弾性係数 E とする．

$$\delta_1 = \delta_3 = \frac{N_1 l}{AE \cos\theta}, \quad \delta_2 = \frac{N_2 l}{AE} \tag{5.21}$$

図 5.14 (a) に示すように，δ_1 と δ_2 にはつぎの関係が成り立つ．

$$\delta_1 = \delta_2 \cos\theta \tag{5.22}$$

したがって，つぎの関係が成り立つ．

$$\frac{N_1 l}{AE \cos\theta} = \frac{N_2 l \cos\theta}{AE} \tag{5.23}$$

式 (5.20) と式 (5.23) より，それぞれ次式を得る．

$$N_1 = N_3 = \frac{P \cos^2\theta}{1 + 2\cos^3\theta}, \quad N_2 = \frac{P}{1 + 2\cos^3\theta} \tag{5.24}$$

また，このときの各部材の伸び量は次式となる．

$$\delta_1 = \delta_3 = \frac{Pl \cos\theta}{AE(1 + 2\cos^3\theta)}, \quad \delta_2 = \frac{Pl}{AE(1 + 2\cos^3\theta)} \tag{5.25}$$

5.2.2 熱応力と残留応力

図 5.15 に示すように，両端が剛体で固定された軸部材に温度上昇が生じると，伸びを拘束されているために，部材内部に応力が生じる．このような応力を熱応力という．

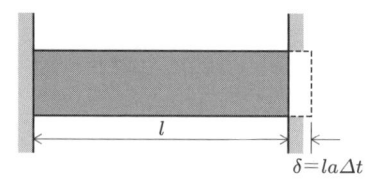

図 5.15 熱応力が生じる軸部材

長さ l，断面積 A，縦弾性係数 E，線膨張係数 α の軸部材は，両端が自由であれば，Δt だけ温度上昇すると，次式で示す伸び δ を生じる．

$$\delta = l\alpha\Delta t \tag{5.26}$$

ところが，実際には図 5.15 に示すように，両端を固定され長さ l にとどまっているので，次式で示す圧縮ひずみを生じる．

$$\varepsilon = \frac{-\delta}{l+\delta} = \frac{-l\alpha\Delta t}{l+l\alpha\Delta t} = \frac{-\alpha\Delta t}{1+\alpha\Delta t} \fallingdotseq -\alpha\Delta t \tag{5.27}$$

したがって，このときに生じる圧縮応力は次式で計算される．

$$\sigma = E\varepsilon = E(-\alpha\Delta t) = -E\alpha\Delta t \tag{5.28}$$

このように，物体内に残る応力を残留応力とよぶ．また，軸部材に温度降下が生じると，同様に引張ひずみと引張応力とが発生する．

熱応力とは別に，長さが微妙に異なる，または縦弾性係数の異なる複数の軸部材が強引に同寸法に組み立てられたような場合にも，結果として軸部材には引張りまたは圧縮の応力が生じる．これらを残留応力または初期応力とよぶ．この場合についても，考察の手法は熱応力の場合と同様に，各部材に生じる応力を求め，これら応力による各部材間の軸力のつり合いを考察することで解くことができる．

5.2.3 応力集中

部材の断面形状が切欠きや円孔などによって急激に変化する場合，その部分では応力の分布が一様にはならず，荷重を断面積で除した値よりもはるかに高い応力を生じる．この現象を応力集中とよび，機械設計において十分な注意が必要となる．

図 5.16 に示すように，厚さ t，幅 W の平板中央に直径 a の円孔が存在し，平板には引張荷重 P が作用する場合を考える．最小断面 B-B における応力 σ_n は，次式で与えられる．

$$\sigma_n = \frac{P}{(W-a)t} \tag{5.29}$$

一方，円孔縁の点 A における最大応力 σ_{max} は σ_n に比べて高い値となる．この最大応力 σ_{max} と応力 σ_n の比を応力集中係数といい，無限幅の平板中に円孔が存在する場合に応力集中係数 $\alpha = 3$ となる．また，有限幅の平板の場合，応力集中係数 α は円孔が十分小さいと 3 に，円孔が十

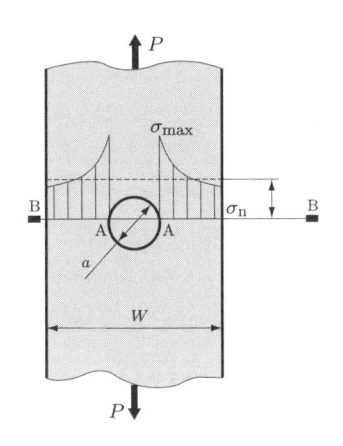

図5.16 円孔を有する平板の引張り

分大きいと 2 に近づく．

5.3 曲げ

5.3.1 はりの種類

図 5.17 に示すように，水平に支持された比較的長い部材が鉛直方向荷重を受けるような場合，この部材をはりとよぶ．図 5.17 (a) を単純支持ばりとよび，右端は部材にとって回転自由な回転支点（反力は水平力と鉛直力）で支えられ，左端は回転とともに水平方向に平行移動可能な移動支点（反力は鉛直力のみ）で支えられている．しかし，軸方向の荷重を受けないはりにおいては，右端の水平方向反力 R_H を無視して考える．図 5.17 (b) は片持ばりとよび，部材にとっては回転も平行移動も不可能な固定支点（反力は水平力と鉛直力およびモーメント）で左端を支え，右端は支持されていない．

このほかに，両端が固定支点で支えられた両端固定ばり，単純支持ばりの両端が突き出した状態で荷重を受ける突出しばり，単純支持ばりが水平方法に連続している連続ばりなどがある．

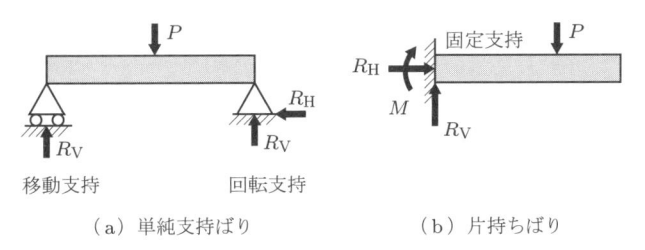

(a) 単純支持ばり　　(b) 片持ちばり

図 5.17 はりの種類と支持条件

5.3.2 せん断力と曲げモーメント

図 5.18（a）に示すように，単純支持ばりに外力（集中荷重）P が作用している場合について，力とモーメントのつり合いを考える．この場合，図に示すように支点には反力 R_A, R_B が生じ，この状態で平衡（つり合い）を保っている．したがって，これら外力と反力との間には，①鉛直方向の力の総和は 0 になる（つり合う），②任意の点に関するモーメントの総和は 0 になる（つり合う）という条件が成り立つ．そこで，それぞれ次式を得る．

鉛直方向の力のつり合い：$\sum F_V = P - R_A - R_B = 0$ (5.30)

点 A についてのモーメントのつり合い：$\sum M = R_B l - Pa = 0$ (5.31)

式 (5.30), (5.31) から次式を得る．

$$R_A = \frac{P(l-a)}{l}, \quad R_B = \frac{Pa}{l}$$ (5.32)

図 5.18 集中荷重を受ける単純支持ばり

つぎに，これら外力や反力によりはり部材の任意断面に生じるせん断力や曲げモーメントを求める．この場合，引張荷重を正，圧縮荷重を負と定義したのと同様に，任意断面に生じるせん断力の正負を図 5.19（a）に，曲げモーメントの正負を図 5.19（b）に示すように定義する．

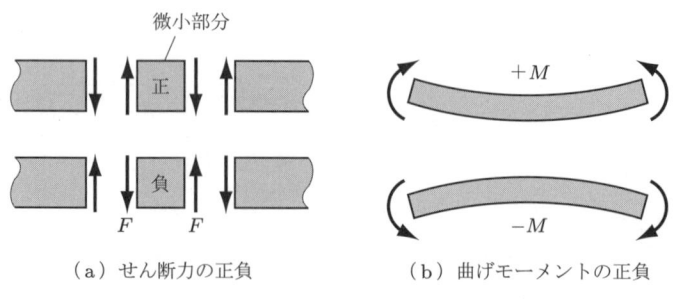

図 5.19 せん断力と曲げモーメントの正負の定義

そこで，点 A から x 座標をとり，図 5.18（b）に示すように AC 間（$0 < x < a$）の任意の x で断面をとった自由物体を考え，力・モーメントのつり合いからそれぞれ次式を得る．この場合も，せん断力 V と曲げモーメント M は正であると仮定して自由物体を考え，得た結果が負符号

を有する場合には働く方向が逆となる．

$$\text{鉛直方向の力のつり合い：} \sum F_V = V - R_A = 0 \tag{5.33}$$

$$x \text{でのモーメントのつり合い：} \sum M = M - R_A x = 0 \tag{5.34}$$

式 (5.33), (5.34) より，次式を得る．

$$V = R_A = \frac{P(l-a)}{l}, \quad M = R_A x = \frac{P(l-a)}{l} x \tag{5.35}$$

同様に，CB 間 ($a < x < l$) の任意の x で断面をとった自由物体を考え（この場合，断面の右側部分で考えるのが便利），力・モーメントのつり合いから，それぞれ次式を得る．

$$\text{鉛直方向の力のつり合い：} \sum F_V = V + R_B = 0 \tag{5.36}$$

$$x \text{でのモーメントのつり合い：} \sum M = M - R_B(l-x) = 0 \tag{5.37}$$

式 (5.35), (5.36) より，次式を得る．

$$V = -R_B = -\frac{Pa}{l}, \quad M = R_B(l-x) = \frac{Pa}{l}(l-x) \tag{5.38}$$

そこで，式 (5.35) と式 (5.38) とを線図化して，図 5.18 (c) に示すせん断力図 SFD (shearing force diagram) と図 5.18 (d) に示す曲げモーメント図 BMD (bending moment diagram) とを得る．この場合，最大曲げモーメントは荷重点に生じ，次式となる．

$$M_{\max} = M_{x=a} = R_A a = \frac{Pa(l-a)}{l} \tag{5.39}$$

例題 5.3

図 5.20 (a) に示すように，片持ちばりの先端に荷重 P が作用する場合について，SFD と BMD を求め，最大曲げモーメントを求めよ．

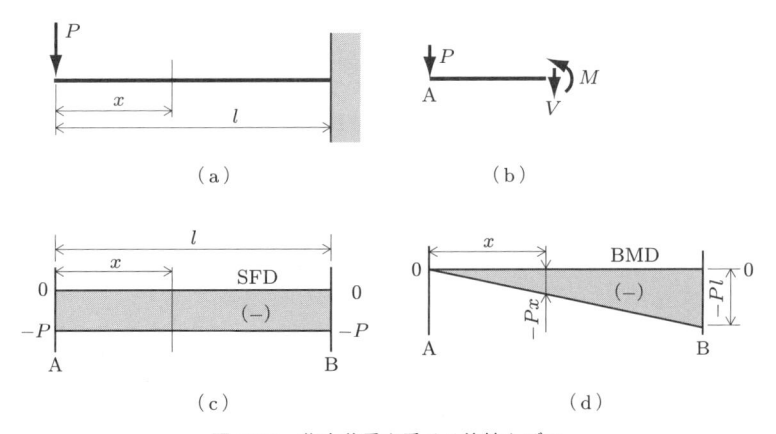

図 5.20　集中荷重を受ける片持ちばり

解答

この場合は，まず図 5.20 (b) に示すように，荷重点 A から任意の x における断面に作用するせん断力と曲げモーメントは正と仮定した自由物体を考え，それぞれ次式を得る．

$$\text{鉛直方向の力のつり合い：} \sum F_V = V + P = 0$$

$$x \text{でのモーメントのつり合い：} \sum M = M + Px = 0$$

これらより次式を得る．
$$V = -P, \quad M = -Px$$
上式を線図化して図 5.20 (c), (d) の SFD と BMD とを得る．これより，最大曲げモーメントは点 B において $M_{\max} = -Pl$ となる．

例題 5.4

図 5.21 (a) に示すように，単純支持ばりに等分布荷重 w が作用する場合について，SFD と BMD を求め，最大曲げモーメントを求めよ．

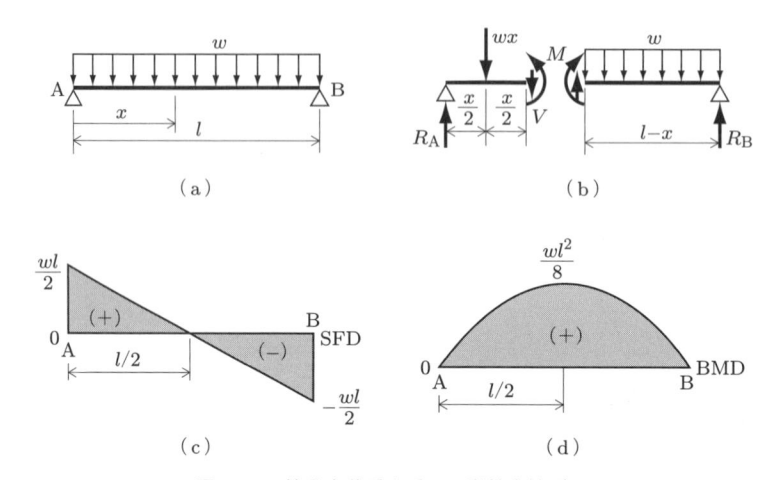

図 5.21 等分布荷重を受ける単純支持ばり

[解答]

単純支持ばりの全長に等分布荷重が作用していることから，支持点での反力 R_A, R_B は等しく，$R_A = R_B = wl/2$ となることがわかる．そこで，図 5.21 (b) に示すように，左端より x の位置での自由物体を考え，この区間での分布荷重の合計 wx を等価な集中荷重に置き換え，分布形態の図心（$x/2$ の位置）に働くものとする．したがって，それぞれ次式を得る．

鉛直方向の力のつり合い：$\sum F_V = V + wx - R_A = 0$

$$\therefore \quad V = R_A - wx = \frac{wl}{2} - wx = \frac{w}{2}(l - 2x)$$

x でのモーメントのつり合い：$\sum M = M + wx\dfrac{x}{2} - R_A x = 0$

$$\therefore \quad M = R_A x - \frac{wx^2}{2} = \frac{wl}{2}x - \frac{wx^2}{2} = \frac{w}{2}(lx - x^2) = -\frac{w}{2}(x^2 - lx) = -\frac{w}{2}\left\{\left(x - \frac{l}{2}\right)^2 - \frac{l^2}{4}\right\}$$

これらを線図化して図 5.21 (c), (d) の SFD と BMD とを得る．また，この場合の最大曲げモーメントは $x = l/2$ で生じ，次式となる．

$$M_{\max} = -\frac{w}{2}\left\{\left(\frac{l}{2} - \frac{l}{2}\right)^2 - \frac{l^2}{4}\right\} = \frac{wl^2}{8}$$

図 5.22 (a) のように，複数の荷重が同時に作用している場合は，それぞれを構成している基本的な問題に分解して解を求め，図 5.22 (b) のようにそれぞれの解を重ね合わせて目的とする

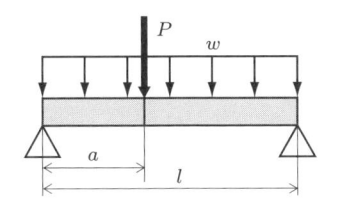

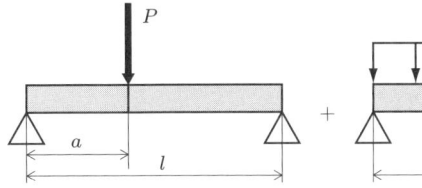

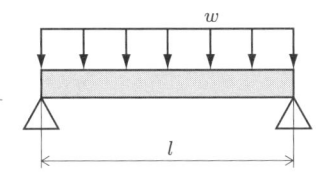

(a) 複数の荷重が作用する単純支持ばり　　　(b) 荷重を分解した単純支持ばり

図 5.22　集中・等分布荷重を受ける単純支持ばり

問題の解を得ることができる（重ね合わせ法）．すなわち，図 5.22 (a) の SFD は図 5.18 (c) +図 5.21 (c)，BMD は図 5.18 (d)+図 5.21 (d) となる．

5.3.3　曲げによる応力

はりに曲げモーメントが作用すると，図 5.23 (a) に示すように変形する（たわむ）．この場合，部材の下側部分（凸側）は引張りを受けて伸び，部材の上側部分（凹側）は圧縮を受けて縮み，中間部分には伸縮しない面（中立面）が存在することが理解できる．この中立面は断面の図心を通る．

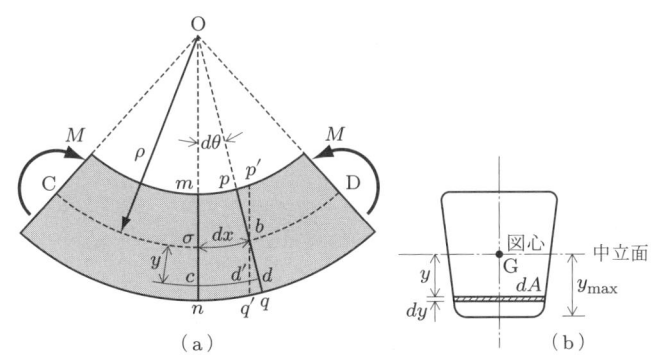

図 5.23　曲げモーメントを受けて変形するはり部材

そこで，これらの変形により断面に生じる垂直応力を求める．この場合，変形前にはりの軸線に垂直な横断面は，変形後も平面を保ち変形後の軸線に垂直であると仮定する．いま，図 5.23 (a) に示すように各記号を定め，dx の微小部分を考える．中立面から y の距離にある面の伸びによるひずみは次式で表される．

$$\varepsilon_x = \frac{(\rho+y)d\theta - dx}{dx} = \frac{(\rho+y)d\theta - \rho d\theta}{\rho d\theta} = \frac{y}{\rho} \tag{5.40}$$

したがって，このひずみによる応力は，次式となる．

$$\sigma_x = E\varepsilon_x = E\frac{y}{\rho} \tag{5.41}$$

これより，この応力は中立軸からの距離 y に比例するので，最も離れた位置で最大値となり，中立面（$y=0$）では 0 となる．この応力を曲げ応力とよぶ（形態としては引張りまたは圧縮応力である）．

つぎに，図 5.23 (b) に示すように，中立面からの距離 y の位置に微小面積 dA の部分を考え，

$\sigma_x dA$ の力による中立軸まわりの微小要素モーメントを考えると次式を得る.

$$dM = \sigma_x dAy = E\frac{y}{\rho}dAy = \frac{E}{\rho}y^2 dA \tag{5.42}$$

軸力は作用していないので，この微小要素モーメントを全面積にわたり積分して得られるモーメントは，外力として作用しているモーメントとつり合う．したがって，次式を得る．

$$M = \int dM = \int_A \frac{E}{\rho}y^2 dA = \frac{E}{\rho}\int_A y^2 dA = \frac{E}{\rho}I \tag{5.43}$$

また，式（5.43）より，次式を得る．

$$\frac{1}{\rho} = \frac{M}{EI} \tag{5.44}$$

ここで，I は断面 2 次モーメント（moment of inertia）とよばれ，断面形状のもつ剛性を表す指標の一つである．

$$I = \int_A y^2 dA \tag{5.45}$$

さらに，式（5.44）を式（5.41）へ代入して次式を得る．

$$\sigma_x = \frac{M}{I}y \tag{5.46}$$

これが，作用するモーメントと生じる曲げ応力とを関係付ける式である．式（5.46）より，凸側表面における応力は，次式より求まる．

$$\sigma_{x\max} = \frac{M}{I}y_{\max} = \frac{M}{I/y_{\max}} = \frac{M}{Z} \tag{5.47}$$

ここで，Z は断面係数（section modulus）とよばれ，次式で与えられる．

$$Z = \frac{I}{y_{\max}} \tag{5.48}$$

例題 5.5

図 5.24 に示す長方形断面のはりについて，断面 2 次モーメントと断面係数を求めよ．

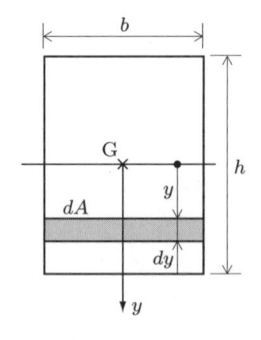

図 5.24 長方形断面の断面 2 次モーメントの求め方

解答

図 5.24 に示すように座標系を設定し，微小要素 dA を考慮して次式の計算から，断面 2 次モーメントを得る．

$$I = \int_A y^2 dA = \int_{-h/2}^{h/2} y^2 b dy = \frac{bh^3}{12}$$

したがって，この場合の断面係数はつぎのように求まる．

$$Z = \frac{I}{h/2} = \frac{bh^3/12}{h/2} = \frac{bh^2}{6}$$

同様な手法により，各種断面形状について断面 2 次モーメントおよび断面係数を求め，表 5.3 (p.152) に一覧表で示す．また，断面 2 次モーメントに関しては，加法定理が成立する．例として，表 5.3 の下から二つ目の図形を考える．図 5.25 に示すように，全断面 A の図形を基本的な図形に分割して図形全体を和または差で表すと，全断面積は $A = A_1 \pm A_2 \pm A_3$ となる．断面 2 次モーメントについても同様に考えると，図形全体の断面 2 次モーメントは，$I = I_1 \pm I_2 \pm I_3$ となる．具体的に，図 5.25 (b) の場合を考えると，

$$I_1 = \frac{ad^3}{12}, \quad I_2 = I_3 = \frac{\{(a-t)/2\}h^3}{12}$$

であるから，I は次式で表される．

$$I = I_1 - I_2 - I_3 = \frac{ad^3}{12} - 2 \times \frac{\{(a-t)/2\}h^3}{12} = \frac{ad^3 - h^3(a-t)}{12} \tag{5.49}$$

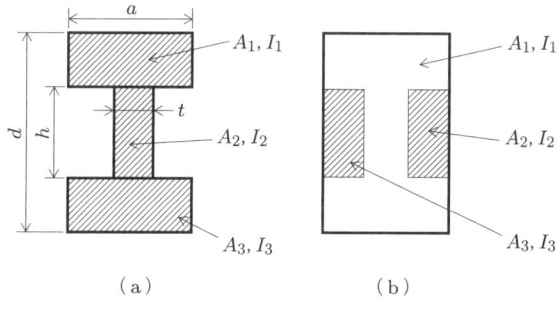

図 5.25 断面 2 次モーメントの加法定理

5.3.4 曲げによるたわみ

曲げ変形したはり部材の中立面（軸線）がなす形状をたわみ曲線とよぶ．このたわみ曲線上の 1 点の鉛直方向変位をたわみとよび，また 1 点におけるたわみ曲線への接線の傾きをたわみ角とよぶ．いま，図 5.26 に示すように座標系をとり，たわみ曲線上で微小長さ ds の要素を考える．図 5.26 の場合，たわみ角の微小変量は負の値であることを考慮すると，微小長さは $ds = \rho(-d\theta)$ となるから次式を得る．

$$\frac{d\theta}{ds} = \frac{1}{\rho} \tag{5.50}$$

表5.3 さまざまな断面形状の断面2次モーメントと断面係数 [5.11]

断面形	断面2次モーメント I	断面形数 Z
長方形（$b \times h$）	$\dfrac{1}{12}bh^3$	$\dfrac{1}{6}bh^2$
中空長方形	$\dfrac{1}{12}b(h_2^3 - h_1^3)$	$\dfrac{1}{6}\dfrac{b(h_2^3 - h_1^3)}{h_2}$
円形（直径 d）	$\dfrac{\pi}{64}d^4$	$\dfrac{\pi}{32}d^3$
中空円形	$\dfrac{\pi}{64}(d_2^4 - d_1^4)$	$\dfrac{\pi}{32}\dfrac{(d_2^4 - d_1^4)}{d_2} \fallingdotseq 0.8 d_m^2 t$ （t/d_m が小さいとき）
楕円形	$\dfrac{\pi}{4}a^3 b$	$\dfrac{\pi}{4}a^2 b$
三角形	$\dfrac{1}{36}bh^3$	$e_1 = \dfrac{1}{3}h,\ e_2 = \dfrac{2}{3}h$ $Z_1 = \dfrac{1}{12}bh^2,\ Z_2 = \dfrac{1}{24}bh^2$
H形・十形	$\dfrac{td^3 + s^3(b-t)}{12}$	$\dfrac{td^3 + s^3(b-t)}{6d}$
I形・コ形	$\dfrac{ad^3 - h^3(a-t)}{12}$	$\dfrac{ad^3 - h^3(a-t)}{6d}$

そして，はりのたわみとたわみ角はきわめて小さいことから，$ds = dx$，$dy/dx = \tan\theta \fallingdotseq \theta$ とみなすことができ，次式を得る．

$$\frac{d\theta}{ds} = \frac{d\theta}{dx} = \frac{d(dy/dx)}{dx} = \frac{d^2y}{dx^2} \tag{5.51}$$

そこで，先に求めた式（5.44）と式（5.51）を式（5.50）へ代入して次式を得る．

$$\frac{d^2y}{dx^2} = -\frac{M}{EI} \quad \text{または} \quad EI\frac{d^2y}{dx^2} = -M \tag{5.52}$$

式（5.52）が，はりのたわみ曲線を決定するための基礎式（たわみ曲線の微分方程式）である．一般に，曲げモーメント M は x の関数であるから，式（5.52）を x について積分し，積分定数をたわみ曲線の境界条件で定めることにより，たわみ角 $\theta = dy/dx$ およびたわみ y を求めることができる．

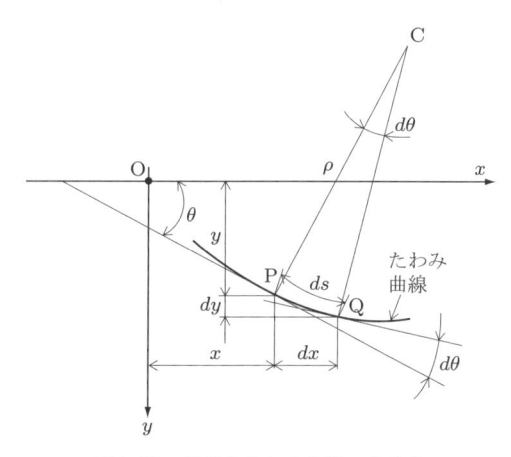

図 5.26 はりのたわみ曲線の求め方

具体例として，図 5.20 に示す片持ちばり（断面 2 次モーメントは I，縦弾性係数は E）についてたわみ曲線を求める．先端（左端）から任意点 x での曲げモーメントは $M = -Px$ であるから，

$$EI\frac{d^2y}{dx^2} = -M = Px \tag{5.53}$$

となる．式（5.53）を x で積分して，

$$EI\frac{dy}{dx} = P\frac{x^2}{2} + C_1, \quad EIy = \frac{P}{2}\frac{x^3}{3} + C_1 x + C_2 \tag{5.54}$$

境界条件は，固定端（右端）でたわみ角とたわみが 0 である．つまり，$x = l$ で $\theta = dy/dx = 0$，$y = 0$ となる．

$$x = l, \ \frac{dy}{dx} = 0 \ \text{より} \quad EI \times 0 = P\frac{l^2}{2} + C_1 \quad \therefore \quad C_1 = -\frac{Pl^2}{2} \tag{5.55}$$

$$x = l, \ y = 0 \ \text{より} \quad EI \times 0 = \frac{Pl^3}{6} + \left(-\frac{Pl^2}{2}\right)l + C_2 \quad \therefore \quad C_2 = \frac{Pl^3}{3} \tag{5.56}$$

したがって，たわみ角とたわみ曲線は，それぞれ次式となる．

表5.4 さまざまなはりのたわみ曲線とたわみ角 [5.12]

はりの形	たわみ角	任意の断面 x におけるたわみ y (y は下向きが正)	最大および中点のたわみ
1. 片持ちばり——先端における集中荷重 P	$\theta = \dfrac{Pl^2}{2EI}$	$y = \dfrac{Px^2}{6EI}(3l - x)$	$\delta_{\max} = \dfrac{Pl^3}{3EI}$
2. 片持ちばり——任意の点の集中荷重 P	$\theta = \dfrac{Pa^2}{2EI}$	$0 < x < a$ に対して $\quad y = \dfrac{Px^2}{6EI}(3a - x)$ $0 < x < l$ に対して $\quad y = \dfrac{Pa^2}{6EI}(3x - a)$	$\delta_{\max} = \dfrac{Pa^2}{6EI}(3l - a)$
3. 片持ちばり——密度 w の等分布荷重	$\theta = \dfrac{wl^3}{6EI}$	$y = \dfrac{wx^2}{24EI}(x^2 + 6l^2 - 4lx)$	$\delta_{\max} = \dfrac{wl^4}{8EI}$
4. 片持ちばり——最大密度 w の一様変化分布荷重	$\theta = \dfrac{wl^3}{24EI}$	$y = \dfrac{wx^2}{120\,lEI}(10l^3 - 10l^2x + 5lx^2 - x^3)$	$\delta_{\max} = \dfrac{wl^4}{30EI}$
5. 片持ちばり——先端の曲げモーメント M	$\theta = \dfrac{Ml}{EI}$	$y = \dfrac{Mx^2}{2EI}$	$\delta_{\max} = \dfrac{Ml^2}{2EI}$
6. 片持ちばり——中央の集中荷重 P	$\theta_1 = \theta_2 = \dfrac{Pl^2}{16EI}$	$0 < x < \dfrac{l}{2}$ に対して $y = \dfrac{Px}{12EI}\left(\dfrac{3l^2}{4} - x^2\right)$	$\delta_{\max} = \dfrac{Pl^3}{48EI}$
7. 単純支持ばり——任意の点の集中荷重 P	左端 $\theta_1 = \dfrac{Pb(l^2 - b^2)}{6lEI}$ 右端 $\theta_2 = \dfrac{Pab(2l - b)}{6lEI}$	$y = \dfrac{Pbx}{6lEI}(l^2 - x^2 - b^2) \quad [0 < x < a]$ $y = \dfrac{Pb}{6lEI}\left\{\dfrac{l}{b}(x - a)^3 + (l^2 - b^2)x - x^3\right\}$ $[a < x < l]$	$x = \sqrt{\dfrac{l^2 - b^2}{3}}$ で $\delta_{\max} = \dfrac{Pb(l^2 - b^2)^{3/2}}{9\sqrt{3}\,lEI}$ 中央で，$a > b$ のとき $\delta = \dfrac{Pb}{48EI}(3l^2 - 4b^2)$
8. 単純支持ばり——密度 w の等分布荷重	$\theta_1 = \theta_2 = \dfrac{wl^3}{24EI}$	$y = \dfrac{wx}{24EI}(l^3 - 2lx^2 + x^3)$	$\delta_{\max} = \dfrac{5wl^4}{384EI}$
9. 単純支持ばり——右端の曲げモーメント M	$\theta_1 = \dfrac{Ml}{6EI}$ $\theta_2 = \dfrac{Ml}{3EI}$	$y = \dfrac{Mlx}{6EI}\left(1 - \dfrac{x^2}{l^2}\right)$	$x = l/\sqrt{3}$ で $\delta_{\max} = \dfrac{Ml^2}{9\sqrt{3}\,lEI}$ 中央で $\quad \delta = \dfrac{ml^2}{16EI}$
10. 単純支持ばり——最大密度 w の一様変化分布荷重	$\theta_1 = \dfrac{7wl^3}{360EI}$ $\theta_2 = \dfrac{wl^3}{45EI}$	$y = \dfrac{wx}{360\,lEI}(7l^4 - 10l^2x^2 + 3x^4)$	$x = 0.519l$ で $\delta_{\max} = 0.00652\dfrac{wl^4}{EI}$ 中央で $\delta = 0.00651\dfrac{wl^4}{EI}$

$$\theta = \frac{dy}{dx} = \frac{P}{2EI}(x^2 - l^2), \quad y = \frac{P(x^3 - 3l^2x + 2l^3)}{6EI} \tag{5.57}$$

また，最大たわみ角と最大たわみは $x=0$ で生じ，次式となる．

$$\theta_{\max} = \frac{Pl^2}{2EI}, \quad y_{\max} = \frac{Pl^3}{3EI} \tag{5.58}$$

同様な手法により，種々の場合についてたわみ曲線の計算式を求めた結果を，表5.4 に示す．

例題 5.6

図 5.20 に示す片持ちばりにおいて，幅 $b=50$ mm，高さ $h=80$ mm の長方形断面，長さ $l=3$ m の真直ばりに，荷重 $P=550$ N が作用する場合の先端における最大たわみ，最大たわみ角およびはりに生じる最大曲げ応力を求めよ．ただし，材料の縦弾性係数 E は 210 GPa とする．

解 答

式 (5.58) を用いて，つぎのように計算される．

$$y_{\max} = \frac{Pl^3}{3EI} = \frac{550 \times 3000^3}{3 \times 210 \times 10^3 \times (50 \times 80^3)/12} = 110.5 \text{ mm}$$

$$\theta_{\max} = \frac{Pl^2}{2EI} = \frac{550 \times 3000^2}{2 \times 210 \times 10^3 \times (50 \times 80^3)/12} = 0.0055 \text{ rad} = 0.317°$$

またこの場合，［例題 5.3］の結果より，最大曲げモーメントは固定端で生じ，$M_{\max}=-Pl$ となる．したがって，最大曲げ応力は固定端で部材の上面に生じ，式（5.47）によりつぎのように計算される．

$$\sigma_{x\max} = \frac{M_{\max}}{Z} = \frac{Pl}{bh^2/6} = \frac{550 \times 3000}{(50 \times 80^2)/6} = 30.94 \text{ MPa}$$

これらの数値解析を，本書でとり上げている3次元 CAD システム SolidWorks に付属の CAE システムを用いて3次元的に解析したものを図5.27 に示す．図5.27 (a) ははりの寸法関係を表し，図5.27 (b) はたわみ変形の様子を拡大して示し，さらに応力分布の様子を表している．

図5.27 (b) より，固定端の上面でもっとも大きな応力が生じる反面，大きくたわんだ先端付近では応力はほとんど生じていないこと，また中央断面付近でも応力はほとんど生じないことなどがみて取れる．

そこで，図5.27 (c) に示すように，はり部材先端での幅を $b=15$ mm としてテーパ形状のはりとした場合について，同様な条件で3次元的に解析したものを図5.27 (d) に示す．この場合，先端でのたわみは大幅に増大するが，固定端の上面で生じる最大応力の大きさは図5.27 (b) の場合と同様であり，先端や中央断面付近では応力はほとんど生じないことなどがわかる．したがって，大きなたわみが許されるのであれば，図5.27 (a)，(c) とは強度設計的には同等である．

図5.27 (c) の場合についてのはりのたわみ曲線は，式（5.52）において部材の断面2次モーメント I を変数 x の関数として表し，式（5.53）〜（5.57）と同様な積分法で求めることができる．

このように，最新の3次元 CAD，CAE システムなどを用いることにより，強度設計の理論と実際とを視覚的に比較・把握することができるので，設計者にとっては非常に便利である．

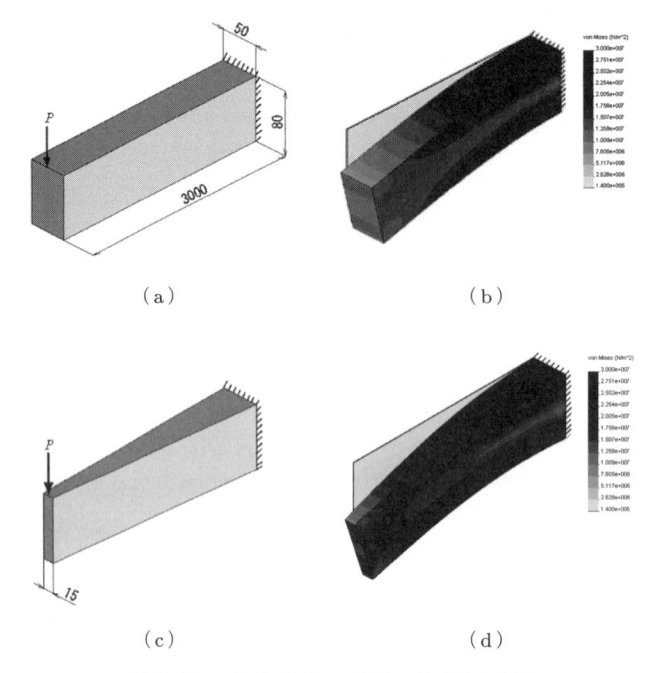

図 5.27　3 次元 CAD, CAE による強度解析

5.3.5　はりの強度設計

いま，はりの強度設計を行う場合，曲げモーメント M により生じる曲げ応力と部材の許容応力とを比較検討すること，さらに生じるたわみ（たわみ角）と許容のたわみ（たわみ角）とを比較検討することが必要であるが，ここでは応力に注目して述べる．

設計例として，直径 d の中実丸軸を考える．式（5.47）で表される最大曲げ応力の式に表 5.3 に示される断面係数 $Z = \pi d^3/32$ を代入し，部材の許容曲げ応力 σ_a との関係を次式のようにおく．

$$\sigma_{x\max} = \frac{M}{Z} = \frac{M}{\pi d^3/32} = \frac{32M}{\pi d^3} \leqq \sigma_\mathrm{a} \tag{5.59}$$

これより，次式を得る．

$$d \geqq \sqrt[3]{\frac{32M}{\pi \sigma_\mathrm{a}}} \tag{5.60}$$

5.4　ねじり

5.4.1　丸軸のねじり

電動機などの回転動力を伝達するための軸部材には，ねじりトルク（ねじりモーメント）が負荷される．このような軸部材には，円形断面が用いられることが多いので，ここでは丸軸のねじり問題について述べる．

図5.28に示すように，左端が固定された直径d，長さlの中実丸軸が，右端でねじりトルクTを受ける場合を考える．この場合についての解析は，

① 丸軸の軸直角断面形状はねじり変形後も円形であり，平面を保つ．
② 軸直角断面にひかれた直径線はねじり変形後も直線であり，長さは変わらない．
③ 任意に離れた二つの軸直角断面にひかれた直径線は，二つの面の相対距離に比例して相対回転する．

というクーロンの仮定にもとづいて行う．

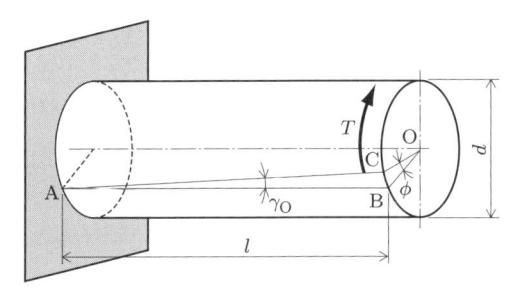

図5.28 ねじりトルクを受ける軸部材の変形

トルクTを受けた丸軸は軸線まわりにねじられ，母線ABがACの位置に変形し，右端面は角ϕ回転する．したがって，軸の表面でのせん断ひずみγ_0は次式となる．

$$\gamma_0 = \frac{\widehat{\mathrm{BC}}}{l} = \frac{(d/2)\phi}{l} = \frac{d}{2}\theta \tag{5.61}$$

ここで，ϕはねじれ角（全ねじれ角），θは単位長さあたりのねじれ角（比ねじれ角）であり，ねじり変形の程度を表す場合に用いる．

$$\theta = \frac{\phi}{l} \tag{5.62}$$

このせん断ひずみにより，軸表面に生じるせん断応力τ_0は軸部材の横弾性係数をGとすれば，次式で表される．

$$\tau_0 = G\gamma_0 = G\frac{d}{2}\theta \tag{5.63}$$

これらの関係は軸内部の任意半径rの円筒についても成立するから，任意半径rにおけるせん断ひずみγ，せん断応力τは次式となる．

$$\gamma = \frac{r\phi}{l} = r\theta \tag{5.64}$$

$$\tau = G\gamma = Gr\theta \tag{5.65}$$

つぎに，これらのせん断応力と外力として作用したトルクとの関係を考えると，任意半径におけるせん断応力が軸中心に関してもつモーメントの総和が，外部トルクとつり合うことになる．図5.29に示すように，断面の任意半径rの位置で微小面積dAを考え，dAに作用するせん断応力τが軸中心に対してもつモーメントは$dT = r\tau dA$となるから，次式が成立する．

$$T = \int dT = \int_A r\tau dA = \int_A rGr\theta dA = G\theta \int_A r^2 dA = G\theta I_\mathrm{p} \tag{5.66}$$

ここで，I_pを断面2次極モーメント（polar moment of inertia）とよび，直径dの丸軸ではつ

ぎのように計算される．

$$I_\mathrm{p} = \int r^2 dA = \int_0^{d/2} r^2 2\pi r dr = 2\pi \int_0^{d/2} r^3 dr = \frac{\pi d^4}{32} \tag{5.67}$$

また，式（5.66）から次式を得る．

$$\theta = \frac{T}{GI_\mathrm{p}} = \frac{32T}{\pi d^4 G} \tag{5.68}$$

さらに，式（5.68）を式（5.65）に代入して次式を得る．

$$\tau = Gr\theta = Gr\frac{32T}{\pi d^4 G} = \frac{32Tr}{\pi d^4} \tag{5.69}$$

したがって，丸軸の外径でせん断応力は最大となることがわかり，次式となる．

$$\tau_\mathrm{max} = \tau_0 \frac{32T(d/2)}{\pi d^4} = \frac{16T}{\pi d^3} = \frac{T}{Z_\mathrm{p}} \tag{5.70}$$

ここで，Z_p を極断面係数（polar section modulus）とよび，直径 d の丸軸ではつぎのように計算される．

$$Z_\mathrm{p} = \frac{I_\mathrm{p}}{d/2} = \frac{\pi d^4/32}{d/2} = \frac{\pi d^3}{16} \tag{5.71}$$

また，ねじれ角 ϕ は次式で計算される．

$$\phi = \theta l = \frac{32Tl}{\pi d^4 G} \tag{5.72}$$

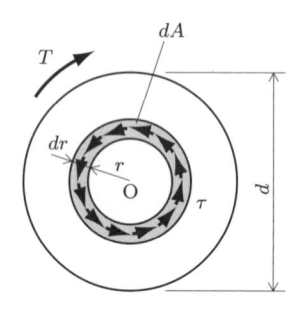

図 5.29　せん断応力とトルクのつり合い

例題 5.7

図 5.30 に示すように，長さ l，直径 d の丸棒の両端を剛に固定し，点 C の位置にトルク T を負荷した．断面 C でのねじれ角 ϕ と両端での反力（トルク）T_A，T_B を求めよ．ただし，部材の横弾性係数を G とする．

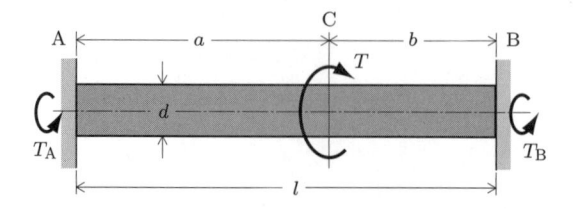

図 5.30　トルクを受ける不静定軸部材

解答

この問題は不静定となり，トルクのつり合いを考慮するだけでは解けない．トルクのつり合い式は次式となる．

$$T = T_A + T_B$$

いま，仮にトルク T_A および T_B が得られているとすると，AC 間および BC 間のねじれ角 ϕ_A, ϕ_B はそれぞれ次式で計算される．

$$\phi_A = \frac{32 T_A a}{\pi d^4 G}, \quad \phi_B = \frac{32 T_B b}{\pi d^4 G}$$

変形は点 C で連続であるから，ϕ_A と ϕ_B は等しい．ゆえに，

$$T_A a = T_B b = (T - T_A)b, \quad T_A a + T_A b = Tb \quad \therefore \quad T_A = \frac{Tb}{a+b} = \frac{Tb}{l}$$

となる．同様に，次式が求まる．

$$T_B = \frac{Ta}{a+b} = \frac{Ta}{l}$$

5.4.2 伝動軸の設計

電動機などの回転動力を伝達する軸の強度設計法は，つぎの手順となる．回転動力 H (W)，ねじりトルク T (Nm)，角速度 ω (rad/s)，回転数 n (rpm) にはつぎの関係がある．

$$H = T\omega = T\frac{2\pi n}{60} \tag{5.73}$$

この場合，動力の単位として馬力で与えられることも多い．また，馬力の単位にも MKS 単位系の仏馬力（PS）とインチ・ポンド系の英馬力（HP）とがあり，つぎのような値である．

　　仏馬力　1（PS）= 75 kgfm/s = 735 Nm/s = 735 W

　　英馬力　1（HP）= 33000 ft-lb/min = 33000 × 0.3048 m × 0.4536 kgf/60s

　　　　　　　　　= 76.04 kgfm/s = 745.2 Nm/s = 745.2 W

そこで与えられた条件から，式（5.73）によりトルク T を求め，軸の強度設計に用いる．このとき，軸に生じる最大せん断応力を考慮する場合と，生じる最大比ねじれ角を考慮する場合とがある．すなわち，軸部材の許容せん断応力 τ_a を考慮して，式（5.70）から次式を得る．

$$\tau_{max} = \frac{16T}{\pi d^3} \leq \tau_a \quad \therefore \quad d \geq \sqrt[3]{\frac{16T}{\pi \tau_a}} \tag{5.74}$$

一方，軸部材の許容な比ねじれ角 θ_a を考慮して，式（5.68）から次式を得る．

$$\theta = \frac{32T}{\pi d^4 G} \leq \theta_a \quad \therefore \quad d \geq \sqrt[4]{\frac{32T}{\pi G \theta_a}} \tag{5.75}$$

例題 5.8

回転数 1750 rpm で 7350 W の動力伝達する軸の太さを定めよ．軸部材の許容せん断応力を $\tau_a = 30$ MPa，許容比ねじれ角を $\theta_a = (1/4)°/\text{m}$，横弾性係数を $G = 80$ GPa とする．

解答

式 (5.73) を変形して，T はつぎのようになる．

$$T = \frac{H}{\omega} = \frac{H}{2\pi n/60} = \frac{7350}{2\pi \times 1750/60} = 40.1 \text{ Nm}$$

式 (5.74) より　　$d \geq \sqrt[3]{\dfrac{16T}{\pi \tau_a}} = \sqrt[3]{\dfrac{16 \times 40.1 \times 10^3}{\pi \times 30}} = 18.95 \text{ mm}$

式 (5.75) より　　$d \geq \sqrt[4]{\dfrac{32T}{\pi G \theta_a}} = \sqrt[4]{\dfrac{32 \times 40.1 \times 10^3}{\pi \times 80 \times 10^3 \times \{(1/4)/10^3\} \times (2\pi/360)}} = 32.89 \text{ mm}$

これらの計算結果より，JIS を参考にして，$d = 35$ mm と定める．これらの数値は，標準化の目的により，標準数の概念をもとに工業上使いやすいように定められている．

5.4.3　中空丸軸のねじり

いま，図 5.31 に示すような中空丸軸を考える．5.4.1 項で述べたように，ねじりトルクを受ける軸部材の中心付近のせん断応力は，それほど大きくはない．したがって，材料の有効利用を考慮した場合，中空丸軸を用いることは有利である．

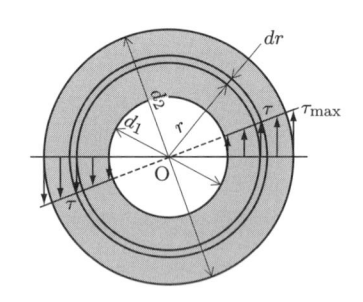

図 5.31　中空丸軸に生じる応力

図 5.31 に示すように，内径 d_1，外形 d_2，$k = d_1/d_2$ とすると，この中空丸軸の断面 2 次極モーメントは次式で求められる．

$$I_p = \int_A r^2 dA = \int_{d_1/2}^{d_2/2} r^2 2\pi r dr = 2\pi \int_{d_1/2}^{d_2/2} r^3 dr = \frac{\pi(d_2^4 - d_1^4)n}{32} = \frac{\pi d_2^4}{32}(1 - k^4) \quad (5.76)$$

したがって，比ねじれ角 θ，任意半径 r に生じる応力 τ，外径で生じる最大せん断応力 $\tau_{\max}$ は，中実丸軸の場合と同様に求められ，軸部材の許容せん断応力 τ_a を考慮して，次式を得る．

$$\tau_{\max} = \frac{16T}{\pi d_2^3(1-k^4)} \leq \tau_a \quad \therefore \quad d_2 \geq \sqrt[3]{\frac{16T}{\pi \tau_a(1-k^4)}} \quad (5.77)$$

同様に，軸部材の許容な比ねじれ角 θ_a を考慮して，次式を得る．

$$\theta = \frac{32T}{\pi G d_2^4(1-k^4)} \leq \theta_a \quad \therefore \quad d_2 \geq \sqrt[4]{\frac{32T}{\pi G \theta_a(1-k^4)}} \quad (5.78)$$

5.4.4　曲げとねじりを同時に受ける軸

ここまでは，曲げを受ける軸と，ねじりを受ける軸を別々に扱ってきた．しかし，現実の機械

設計の現場では，図 5.32 に示すような曲げとねじりを同時に受ける軸を扱う場合が多い．この場合，曲げモーメント M とねじりトルク T とを組み合わせ，相当曲げモーメント (equivalent bending moment) M_e と相当ねじりトルク (equivalent twisting torque) T_e とを考え，これらを用いて軸の強度設計を行う．

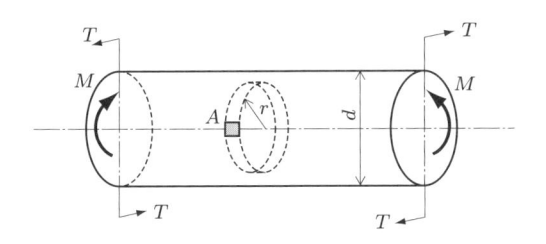

図 5.32 曲げとねじりを受ける軸

相当曲げモーメント M_e と相当ねじりトルク T_e は，それぞれ次式で求められる．

$$M_e = \frac{1}{2}(M + \sqrt{M^2 + T^2}) \tag{5.79}$$

$$T_e = \sqrt{M^2 + T^2} \tag{5.80}$$

これらを用いて，式 (5.60)，(5.74)，(5.75) を応用して，それぞれ次式のように軸の強度設計を行う．

$$d \geq \sqrt[3]{\frac{32 M_e}{\pi \sigma_a}} \tag{5.81}$$

$$d \geq \sqrt[3]{\frac{16 T_e}{\pi \tau_a}} \tag{5.82}$$

$$d \geq \sqrt[4]{\frac{32 T_e}{\pi G \theta_a}} \tag{5.83}$$

演習問題

5.1 直径 d（断面積 A），長さ l，縦弾性係数 E，ポアソン比 ν の丸棒に引張荷重を作用させたところ，丸棒は，図 5.6 のように直径 d'，長さ l' に弾性変形した．

(1) $P = 100$ kN が作用するときに丸棒に生じる応力を 100 MPa 以下にしたい．直径 d は，最低で何 mm 以上にすべきか．下記より適切な値を選び記号で答えよ．
① 18 mm ② 24 mm ③ 30 mm ④ 36 mm ⑤ 42 mm

(2) 丸棒の E を求める計算式を導け．また，$A = 100$ mm^2，$P = 10$ kN，$l = 1$ m，$\delta = l' - l = 0.5$ mm の場合，E の値を単位 GPa として数値計算で求めよ．

(3) $d = 20$ mm，$l = 1$ m，$\delta = l' - l = 0.5$ mm，$\nu = 0.3$ の場合，直径の縮み $|d' - d|$ の値を単位 μm として数値計算で求めよ．

5.2 図 5.33 に示す断面積 A，縦弾性係数 E の部材 AO および BO で構成されるトラスにおいて，点 O に鉛直方向荷重 P が作用する場合の部材 AO および BO の変形量 δ_1 および δ_2 を求めよ．

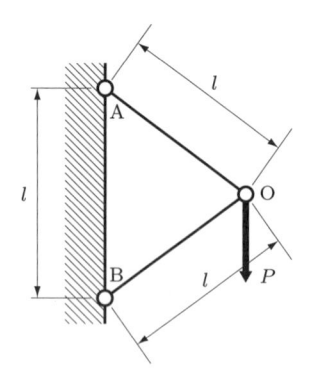

図 5.33 荷重を受けるトラス構造

5.3 図 5.18 (a) に示すように,両端を単純支持された長さ l,縦弾性係数 E,断面 2 次モーメント I,長方形断面 (幅 b,高さ h) のはりの左端より a の位置に集中荷重 P を作用させた.ただし,$a > l/2$ とする.

(1) 最大曲げ応力を求めよ.
(2) たわみ角およびたわみ曲線を求めよ.
(3) 最大たわみおよび荷重点 C におけるたわみを求めよ.
(4) つぎの説明文のうち,正しいものには○,誤っているものには×の記号で答えよ.
① 支点 A および B において曲げモーメントは 0 である.
② 支点 A および B においてせん断力は 0 である.
③ 最大たわみは荷重点 C で生じる.
④ 最大曲げモーメントは荷重点 C で生じる.
⑤ はりの断面積が同じ場合,$b < h$ よりも $b > h$ の場合の方が最大曲げ応力は大きい.

5.4 直径 d の中実丸軸と内径 d_1,外径 d_2 の中空丸軸のねじりについて,両者の断面積,長さ,材質が同じ場合,①強度と②剛性を比較・考察せよ.

参考文献

[5.1] 尾田十八,鶴崎 明,木田外明,山崎光悦,「材料力学＜基礎編＞[第 2 版]」,森北出版,2004.
[5.2] 中島正貴,「材料力学」,コロナ社,2005.
[5.3] 加藤正名 ほか,「材料力学」,朝倉書店,1988.
[5.4] 冨田佳宏,仲町英治,中井善一,上田 整,「材料の力学」,朝倉書店,2001.
[5.5] 村上敬宜,森 和也,「材料力学演習」,森北出版,1996.
[5.6] 萩原芳彦,三澤章博・鈴木秀人,「よくわかる材料力学」,オーム社,1996.
[5.7] 萩原國雄,「材料力学 考え方解き方」,東京電機大学出版局,1994.
[5.8] 越智保雄,酒井達雄,"金属材料の超長寿命域における疲労特性",「材料」,Vol.52,No.4,pp.433-439,2003.
[5.9] 林 則行,冨坂兼嗣,平賀英資,「機械設計法 改訂・SI 版」,森北出版,1988.
[5.10] 大津 亘,「設計技術者のための品質管理」,日科技連,2004.
[5.11] 日本機械学会 編,「機械工学便覧 基礎編 $\alpha 3$ 材料力学」,日本機械学会,2005.
[5.12] S.Timoshenko,D.H.Young 著,前澤成一郎 訳,「材料力学要論」,コロナ社,1964.

第6章　要素設計

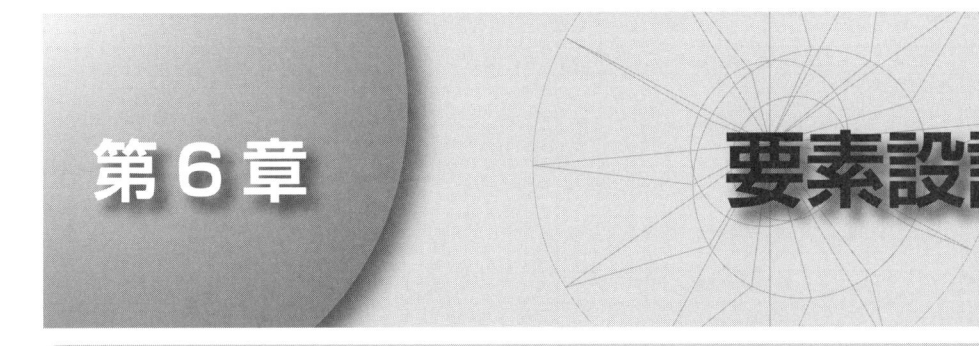

　さまざまな機械を分解してみると，共通に用いられている要素的な部品があることに気づく．そのような部品を総称して機械要素という．機械要素には多くの種類がある．そのうちの主なものは，その働きによって，表6.1(p.164)のように分類できる．機械設計の際には，機械要素のことを知ってそれについての選定や設計を行う要素設計が必要である．締結用のねじ，動力伝達や回転運動伝達用の歯車，回転運動支持用の軸受は機械要素の代表とされる．本章では，それらの基礎的なことがらについて説明する．

Key Word　ねじ，歯車，軸受，締結，動力伝達，回転運動伝達，回転運動支持

6.1　ねじ

6.1.1　ねじの基本用語とその意味

　図6.1，図6.2にねじについての基本図を示す．通常，円筒状の外面や内面に設けられた一定の断面形状をもつコイル状の突起をねじ山といい，ねじ山をもった柱状体全体をねじという．そして，ねじ山が外面にある場合をおねじ，内面にある場合をめねじといい，このようなねじをもった品物をねじ部品とよぶ．また，軸方向に目をおいて，ねじ山を時計回り（右回り）にたどると，

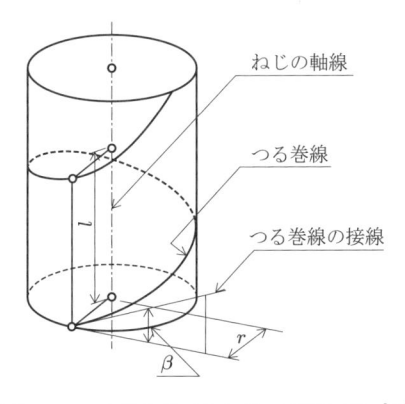

図6.1　つる巻き線（右ねじ，平行ねじ）[6.4]

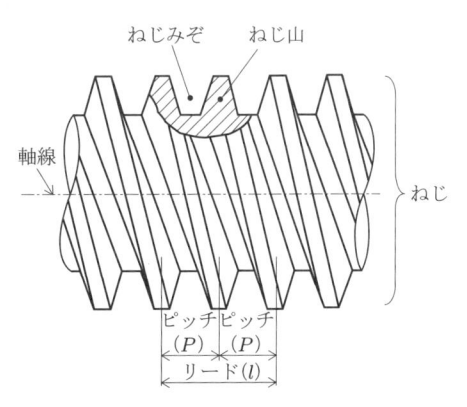

図6.2　平行おねじ（右ねじ，2条ねじ）[6.1]

表6.1 主な機械要素の分類

主な働き	機械要素の名称	主な働き	機械要素の名称
締結	締結用ねじ，リベット（ボルト，ナット，リベット）	制動	ブレーキ，ダッシュポット，クラッチ（ブレーキ，ダッシュポット）
結合・止め合わせ	ピン，キー，コッタ，止め輪（ピン，コッタ，キー）	エネルギー蓄積・緩衝	ばね，フライホイール，圧力容器（ばね，フライホイール，圧力容器）
軸の連結	軸継手（直前軸用，平行軸用，斜交軸用）	流体の輸送・制御	管，弁
動力・運動の伝達	[回転―回転] 丸軸，歯車，摩擦車，プーリ・ベルト，チェーン・スプロケット（歯車，摩擦車，プーリーベルト，チェーン・スプロケット） [回転―直動] すべりねじ，ボールねじ，カム，歯車（ラック・ピニオン），摩擦車（ボールねじ，カム） [直動―直動] シリンダ・ピストン（液体） [その他] リンク，カム（リンク）	流体の密封	ガスケット，パッキン，オイルシール，Oリング，メカニカルシール
		支持・案内	[回転自由] 転がり軸受，すべり軸受 [直動] ころがり案内，すべり案内，静圧案内 [球面運動自由] 球面軸受 [回転・直動自由] 直動玉軸受

各図は文献 [6.1] による

遠ざかるねじを右ねじ，逆に反時計回り（左回り）にたどると遠ざかるねじを左ねじとして区別する．図のように，ねじ山がテーパのない円筒面に設けられているものを平行ねじといい，テーパのある面に設けられている場合をテーパねじという．ここでは平行ねじだけを扱う．

（1）つる巻き線，リード，リード角

図 6.1 のように，つる巻き線は円筒表面に沿って軸方向移動と軸線回り回転角の比が一定であるような点が描く軌跡であり，それに沿って軸線回りに一周するときに進む軸方向距離 l をリードとよぶ．ねじ山はつる巻き線に沿って設けられる．つる巻き線と，その上の 1 点を通るねじの軸に直角な平面とがなす角度 β をリード角という．つる巻き線の半径を r とすれば，

$$\tan\beta = \frac{l}{2\pi r} \tag{6.1}$$

となる．β は r によって変わるので，普通は，$2r = d_2$（d_2 は有効径の標準寸法）で代表させる．

（2）ピッチ，1 条ねじ，多条ねじ

互いに隣り合うねじ山の相対応する 2 点を軸線方向に測った距離 P をピッチという．図 6.1 のように，つる巻き線が一つの場合が 1 条ねじであり，つる巻き線が二つあり，それらの始点が 180°離れている場合（図 6.2）は 2 条ねじとよばれる．3 条以上についても同様で，条数が n なら，$l = nP$ である．

（3）フランク角，ねじ山の角度など

図 6.3 にねじ山の各部名称を示す．フランクとは，山頂と谷底を連絡する面をいい，通常，軸線をふくむ断面形では直線である．軸線に直角な直線とフランクがなす角度 α をフランク角，隣り合うフランクがなす角度がねじ山の角度である．通常，図のように隣り合うフランク角は等しいが，それらが異なる特殊ねじもある．

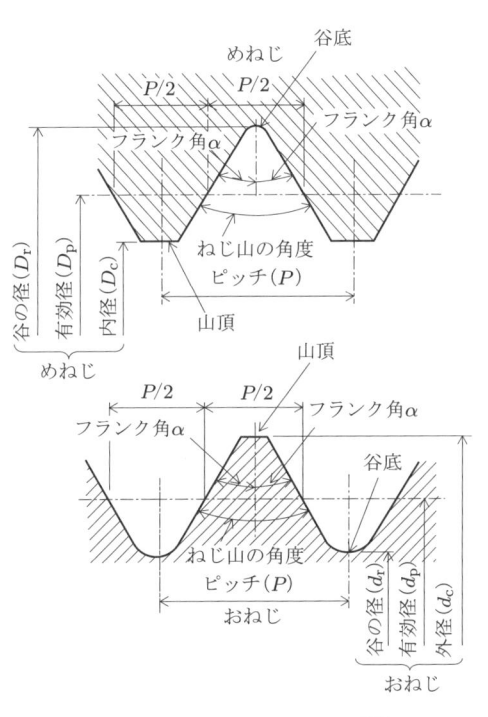

図 6.3 ねじ山の各部の名称 [6.1]

(4) 有効径

図 6.3 で，ねじ溝の幅がねじ山の幅に等しくなるような仮想的な円筒の直径を有効径という．

6.1.2　ねじの用途と種類

表 6.1 に示したように，ねじは主に締結用と送り用として用いられる．とくに，締結用としての利用が圧倒的に多い．そのほかに，管継ぎ用，位置の微細調整用，寸法測定用，プレス用，各種の弁の開閉用，ジャッキなどによる押し上げ用などの広い用途がある．

図 6.4 に締結に用いられる各種のねじ部品を示す．大きく分ければ，ミニチュアねじ，小ねじ，タッピンねじ，ボルト，ナット，植込みボルト，止めねじ，木ねじなどがあり，細かく分けると種類が非常に多くなる．ねじは標準化にとくに関係が深く，実際の様子と規定を知るためには JIS を参照する必要がある．

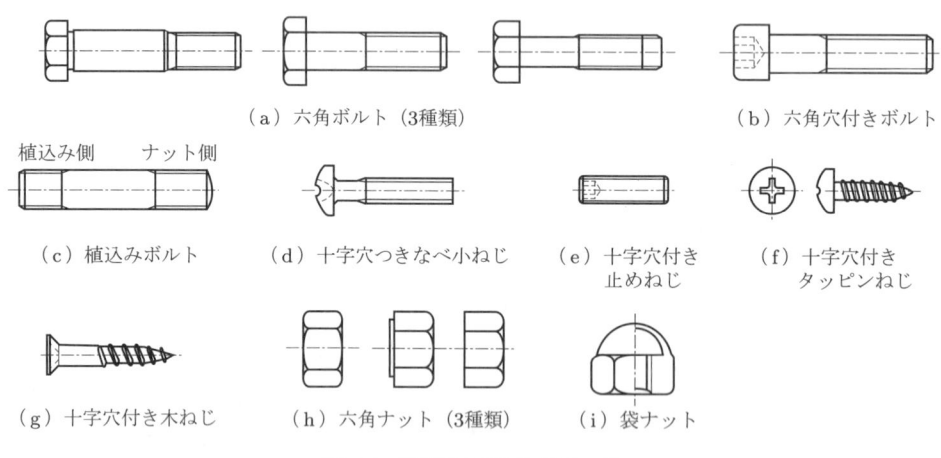

(a) 六角ボルト (3種類)　　　(b) 六角穴付きボルト

(c) 植込みボルト　(d) 十字穴つきなべ小ねじ　(e) 十字穴付き止めねじ　(f) 十字穴付きタッピンねじ

(g) 十字穴付き木ねじ　(h) 六角ナット (3種類)　(i) 袋ナット

図 6.4　締結用の各種ねじの一部

図 6.5 に 3 種類の送り用のねじを示す．通常，締結用ねじのねじ山の軸断面形状は，正三角形に近い三角ねじであるが，送り用ではそれとは異なり，たとえば，滑りねじには，山の角度 $2\alpha = 30°$ のメートル台形ねじを用いる．山の角度が小さいため，このねじは摩擦によるエネルギー損失が少なく，また高精度加工にも有利なので送り用に適している．

次項からは，小ねじ，ボルト，ナットなど主要な締結用ねじを対象として述べる．

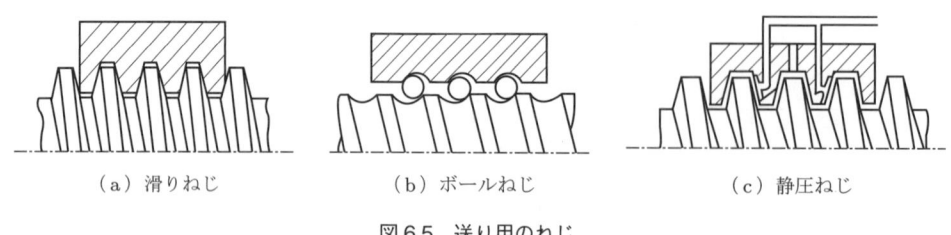

(a) 滑りねじ　　　(b) ボールねじ　　　(c) 静圧ねじ

図 6.5　送り用のねじ

例題 6.1

マイクロメータはねじを利用した精密測定器である．そのねじの役割を述べよ．

解答
回転角と軸方向変位の間の連続的な比例関係を利用し，寸法測定用の基準として使われている．寸法の微小な違いを回転により拡大して読み取る．一般のマイクロメータでは，ピッチ 0.5 mm の精密なねじが使われている．

6.1.3 基準山形と基準寸法

締結用の主なねじに用いられる一般用メートルねじの基準山形を図 6.6 に示す．基準山形とは，めねじとおねじの境界線になるものであり，上側がめねじ，下側がおねじの領域である．そして，基準山形に与えられる寸法が基準寸法である．基準山形の両側には，許容幅（寸法公差）が設けられ，ねじ山はその範囲内にあればよく，実際のおねじとめねじの間にはすきまがある．メートルねじとは，直径，ピッチをミリメートルで表したねじで，わが国を始め国際的にも最も広く用いられている．ほかにインチ系のユニファイねじがあるが，山の角度は $60°(\alpha = 30°)$ であり，基準山形も同じと考えてよい．なお，締結用には 1 条ねじが用いられる．

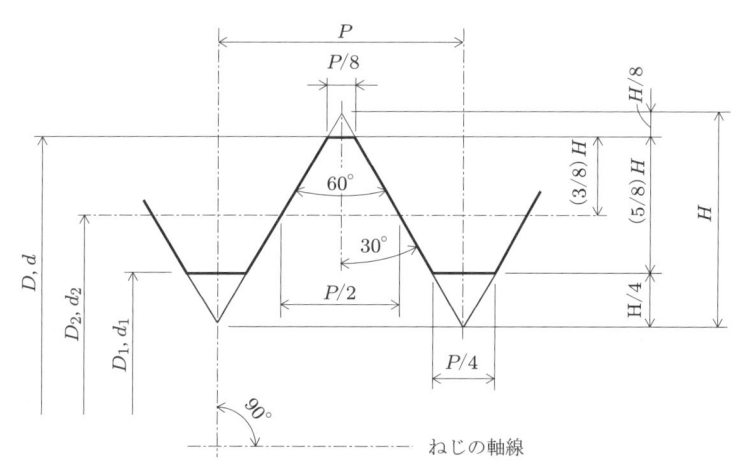

D：めねじの谷の径，D_1：めねじの内径，D_2：めねじの有効径
d：おねじの外径，d_1：おねじの谷の径，d_2：おねじの有効径
P：ピッチ，H：とがり山の高さ

図 6.6　一般用ねじの基準山形 [6.4]

ねじの直径とピッチの組み合わせが普通のものを並目ねじ，それよりもピッチの割合が細かいものを細目ねじという．表 6.2 と表 6.3 に，ねじ部品用として選択推奨されている一般用メートルねじの基準寸法を示す．付属項目として，ねじの強度計算に必要な有効断面積 A_s（6.1.4 項 (2) 参照）の値も示した．ねじとねじ部品の精度についても JIS で詳しく決められている．

メートルねじの表し方は，たとえば，呼び径が 10 mm だとすると，つぎのようになる．
① 並目（規定ピッチは一つだけ）の場合，M10
② 細目（規定ピッチは複数ある）でピッチ 1.25 mm の場合，M10 × 1.25

表6.2 ねじ部品用のメートル並目ねじの基準寸法 (単位：mm)

呼び径	ピッチ P	ねめじ 谷の径 D	ねめじ 有効径 D_2	ねめじ 内径 D_1	有効断面積 A_s (mm^2)
		おねじ 外径 d	おねじ 有効径 d_2	おねじ 谷の径 d_1	
3	0.5	3.000	2.675	2.459	5.03
4	0.7	4.000	3.545	3.242	8.78
5	0.8	5.000	4.480	4.134	14.2
6	1	6.000	5.350	4.917	20.1
8	1.25	8.000	7.188	6.647	36.6
10	1.5	10.000	9.026	8.376	58.0
12	1.75	12.000	10.763	10.106	84.3
16	2	16.000	14.701	13.835	157
20	2.5	20.000	18.376	17.294	245
24	3	24.000	22.051	20.752	353
30	3.5	30.000	27.727	26.211	561

＊M3〜M30における第1選択のもののみを表示（JISより）

表6.3 ねじ部品用のメートル細目ねじの基準寸法 (単位：mm)

呼び径	ピッチ P	ねめじ 谷の径 D	ねめじ 有効径 D_2	ねめじ 内径 D_1	有効断面積 A_s (mm^2)
		おねじ 外径 d	おねじ 有効径 d_2	おねじ 谷の径 d_1	
8	1	8.000	7.350	6.917	39.2
10	1.25	10.000	9.188	8.647	61.2
12	1.25	12.000	11.188	10.647	92.1
16	1.5	16.000	15.026	14.376	167
20	1.5	20.000	19.026	18.376	272
24	2	24.000	22.701	21.835	384
30	2	30.000	28.701	27.835	621

＊呼び径30mmまでの主なもののみを表示（JISより）

例題6.2

M10とM10×1.25のリード角 β（有効径円筒上）を求めよ．

解答

基準寸法を用いると，M10では，$l = p = 1.5$ mm，有効径 $d_2 = 9.026$ mm．M10×1.25では，$l = p = 1.25$ mm，$d_2 = 9.188$ mm．M10の場合，

$$\tan\beta = \frac{l}{\pi d_2} = \frac{1.5}{3.14 \times 9.026} = 0.0529$$

となる．したがって，リード角 β はつぎのようになる．

$$\beta = \tan^{-1} 0.0529 = 3.03°$$

同様に，M10×1.25の場合，つぎのようになる．

$$\tan\beta = \frac{l}{\pi d_2} = \frac{1.25}{3.14 \times 9.188} = 0.0433$$

$$\beta = \tan^{-1} 0.0433 = 2.48°$$

6.1.4 ねじ・ねじ締結体の力学

(1) 締付けにおける力学

ねじの締付けは外部からトルクを与えて行う．力学により理論的に考えると，外部から締付け工具により加える締付けトルク T_f と締付け軸力 F_f の関係はつぎのように表される[6.2, 6.3, 6.6, 6.7]．

$$T_\mathrm{f} = \frac{F_\mathrm{f}}{2}\{d_2 \tan(\beta + \rho') + \mu_\mathrm{w} d_\mathrm{w}\} \tag{6.2}$$

ただし，$\tan\rho' = \mu_\mathrm{s}/\cos\alpha_\mathrm{n}$，$\tan\alpha_\mathrm{n} = \tan\alpha \cos\beta$ である．図 6.7 に示すように，d_2 は有効径，α はフランク角であり，d_w は座面の摩擦トルクの等価直径とよばれる．また，μ_s はねじ面の，μ_w は座面の摩擦係数である．

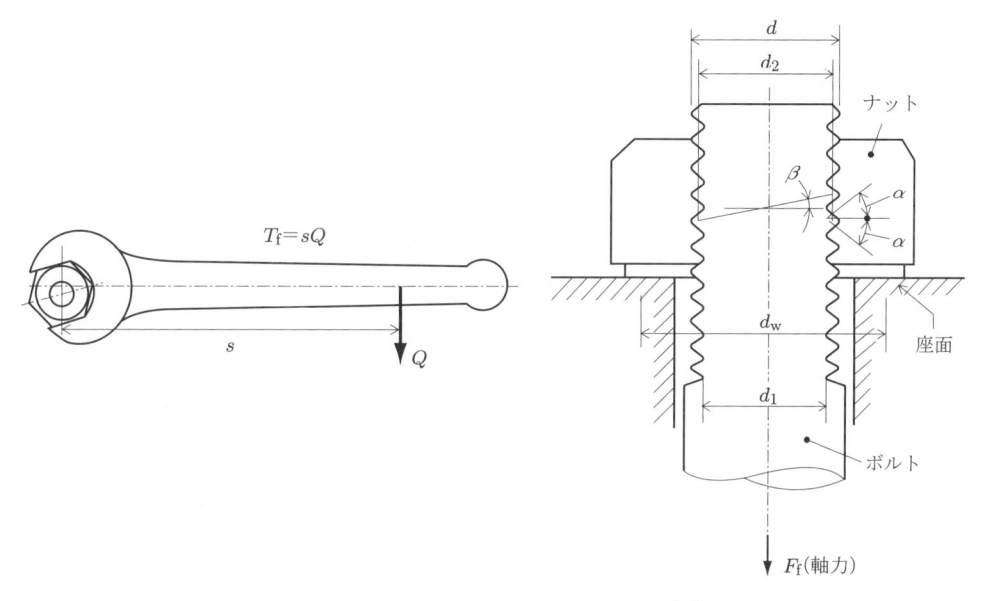

図 6.7 締付けトルクの計算に必要な記号[6.3]

[例題 6.2]でみたように，締結用ねじではリード角 β は小さいので，近似すると，式 (6.2) は，

$$T_\mathrm{f} \fallingdotseq \frac{F_\mathrm{f}}{2}\left(\frac{P}{\pi} + \frac{\mu_\mathrm{s} d_2}{\cos\alpha} + \mu_\mathrm{w} d_\mathrm{w}\right) \tag{6.2}'$$

ここで，P はピッチ，普通のボルト，ナットでは $d_\mathrm{w} \fallingdotseq 1.3d$ （d はねじの呼び径）である．

例題 6.3

ねじをゆるめるときのトルク T_l の式を表せ．

解答

式 (6.2) では，$\beta \to -\beta$，式 (6.2)′では，$P/\pi \to -P/\pi$ と置き換えればよい．
すなわち，後者でいえば，$T_l \fallingdotseq \dfrac{F_\mathrm{f}}{2}\left(-\dfrac{P}{\pi} + \dfrac{\mu_\mathrm{s} d_2}{\cos\alpha} + \mu_\mathrm{w} d_\mathrm{w}\right)$ となる．

例題 6.4

M10 の場合について，つぎの問いに答えよ．
① 摩擦係数が $\mu_s = \mu_w = 0.15$ のときの締付けトルクは $\mu_s = \mu_w = 0$ のときの何倍になるか求めよ．
② $\mu_s = \mu_w = 0.15$ の場合の，ゆるめと締付けのトルク比 T_l/T_f を求めよ．

解答

表 6.2 より $P = 1.5$ mm，$d = 10$ mm，$d_2 = 9.026 = 9.03$ mm．また，$d_w = 13$ mm，$\alpha = 30°$
① 式（6.2）'を用いて二つの場合の比をとれば，8.3倍．この答えから，ねじの締付けにおいては摩擦が非常に大きな影響をおよぼすことがわかる．ただし，摩擦が低ければそれでよいというのではない．ゆるみ回転を簡単に起こすことになるからである．
②［例題 6.3］の答えと式（6.2）'を用いて次式のようになる．

$$\frac{T_l}{T_f} = \frac{-1.5/3.14 + 0.15 \times 9.03/\cos 30° + 0.15 \times 13}{1.5/3.14 + 0.15 \times 9.03/\cos 30° + 0.15 \times 13} = 0.76$$

締付けの際にボルトのねじ部にはどのような応力が作用するだろうか．それは F_f による軸方向引張応力 σ と，T_f から座面に関係する分（式（6.2）右辺の $\mu_w d_w F_f/2$）を差し引いた，ねじ部を通して加わるトルクによるねじり応力（軸直角せん断応力）τ である．

$$\sigma = \frac{F_f}{A_s}, \quad \tau = \frac{8F_f}{\pi d_s^3}\left(\frac{P}{\pi} + \frac{\mu_s d_2}{\cos \alpha}\right) \tag{6.3}$$

式（6.3）の A_s はボルトねじ部の有効断面積を表し，$d_s = (d_2 + d_3)/2$ として，$A_s = \pi d_s^2/4$ で与えられる（図 6.2，表 6.2，表 6.3 参照）．有効断面積は，有効径と谷の径の平均値を直径として想定される断面積であり，ねじの強度についての重要な値である．

金属の塑性変形開始の理論（せん断ひずみエネルギー説）によると，つぎの条件が成り立てば，ボルトのねじ部外周は塑性域に入ることになる．σ_V はこの場合の相当応力，σ_y は 6.1.6 項で述べる下降伏点または耐力を示す．

$$\sigma_V = \sqrt{\sigma^2 + 3\tau^2} > \sigma_y \tag{6.4}$$

（2）締結体における力学

ボルトなどの締結用ねじ部品と締め付けられる物（被締付け物）は互いに関係し合う．力の作用についても，そのことを考える必要がある．ここでは，図 6.8 に示すような最も基本的な場合

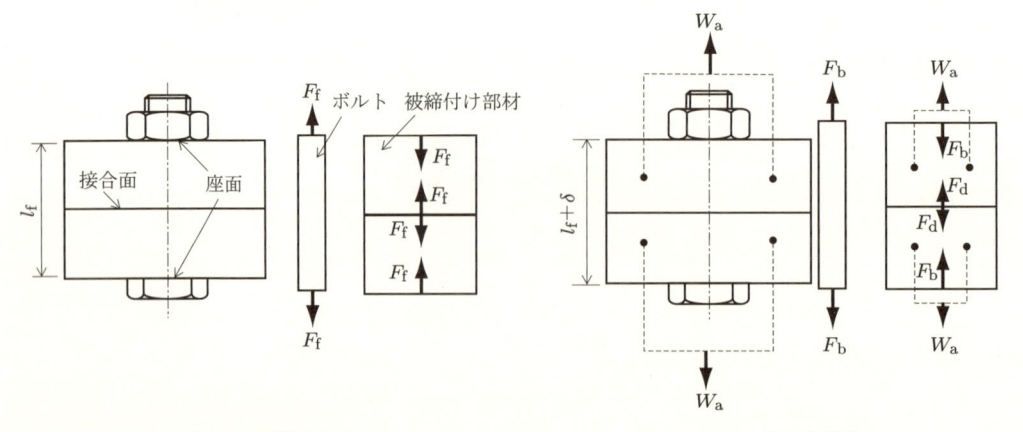

（a）初期締付け時　　　　（b）外力作用時

図 6.8　ねじ締結体の基本モデル

について考える．図 (a) は締付け作業が終わったとき，図 (b) はその後にボルト軸方向の外力 W_a が被締付け物に作用している状態を表す．

締付け作業が終わったときでは，ボルト軸力，座面圧縮力および接合面圧縮力（締付け力）の大きさは等しく，F_f である．しかし，外力 W_a によってその関係は変わり，ボルト軸力を F_b，接合面圧縮力を F_d とすると，

$$F_b = F_d + W_a$$

である．外力の作用によるボルト軸力と接合面圧縮力の変化分の大きさをそれぞれ，F_t，F_c とすると，

$$F_b = F_f + F_t, \quad F_d = F_f - F_c$$

となる．したがって，W_a はつぎのように求められる．

$$W_a = F_t + F_c \tag{6.5}$$

力が作用すると物は変形するため，ボルトのばね定数を C_b，被締付け物のばね定数を C_c とすると，締付け作業が終わったときのボルトの伸び δ_b と被締付け物の縮み δ_c，さらに，W_a によるボルトと被締付け物の変形 δ はつぎのようになる．

$$\delta_b = \frac{F_f}{C_b}, \quad \delta_c = \frac{F_f}{C_c}, \quad \delta = \frac{F_t}{C_b} = \frac{F_c}{C_c} = \frac{W_a}{(C_b + C_c)} \tag{6.6}$$

ここで述べた関係を図示したのが図 6.9 である．締付け作業が終わったときの状態は点 P で表され，外力作用時の状態はボルトが点 E，被締付け物が点 F で表される．

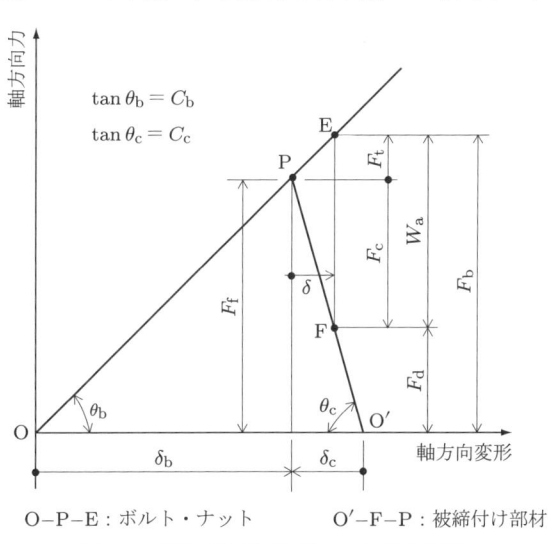

O–P–E：ボルト・ナット　　　　O′–F–P：被締付け部材
図 6.9　締付け線図（締付け力と外力作用）

ボルトへの追加軸力 F_t と，そのときの外力 W_a の関係は，つぎのようになる．

$$F_t = \frac{C_b}{C_b + C_c} W_a = \phi W_a \tag{6.7}$$

ここで，$\phi = C_b/(C_b + C_c)$ を内外力比（または，内力係数）といい，外力によってボルト軸力がどれだけ増加するかを検討する場合に重要な値である．C_b と C_c の大きさの関係により追加軸力 F_t の大きさが変わる．しかし，C_b，C_c は締結体の形状や外力の作用位置などに大きく影響されるので，実際の締結体の ϕ を正確に求めるためにはさらに深く学ぶ必要がある．

例題 6.5

図 6.8 で，M10 の鋼製ボルトを使い，l_f（グリップ長さ）＝ 35 mm の場合，つぎの問いに答えよ．

① 長さ l_f，直径が有効径 d_2 の単純な丸棒として計算できるとして，ボルトのばね定数 C_b を求めよ．

② $C_c = 8.2\,C_b$ とする．外力 $W_a = 2200$ N のとき，ボルトに作用する追加軸力を求めよ．

解答

① ［ばね定数］＝［力］/［伸びまたは縮み］．したがって，$C_b = F/\Delta l_f = \sigma A/(\varepsilon l_f) = EA/l_f$ となる．ε はひずみ（$= \Delta l_f / l_f$），E はボルトの縦弾性係数（$= \sigma / \varepsilon$）である．この場合は，$E = 210$ GPa，$A = \pi d_2^2/4 = 64$ mm$^2 = 64 \times 10^{-6}$ m^2 である．したがって，C_b はつぎのようになる．

$$C_b = \frac{210 \times 10^9 \times 64 \times 10^{-6}}{35 \times 10^{-3}} = 384 \times 10^6 \text{ N/m} = 384 \text{ N/}\mu\text{m}$$

② 内外力比 $\phi = C_b/(C_b + 8.2 C_b) = 0.109$，式 (6.7) より，追加軸力 $F_t = 0.109 \times 2200 = 239$ N である．

6.1.5 ねじの締付け（トルク法）

トルク係数 K を用い，式 (6.2)′ をつぎのように表すことが多い．

$$T_f = K F_f d \tag{6.8}$$

ここで，

$$K = \frac{1}{2d}\left(\frac{P}{\pi} + \frac{\mu_s d_2}{\cos\alpha} + \mu_w d_w\right)$$

である．通常，摩擦係数 μ_s，μ_w は，ねじ面と座面における潤滑油の状況，材質，めっきや粗さなどの表面状態，面圧や滑り速度などの多くの要因によって大きなばらつきを生じる．おおまかには，$0.1 < \mu_s < 0.2$，$0.1 < \mu_w < 0.2$ とみられる．

式 (6.8) の関係を用い，T_f を管理することにより目標とする締付け軸力 F_f を得ようとする締付け方法をトルク法という．手動による場合から，機械力による場合まで，最も多く使われる方法である．T_f の管理値を T_{fA} とし，それを中心にしたばらつき範囲を $T_{f\min} \sim T_{f\max}$，K のばらつき範囲を $K_{\min} \sim K_{\max}$ とすると，式 (6.8) の関係は図 6.10 のようになる．これから，得られ

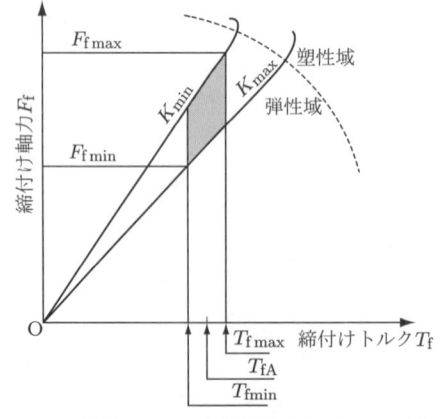

図 6.10 締付けトルクと締付け軸力（トルク法）[6.4]

る F_f の範囲が $F_{f\min} \sim F_{f\max}$ となることがわかる.

6.1.6 ねじ部品の強度

ねじ部品の強度には，大きく分けて静的強度と疲労強度（動的強度）がある．静的強度についてのJIS規定から，鋼製のボルト，小ねじ，植込みボルトの機械的性質の一部を表6.4に示す．静的強度で最も基本となるのは，引張強さ σ_B と，下降伏点または耐力 σ_y である．ステンレス鋼製や非鉄金属製の場合についても JIS 規定がある．

表6.4 鋼製のボルト・ねじ・植込みボルトの機械的性質（一部）

強度区分	4.8	6.8	8.8	10.9	12.9
引張強さ σ_B（最小値，MPa）	420	600	800	1040	1220
下降伏点または耐力 σ_y（最小値，MPa）	340	480	640	940	1100

*耐力は，下降伏点が不明瞭な場合の永久ひずみ0.2%点の引張応力をいう

(JISより抜粋)

表6.4にある強度区分の記号では，小数点前の1桁または2桁の数字が MPa（または N/mm^2）の単位による呼び引張強さの1/100の数値を，小数点後の数字は，呼び下降伏点または呼び耐力 σ_y と，呼び引張強さの比の10倍を示す．"呼び"という言葉は，公称値のことを表しており，実際値はそれと等しいか，もう少し大きい．たとえば，強度区分10.9とは，（呼び）引張強さが 1000 MPa，（呼び）耐力が（呼び）引張強さの 90%（= 900 MPa）である．引張強さは破断までの応力・ひずみ線図における最大の応力のことであり，下降伏点または耐力は弾性限界の応力と考えることができる．通常，強度区分8.8以上を高強度ボルトという．

ナットについては，それがボルトと同材質で，規格の寸法をもつ限り，ボルトより高い負荷能力をもつ（低ナットは別）．ボルトの強度区分に対応するように，鋼製ナットの強度区分も，4，5，6，8，9，10，12と段階的になっている．そして，4.8のボルトには，4（またはそれ以上）のナット，8.8のボルトには，8（またはそれ以上）のナットという組み合わせで用いる．

例題 6.6

強度区分4.8，8.8および10.9のM8のボルトがある．それらを引張るとき，それぞれの降伏荷重 F_y を求めよ．

[解答]

式 (6.3) より，降伏荷重 $F_y = A_s \sigma_y$ であり，表6.2 から $A_s = 36.6\ mm^2$．また，σ_y は表6.4によると，つぎのようになる（$1\ MPa = 1\ N/mm^2$ の関係に注意）．
（強度区分 4.8）$F_y = 36.6 \times 340 = 12400\ N$，（強度区分 8.8）$F_y = 36.6 \times 640 = 23400\ N$，
（強度区分 10.9）$F_y = 36.6 \times 940 = 34400\ N$

ねじ溝のような切欠きがあるねじでは，疲労強度は静的強度よりもかなり低い．疲労とは，繰返し応力が材料に作用する場合の破損・破壊現象であり，それ以下の応力が何回作用しても（鉄鋼材料では1千万回程度），疲労破壊を起こさない繰返し応力の振幅を疲労限度という．

図6.9に対応して，図6.11に外力 W_a が繰り返す場合を示す．この場合，ボルトの軸力は，F_f と $F_f + F_t$ の間を変動するが，繰返し応力の振幅 σ_a は軸力の最大値と最小値の差の半分による応

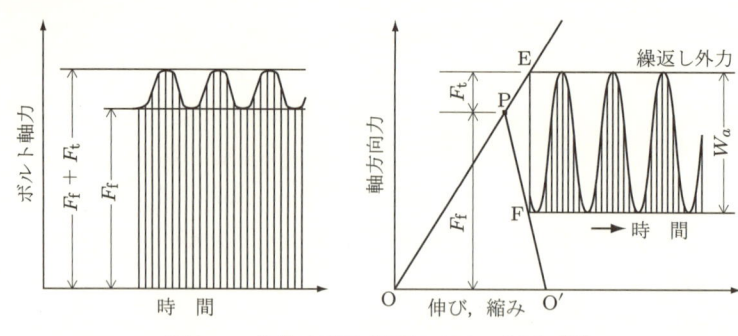

図6.11 締付け線図（繰返し外力の作用）[6.2]

力の大きさを意味するので，次式で与えられる．

$$\sigma_a = \frac{F_t}{2A_s} \tag{6.9}$$

疲労破壊を起こさない σ_a の限界値が，ねじの疲労限度 σ_w となる．表6.5にメートルねじの強度区分ごとの σ_w の推定値の一部を示す．静的強度の特性値となる表6.4の引張強さ σ_B，降伏点または耐力 σ_y と比較すると，疲労限度 σ_w がかなり低いことがよくわかる．

疲労破壊を起こさないためには，次式が成り立つ必要がある．

$$\sigma_a < \sigma_w \tag{6.10}$$

表6.5 メートルねじの疲労限度の推定値[6.6] （単位：MPa）

ねじの呼び		強度区分				
		4.8	6.8	8.8	10.9	12.9
並目	M8	55	44	52	65	68
	M10	47	41	50	62	65
	M12	43	39	48	61	64
	M16	39	36	45	57	61
細目	M8×1	68	47	54	66	68
	M10×1.25	52	42	50	62	65
	M12×1.25	51	41	49	60	63
	M16×1.5	43	37	45	56	59

例題 6.7

［例題6.5］②の場合，W_a が繰返し外力であるとしてボルトの疲労について検討せよ．

解答

［例題6.6］の解答から，$F_t = 239$ N．表6.2から，$A_s = 58.0$ mm²．したがって，式（6.9）より，$\sigma_a = 2.06$ N/mm² = 2.06 MPa が得られる．表6.5によると，疲労限度 σ_w が最も低いとみられる強度区分6.8でも $\sigma_w = 41$ MPa であり，式（6.10）を十分に余裕をもって満足する．したがって，疲労破壊のおそれはないと判断される．

6.1.7 ゆるみ防止

さまざまな原因で，締結ねじにはゆるみが発生することがある．ゆるみは重大事故に通じることがあるので，大変重要な問題である．ねじのゆるみを防ぐために，最も基礎的で重要なことは，十

分に高い締付け力を保証することである．これにより，ねじ面など締結部内の接触部の滑りを防いだり，接触部のへたりなどによる軸力低下を補償したりできる．しかし，十分に高い締付け力を与えることができない場合や，座面強度が不十分などの場合には，ゆるみ止めねじ部品を用いる．これにはいろいろなものがあるが，実際の性能には注意しなければならない．

6.2 歯車

6.2.1 歯車の用途と種類

歯車は一対の軸に取りつけられた車の周辺に設けられた歯を次々にかみあわせることによって動力・運動を伝達する機械要素であり，小さな計器や時計などから，巨大な舶用タービンなどにまで広く用いられている．歯車の特長は，コンパクトな機構で，小さな動力から大きな動力までを正確な速度伝達比で確実に回転伝達できることにある．

歯車は二つの軸の配置関係（平行，交差，食違い）によって表6.6のように分類されることが

表 6.6　歯車の種類 [6.1, 6.8]

平行軸歯車	交差軸歯車	食違い軸歯車
平行な2軸の間に動力・運動を伝達する歯車	交差する2軸の間に動力・運動を伝達する歯車	交わらず，平行でもない2軸の間に動力・運動を伝達する歯車
(a) 平歯車, (b) はすば歯車 (c) やまば歯車, (d) 内歯車対 (e) ラックと小歯車	(f) すぐばかさ歯車 (g) まがりばかさ歯車 (h) 交差軸フェースギヤ	(i) ねじ歯車 (j) 円筒ウォームギヤ (k) 鼓形ウォームギヤ (l) ハイポイドギヤ

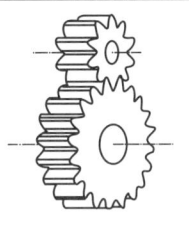

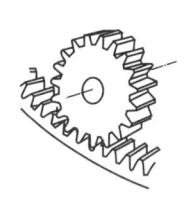

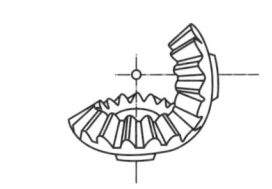

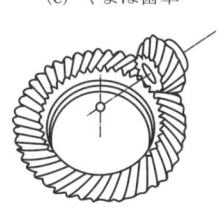

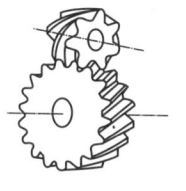

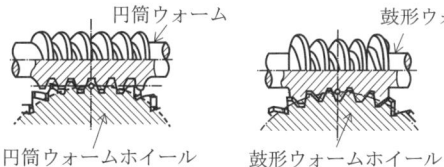

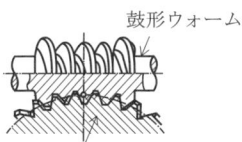

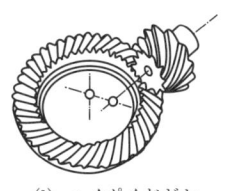

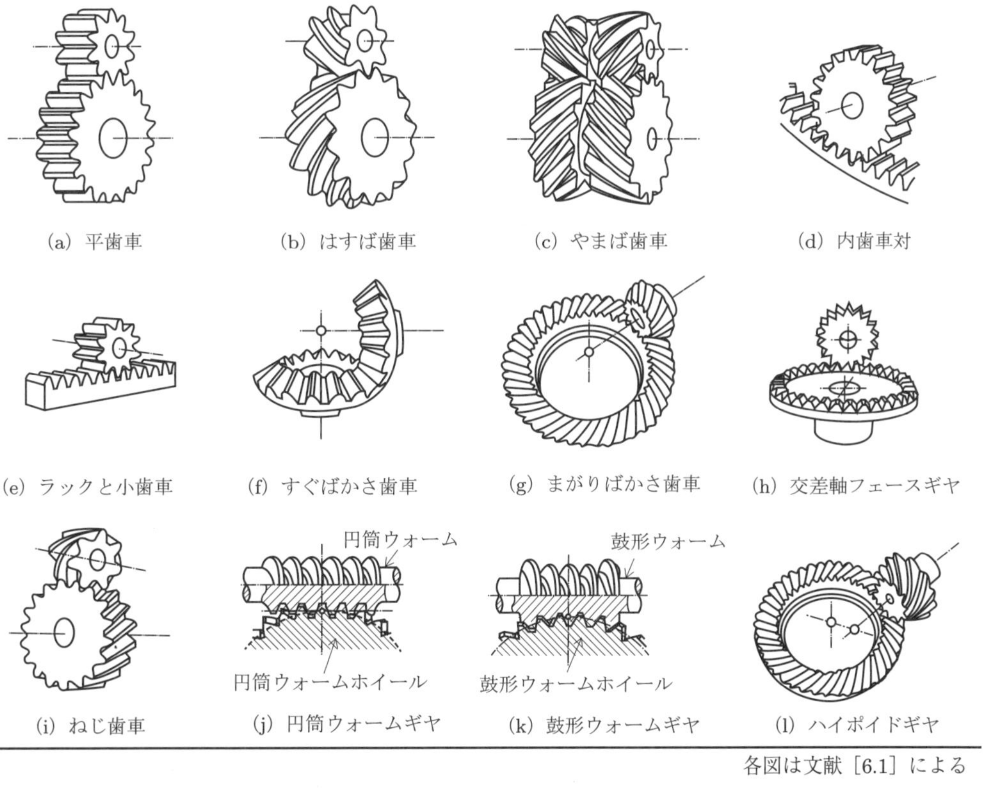

(a) 平歯車　　(b) はすば歯車　　(c) やまば歯車　　(d) 内歯車対

(e) ラックと小歯車　　(f) すぐばかさ歯車　　(g) まがりばかさ歯車　　(h) 交差軸フェースギヤ

(i) ねじ歯車　　(j) 円筒ウォームギヤ　　(k) 鼓形ウォームギヤ　　(l) ハイポイドギヤ

各図は文献 [6.1] による

多い．一般に多く用いられる歯車は，平歯車，はすば歯車，すぐばかさ歯車およびウォームギヤである．ここではそのうち，最も基本となる平歯車について述べる．

6.2.2　インボリュート曲線と歯形

図 6.12 に示すインボリュート曲線は，正確な速度伝達比で確実に運動を伝達できる歯形曲線の代表である．この曲線は歯形の精密加工にも非常に有利な特長をもち，平歯車とはすば歯車（平歯車の歯すじを軸回りに一様にねじった歯車）の歯形に広く採用されている．インボリュート曲線とは，直径 d_b の基礎円の円周に巻きつけた糸をたるまないようにして巻きもどすとき，糸の一点が描く軌跡のことであり，図 6.12 から，つぎのようになる．

$$x = \frac{d_b}{2\cos\phi}\sin\theta, \quad y = \frac{d_b}{2\cos\phi}\cos\theta, \quad \theta = \tan\phi - \phi \tag{6.11}$$

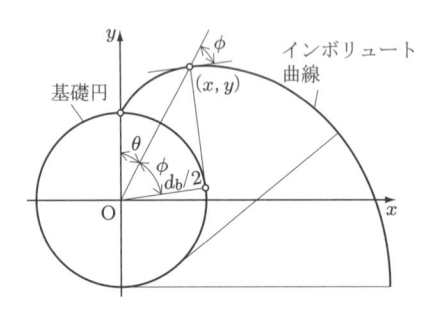

図 6.12　インボリュート曲線

式 (6.11) の第 3 式の右辺を，とくにインボリュート関数という．また，ϕ が表す角度を圧力角という．第 3 式ではラジアン表示による角度を用いる．

実際の歯車では，図 6.12 のように一本だけでなく，基礎円の円周を歯数 z で等分した点から歯数だけのインボリュート曲線を考え，それらの一部を各歯の片側歯形として利用する．同様に，逆方向へのインボリュート曲線の一部がもう一方側の歯形となる．

例題 6.8

角度の表示方法をまとめよ．

[解答]
度（°），分（′），秒（″）により表す方法と，ラジアン（rad）により表す方法がある．$1°$（度）$= 60′$（分）$= 3600″$（秒），$360° = 2\pi$ rad（$= 6.28$ rad），$1° = \pi/180$ rad

6.2.3　歯車の伝動

図 6.13 にインボリュート歯車伝動の基本図を示す．基礎円 1 の歯車から基礎円 2 の歯車に一対の歯により回転運動が伝えられている様子である．前者が駆動側歯車，後者が従動側歯車である．基礎円 1，2 に接する直線 $I_1 I_2$ を作用線とよび，一対の歯の接触点はこの線上を右から左へ

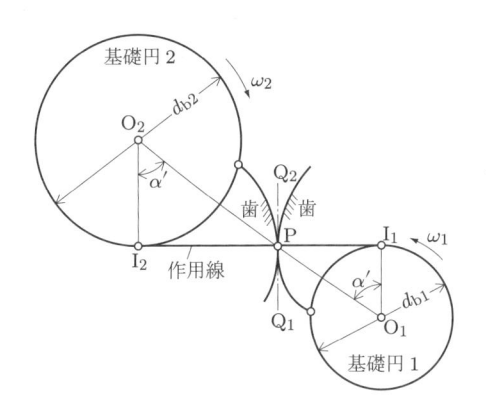

図 6.13 インボリュート歯形による伝導 [6.9]

移動する．その接触が終わる前につぎの歯どうしの接触が始まらなければならない．

中心線 O_1O_2 と作用線との交点 P をピッチ点とよぶ．O_1 と O_2 をそれぞれの中心とし，点 P で接する二つの円をそれぞれの歯車のかみあいピッチ円という．また，α' はかみあい圧力角とよばれる．点 P を通る両歯面の共通接線 Q_1Q_2，O_1I_1，O_2I_2 は作用線と直交している．

以上から，この場合，一つは基礎円をプーリ，作用線をベルトと考えれば，歯車伝動を滑りのないプーリ・ベルト伝動に置き換えることができる．それとは別に，かみあいピッチ円に注目して，歯車伝動をかみあいピッチ円どうしの転がり運動に置き換えることもできる．これらのことから，角速度の ω_1 と ω_2，回転数の n_1 と n_2 にはつぎの関係がある．

$$i = \frac{\omega_1}{\omega_2} = \frac{n_1}{n_2} = \frac{d_{b2}}{d_{b1}} = \frac{d_2'}{d_1'} \tag{6.12}$$

d_1'，d_2' はそれぞれのかみあいピッチ円の直径である．また，i は速度伝達比（減速装置の場合には減速比）であり，正しくかみあう二つの歯車の間では，つぎのようになる．

$$i = \frac{z_2}{z_1} \tag{6.13}$$

6.2.4 モジュールと基準ラック

ある円を考え，次式のとおりその直径 d を歯数 z で割った値をモジュール m（単位 mm）といい，歯の大きさを表す指標とする．この場合の直径 d の円を基準ピッチ円とよぶ．

$$m = \frac{d}{z} \tag{6.14}$$

モジュールには JIS によって標準値が決められている．その中で優先的に使用するのがよいとされる値を表 6.7 に示す．

表 6.7　優先使用されるモジュール m の標準値　　（単位：mm）

1 未満の場合	1 以上の場合
0.1, 0.2, 0.3, 0.4, 0.5, 0.6, 0.8	1, 1.25, 1.5, 2, 2.5, 3, 4, 5, 6, 8, 10, 12, 16, 20, 25, 32, 40, 50

（JIS より）

インボリュート歯車の幾何学的な基準として，JIS によって基準ラック歯形というものが決められている．この歯形は，基礎円直径 d_b が無限大で，歯数 z が無限大のインボリュート歯形に相当するもので，歯形は図のような角度 α（とくに基準圧力角という）の傾きをもつ直線である．そして，隣り合う歯の距離を示す基準ピッチは，つぎのようになる．

$$p = \frac{基準ピッチ円の円周の長さ}{歯数} = \frac{\pi d}{z} = \pi m \tag{6.15}$$

図 6.14 に示すように，基準ラックにおいて，$\alpha = 20°$，歯たけ（歯の高さ）を $2m + 0.25m$ などとしたものが標準基準ラックであり，基準圧力角 α の通常の値は 20° である．

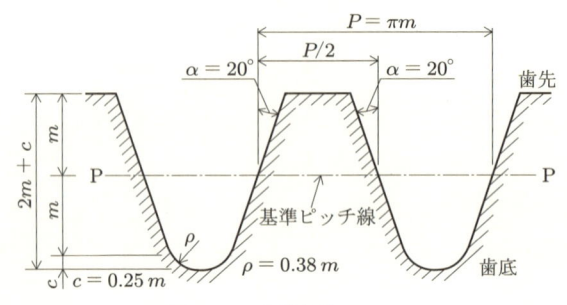

図 6.14 標準基準ラック

歯車を切削加工する場合には，普通，基準ラック形状にぴったりはまり合う形状の切れ刃をもつカッターをつけた歯切り盤とよばれる工作機械により，カッターと歯車素材に適切な動きを与えながら，徐々に歯形をつくり上げる（歯車の創成加工という）．

図 6.15 に，基準ラックとそれに対応したカッターにより創成加工された平歯車のかみあい関係を示す．これはとくに，歯車のピッチ円（直径 $d = zm$ の基準ピッチ円）が基準ラックの基準ピッチ線と転がり接触運動するのに相当する場合を示しており，この状態の平歯車は 6.2.6 項で説明する標準平歯車といわれる．大切な値として法線ピッチ p_b がある．p_b は隣り合うインボリュート曲線間の最短間隔であり，基礎円周上の歯のピッチと等しいので，基礎円ピッチともいわれる．

$$p_b = \frac{\pi d_b}{z} = \frac{\pi d \cos\alpha}{z} = p\cos\alpha = \pi m \cos\alpha \tag{6.16}$$

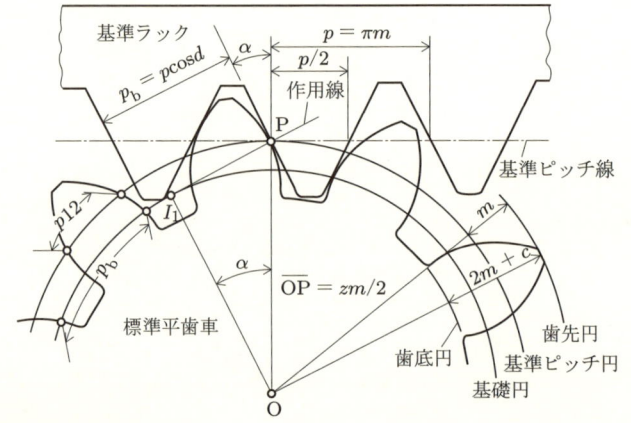

図 6.15 基準ラックとそれに対応する平歯車（標準平歯車の場合）[6.8]

例題 6.9

$m = 5$, $z = 53$, $\alpha = 20°$ の平歯車がある．基準ピッチ円直径 d，基礎円直径 d_b，基準ピッチ p，法線ピッチ p_b を求めよ．

解答

式 (6.14)～(6.16) を用いると，それぞれの値はつぎのようになる．
$d = mz = 265$ mm, $d_b = d\cos\alpha = 249$ mm, $p = 15.71$ mm, $p_b = 14.76$ mm.

6.2.5 歯車のかみあいとバックラッシ

歯車どうしが正しくかみあうためには，α と p が等しい同じ基準ラックをもとに加工されていなくてはならない．そうでないと，法線ピッチ p_b が異なってしまうからである．すなわち，モジュール m と基準圧力角 α が等しく，p_b が互いに等しいことが必要である．

ところで，図 6.13 でみたように一対のかみあい歯面の接触点は歯車の回転につれて，作用線上を動いていく．図 6.16 に，実際の歯車のかみあい状況を図解する．実際の歯車では，一対だけでなく，二対，場合によっては三対の歯が同時にかみあうので，その数は回転につれて変化する．かみあいは作用線と歯車 2 の歯先円の交点 a_1 で始まり，作用線と歯車 1 の歯先円の交点 a_2 で終わり，その区間の距離をかみあい長さという．その区間で平均して何対の歯がかみあっているかということは歯車機構の強度に重要な事柄である．そのため，次式で表されるかみあい率 ε を考えておく必要がある．

$$\varepsilon = \frac{\overline{a_1P}}{p_b} + \frac{\overline{Pa_2}}{p_b} = \frac{\sqrt{d_{a1}^2 - d_{b1}^2} - d_1' \sin\alpha'}{2p_b} + \frac{\sqrt{d_{a2}^2 - d_{b2}^2} - d_2' \sin\alpha'}{2p_b} \quad (6.17)$$

d_a, d_b, d' および α' は歯先円直径，基礎円直径，かみあいピッチ円直径およびかみあい圧力角であり，下添字 1 は歯車 1，2 は歯車 2 を示している．

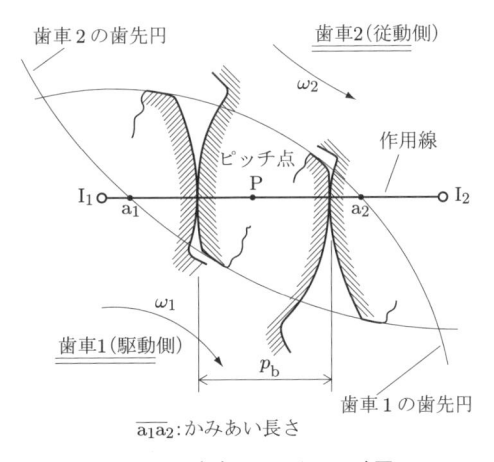

図 6.16 歯車のかみあいの略図

歯車が連続的に回転伝動するためには，ε は少なくとも 1 以上でなければならない．たとえば，図 6.16 の場合，図上でみて ε は 1.7 程度ということができる．$1 < \varepsilon < 2$ のときには，二対と一対のかみあいがあり，$2 < \varepsilon < 3$ なら三対と二対のかみあいがあるということになる．

例題 6.10

$\varepsilon = 1.7$ の場合，かみあい長さのなかで，二対の歯がかみあう区間と一対の歯がかみあう区間はそれぞれ何%か求めよ．

[解答]
かみあい長さは $1.7\,p_b$ である．そのうち，前後 $0.7\,p_b$ ずつの区間は二対かみあい，中間の $0.3\,p_b$ の区間は一対かみあいとなる．したがって，二対かみあいの場合は $2 \times 0.7/1.7 = 0.824$（82.4%）で，一対かみあいの場合は $0.3/1.7 = 0.176$（17.6%）である．

寸法や中心距離の誤差，組み立て誤差，熱膨張，負荷による変形など，実際にはめんどうな問題がある．理論的に正しく設計していても，それらを考慮していないと，干渉して組み立てることができなくなったり，滑らかな運転ができなくなったりする．そのため，歯車間には適宜にバックラッシ（遊び）がつけられる．バックラッシをつけるには，歯厚を減少させる方法と中心距離を増加させる方法とが考えられる．

バックラッシの見積もり方には，ピッチ円周方向と法線方向があり，それぞれ j_t，j_n で表す．わかりやすくするために，図 6.17 にラック歯形におけるバックラッシの関係を示す．その関係から次式が得られ，ほかの場合にも近似式として用いることができる．

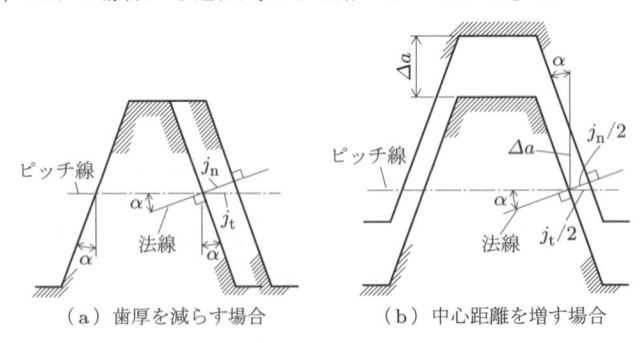

図 6.17 ラック歯形でみたバックラッシの関係
（a）歯厚を減らす場合　　（b）中心距離を増す場合

歯厚減少による場合には，つぎのようになる．

$$j_n = j_t \cos\alpha \tag{6.18}$$

中心距離増加の場合には，増加量を Δa として，次のようになる．

$$j_t = 2\Delta a \tan\alpha, \quad j_n = 2\Delta a \sin\alpha \tag{6.19}$$

6.2.6　標準平歯車と転位平歯車

（1）標準歯形と転位歯形

すでに，図 6.15 で触れたように，基準ピッチ円（直径 zm）が基準ラックの基準ピッチ線と転がり接触する関係にある平歯車を標準平歯車とよぶ．それに対して，図 6.18 に示すように，基準ピッチ円が，基準ピッチ線ではなく，それと平行な歯切ピッチ線と転がり接触するように関係づけることを転位といい，それによってつくられた平歯車を転位平歯車とよぶ．基準ピッチ線と歯切ピッチ線との間隔を xm と表し，x を転位係数という．したがって，標準平歯車は $x = 0$ の

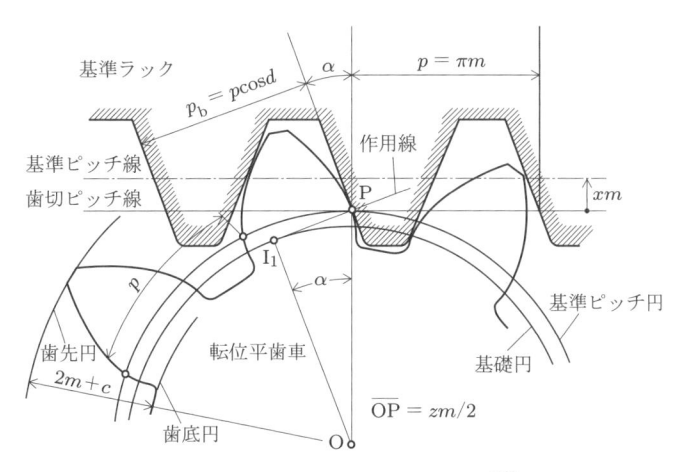

図6.18 基準ラックと転位平歯車 [6.8]

転位平歯車であるともいえる．x は正の値にとることが多い．

標準歯形と転位歯形の違いを明らかにするため，図6.19(a)(b)に両者の例を示す．両者は m，α に加えて z も等しいので，基礎円直径も基準ピッチ円直径も互いに等しい．前者では，歯元部が非インボリュート曲線部分（基礎円内の部分）となり，本来のインボリュート曲線部分の利用が十分でなく，強度面でも不利な形状である．一方，後者では，ほとんどの部分がインボリュート曲線であり，強度面でも有利な形状となっている．このように，基準ラックをもとにしながらも，転位により歯車の性能や特徴をいろいろに変化させることができる．

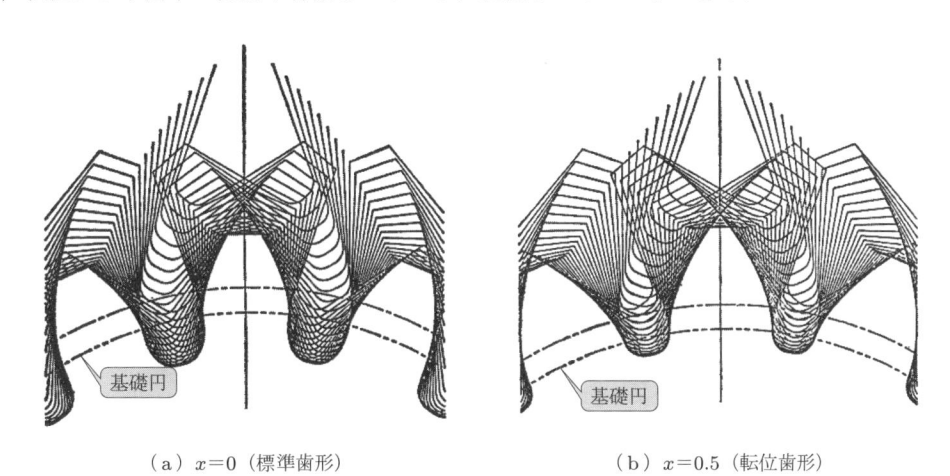

(a) $x=0$ （標準歯形）　　(b) $x=0.5$ （転位歯形）

図6.19 標準歯形と転移歯形の比較例（$\alpha=20°$，$z=16$，歯たけ $h=2.35\,m$）[6.8]

6.2.4項で述べたことからわかるように，同じ基準ラック（m，α が等しい）をもとにつくられた歯車どうしならば，標準-標準，標準-転位，転位-転位，いずれの関係でも正しくかみあう．

（2）転位係数の決め方

歯数が少なくなると，ラック形工具の干渉により，歯車加工において基礎円付近のインボリュート曲線が切り取られるという不都合が起こる．そのことを切下げという．歯車の転位はもともとは切下げを防ぐために考えられた．転位による切下げ防止条件は，つぎのようになる．

$$1 - x - \frac{z\sin^2\alpha}{2} \leq 0 \quad \text{すなわち,} \quad x \geq 1 - \frac{z\sin^2\alpha}{2} \tag{6.20}$$

例題 6.11

基準圧力角 $\alpha = 20°$ の平歯車において,つぎの問いに答えよ.
① 標準歯車では,歯数 z が何枚以上なら切下げを生じないか答えよ.
② $z = 13$ のとき,切下げを防止するための転位係数 x の条件を示せ.

[解答]
① 標準平歯車では $x = 0$. 式 (6.20) より,$z \geq 2/\sin^2\alpha = 17.09$. したがって,18 枚以上.
② 同じく式 (6.20) より,$x \geq 1 - 13 \times \sin^2 20°/2 = 0.240$

図 6.19 の標準歯形の例は,切下げが起こるか起こらないかの境界の場合に当たる.単に切下げ防止だけでなく,転位は強度,歯面滑り,振動・騒音などの面での歯車の性能向上のために広く行われている.それらの事柄を総合的に考慮してつくられた,転位係数の ISO 選択方式による線図を図 6.20 に示す.その方式では,かみあう歯車 1 と歯車 2 の歯数の和 $z_1 + z_2$ から歯車 1 と歯車 2 の転位係数の和 $x_1 + x_2$ の値を推奨範囲内に選ぶのがよいとされる.ただし,やむをえない場合には実用限界内としてもよい.その上で,つぎの λ が下に示す条件を満足するように,x_1 と x_2 を決めることを推奨している.

$$\lambda = \frac{z_2 x_1 - z_1 x_2}{z_2 - z_1} \tag{6.21}$$

減速 ($z_1 < z_2$) の場合,
$$0.5 \leq \lambda \leq 0.75$$
増速 ($z_1 > z_2$) の場合,
$$0 \leq \lambda \leq 0.5$$
である.

(3) 中心距離などの量

図 6.21 に歯車伝動の関係図を示す.これから中心距離 a は,次式となる.

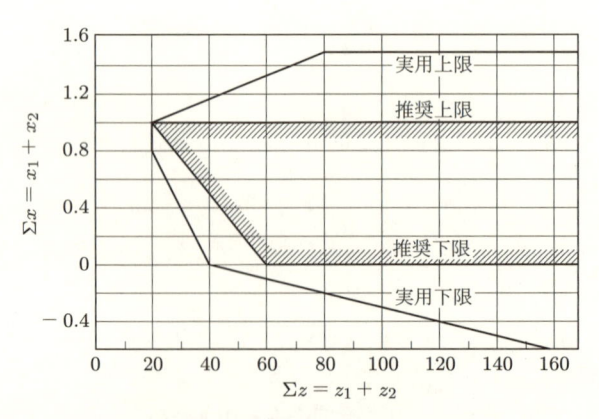

図 6.20 転位係数の選択用線図 [6.3]

$$a = \frac{1}{2}(d_1' + d_2') = \frac{1}{2\cos\alpha'}(d_{b1} + d_{b2}) = \frac{(z_1 + z_2)m}{2}\frac{\cos\alpha}{\cos\alpha'}$$
$$= \frac{(z_1 + z_2)m}{2} + \frac{(z_1 + z_2)}{2}\left(\frac{\cos\alpha}{\cos\alpha'} - 1\right)m = \frac{(z_1 + z_2)m}{2} + ym \quad (6.22)$$

ここで,
$$y = \frac{z_1 + z_2}{2}\left(\frac{\cos\alpha}{\cos\alpha'} - 1\right) \quad (6.23)$$

である.

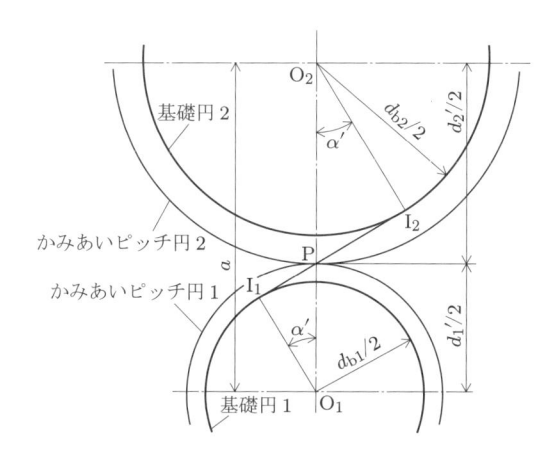

図 6.21　歯車伝導の関係

標準平歯車どうしを用いる場合は，$\alpha' = \alpha$ であるから，$y = 0$ であり，中心距離 a は式 (6.22) の右辺第1項だけで表される．第2項は転位を行ったための増加分であるから，y のことを中心距離増加係数という．

転位平歯車の場合，中心距離 a を求めるためには，y または α' を知る必要がある．それは実際にはめんどうであるが，吉本[6.3]によるつぎのような y の簡易計算式がある．

$$y = \frac{z_1 + z_2}{4}\left[\left\{1 + \frac{6(x_1 + x_2)}{(z_1 + z_2)\tan^2\alpha}\right\}^{2/3} - 1\right]\tan^2\alpha \quad (6.24)$$

y がわかれば，式 (6.23) から α' を求めることもできる．また，かみあいピッチ円の直径は,

$$d_1' = \frac{2az_1}{z_1 + z_2}, \quad d_2' = \frac{2az_2}{z_1 + z_2} \quad (6.25)$$

である．これらの関係を用いれば，式 (6.17) からかみあい率 ε を求めることができる．

6.2.5項で，歯車にはバックラッシをつけることを述べた．それを中心距離の増加 Δa によって与える場合，式 (6.22) は正しくは，

$$a = \frac{(z_1 + z_2)m}{2} + ym + \Delta a \quad (6.26)$$

となる．

ここで，平歯車の形状，寸法の決定に必要となるものをまとめると，
① 基本データ
　歯数 z，モジュール m，基準圧力角 α，転位係数 x，バックラッシ j_t または Δa

② 計算する量

$$
\left.\begin{array}{l}
\text{中心距離 } a \text{ (式(6.22), 式(6.26), かみあい率 } \varepsilon \text{ (式 6.17))} \\
\text{歯先円直径 } d_a = (z+2)m + 2xm, \quad \text{歯たけ } h = 2m + c \\
\text{基準ピッチ円直径 } d = zm, \quad \text{基礎円直径 } d_b = zm \cos\alpha \\
\text{基準ピッチ } p = \pi m, \quad \text{法線ピッチ(基礎円ピッチ)} p_b = \pi m \cos\alpha \\
\text{基準ピッチ円上の円弧歯厚 } s_0 = \left(\dfrac{\pi}{2} + 2x\tan\alpha\right)m
\end{array}\right\} \quad (6.27)
$$

例題 6.12

$m=3$, $\alpha=20°$, $z_1=25$, $z_2=48$, $\varDelta a=0$ の標準平歯車のかみあい率を求めよ.

[解答]

標準平歯車として式 (6.17) を用いる. $\alpha'=\alpha$ であり, 式 (6.27) から,
$$d_{a1} = (z_1+2)m, \quad d_{a2}=(z_2+2)m, \quad d_{b1}=z_1 m\cos\alpha, \quad d_{b2}=z_2 m\cos\alpha$$
となる. 式 (6.22) から, $a=(z_1+z_2)m/2$. また, 式 (6.25) から d_1' と d_2' があたえられる. したがって, 次式となる.
$$\varepsilon = \frac{\sqrt{(z_1+2)^2 - z_1^2 \cos^2\alpha} - z_1 \sin\alpha}{2\pi\cos\alpha} + \frac{\sqrt{(z_2+2)^2 - z_2^2 \cos^2\alpha} - z_2 \sin\alpha}{2\pi\cos\alpha}$$
$$= 0.806 + 0.874 = 1.68$$

例題 6.13

$m=4$, $\alpha=20°$, $z_1=25$, $z_2=48$, $x_1=x_2=0.5$ の転位平歯車の中心距離を求めよ. また, この場合のかみあい圧力角 α' を求めよ.

[解答]

式 (6.24) を用いて計算すると,
$$y = \frac{73}{4}\left\{\left(1 + \frac{6\times 1.0}{73\times \tan^2 20°}\right)^{2/3} - 1\right\}\tan^2 20° = 0.918$$

式 (6.22) により, $a = \dfrac{73\times 4}{2} + 0.918\times 4 = 149.67$ mm

式 (6.23) を変形すれば, $\cos\alpha' = \dfrac{(z_1+z_2)\cos\alpha}{2y+z_1+z_2}$

これにより, $\cos\alpha' = 0.91664$, すなわち $\alpha' = 23.56°$

例題 6.14

[例題 6.13] の場合に, バックラッシを付けるために中心距離を 150.00 mm とした. ピッチ円周方向のバックラッシは近似的にいくらになるか求めよ.

解答

$\Delta a = 150.00 - 149.67 = 0.33$ mm であるから，式（6.19）より $j_t = 0.24$ mm．

6.2.7 平歯車の強度

図 6.22 に駆動トルク T と歯面荷重の様子を示す．式で表すと，つぎのようになる．

$$F_t = F\cos\alpha' = \frac{2\cos\alpha'}{zm\cos\alpha} T \tag{6.28}$$

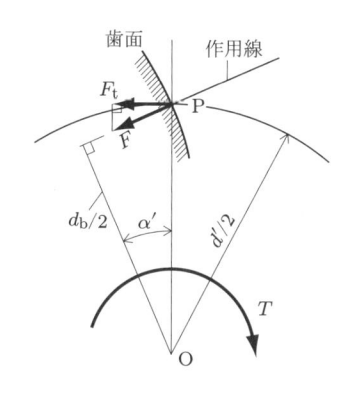

図 6.22 駆動トルクと歯面荷重（摩擦力無視）

標準平歯車では，$F_t = 2T/(zm)$ であり，転位平歯車でもそれを近似式とできる．このような関係をもとに，歯車の強度問題として歯の曲げ強さと歯面強さが考えられる[6.3, 6.8, 6.11]．両方とも，疲労強度の面から検討していくものであり，長年の研究と議論の結果，歯車の強度設計方法が ISO 規格として制定され，JIS にもそれが取り入れられつつある．しかし，専門的で複雑な内容であるので，文献［6.3］を参考にしてほしい

6.3 軸 受

6.3.1 軸受の用途と種類

図 6.1 に示すように，回転運動を確実，精密に，そして小さな摩擦損失で支えるのが軸受である．よく似たものに，直線運動を支持，案内する要素や，回転運動と直線運動とを支持，案内する要素もある．

軸受には大きく分けて，転がり軸受と滑り軸受がある．それらを大きく分けた分類と特徴を表 6.8 にまとめて示す．

表 6.8　軸受の分類と特徴

転がり軸受				滑り軸受			
玉軸受		ころ軸受・針状ころ軸受		動圧軸受		静圧軸受	
ラジアル軸受	スラスト軸受	ラジアル軸受	スラスト軸受	ジャーナル軸受	スラスト軸受	ジャーナル軸受	スラスト軸受
ラジアル軸受：主として半径方向の荷重を支持 スラスト軸受：主として軸方向の荷重を支持 特徴 ●標準化が進み，多種類，多サイズ，多用途で入手が容易 ●資料が豊富で設計が容易 ●保全が容易で，交換ができる ●寿命に注意が必要 ●高速性能に問題がある（振動，騒音の発生）				ジャーナル軸受：半径方向の荷重を支持 スラスト軸受：軸方向の荷重を支持 特徴 ●設計がよいと，高速性能がよい ●半永久的な寿命も可能 ●負荷能力が大きい ●超精密機械用とできる ●高度な滑り軸受は設計と製作に高度な知識と技術が必要			

6.3.2　転がり軸受

（1）種　類

図 6.23 に代表的な転がり軸受の図を示す．転動体，軌道輪，保持器，転動体の列数，荷重の方向などにより多くの種類がある．転がり軸受は標準化が大変に進んでいる機械要素であり，形式，寸法，精度，強度，寿命などについて，JIS で細かな規定が多数ある．したがって，詳しい情報については JIS などを調べる必要がある．転動体には玉，ころおよび針状ころがある．一般に，ころの方が負荷能力は高い．図 6.23 をもとに，転がり軸受の種類について主なところを簡単に説明する．

① **深溝玉軸受**（形式記号 6）　　ラジアル軸受．最もよく用いられる転がり軸受．寸法の種類も多く，転動体が複列のものもある．玉の軌道となる溝が比較的に深く，ラジアル荷重の

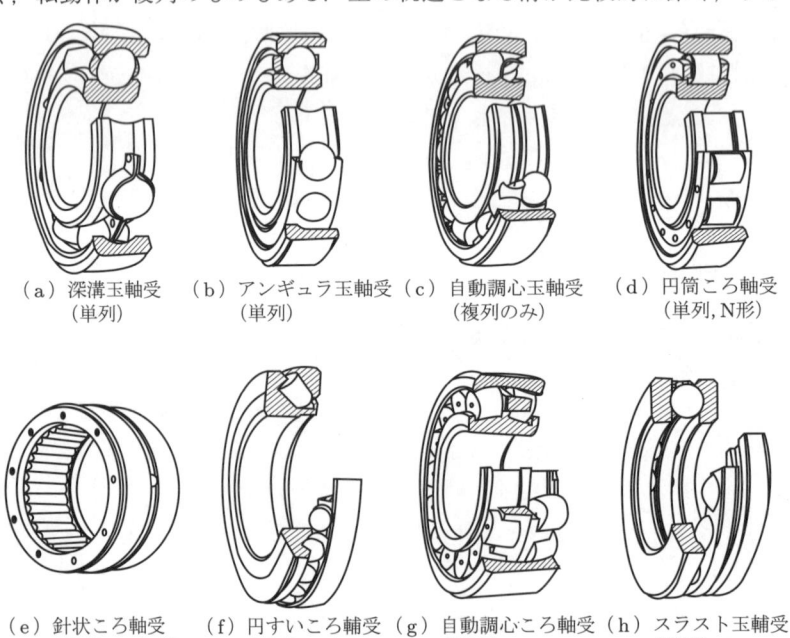

(a) 深溝玉軸受 (単列)　(b) アンギュラ玉軸受 (単列)　(c) 自動調心玉軸受 (複列のみ)　(d) 円筒ころ軸受 (単列, N形)

(e) 針状ころ軸受 (単列, RNA形)　(f) 円すいころ軸受 (単列のみ)　(g) 自動調心ころ軸受 (複列)　(h) スラスト玉軸受 (単列)

図 6.23　転がり軸受の例 [6.8]

ほかに，ある程度のスラスト荷重も支持できる．

② **アンギュラ玉軸受**（形式記号 7） ラジアル軸受．図からわかるように，外輪内側の片方が円筒形で，玉数を増やし，外輪との玉の接触を傾かせている（接触角がある）軸受．そのため，ラジアル荷重のほかに，一方向のかなり大きなスラスト荷重を支持できる．2 個を逆向きに組み合わせれば，両方向のスラスト荷重に対応できる．

③ **自動調心玉軸受**（形式記号 1, 2），**自動調心ころ軸受**（形式記号 2） ラジアル軸受．外輪の軌道面が軸受中心を中心とする球面の一部となるように加工されている軸受．内輪と外輪がある角度内で自由に傾きあうことができる（自動調心性をもつ）．転動体が球の場合は複列，ころの場合は多くが複列で，球面に合うように凸形となっている．

④ **円筒ころ軸受**（形式記号 NJ，NH，NU，NF，N） ころを転動体とするラジアル軸受．ラジアル荷重に対して負荷能力が高い．

⑤ **針状ころ軸受**（形式記号 NA，RNA） 針状ころを転動体とするラジアル軸受．軸受の外径が小さく，コンパクトな軸受としてかなりよく用いられる．

⑥ **円すいころ軸受**（形式記号 3） 円すい状ころを転動体とするラジアルおよびスラスト両用の軸受．負荷能力も大きい．

⑦ **スラスト玉軸受**（形式記号 5） 玉を転動体とするスラスト軸受．

（2）呼び番号と主要寸法

転がり軸受は形式や寸法の種類が多く，それらが規格化されている．そこで，軸受を指定する場合，共通的な呼び番号が用いられる．呼び番号は，軸受の形式，主要寸法，精度などを番号または記号で表すものである．呼び番号には，必ず表示しなければならない基本番号と，必要に応じて加える補助記号からなる．基本番号は図 6.24 のような内容をもつ．

```
                 ┌─ 軸受形式記号 ─┬─ 幅系列と直径系列（ラジアル軸受の場合）
  ┌─ 軸受系列記号 ─┤               └─ 高さ系列と直径系列（スラスト軸受の場合）
──┤                └─ 寸法系列記号
  └─ 内径番号
```

図 6.24　転がり軸受の呼び番号

また，補助記号は，保持器，すきま（軌道輪と転動体の間），等級などを表す．

表 6.9 に軸受の形式記号と寸法系列記号を組み合わせた軸受系列記号の例を示す．軸受の内径は内径番号により指定される．寸法系列記号は，軸受の内径に対する軸受の主要寸法の組み合わ

表 6.9　軸受系列記号の例

軸受形式	形式記号	寸法系列記号	軸受系列記号	軸受形式	形式記号	寸法系列記号	軸受系列記号
深溝玉軸受	6	17	67	円筒ころ軸受（内輪つばなし/外輪両つば付き）	NU	10	NU10
		18	68			02	NU2
		19	69			22	NU22
		10	60			03	NU3
		02	62			23	NU23
		03	63				
アンギュラ玉軸受	7	19	79	スラスト玉軸受（単式/平面座形）	5	11	511
		10	70			12	512
		02	72			13	513
		03	73			14	514

（JIS より抜粋）

せを指定するもので，それにより，外径，幅などが決まる．表6.10にその一部だけを示す．表6.11には，内径番号の一部と，補助記号にふくまれるすきま記号と等級記号についての内容を示す．すきまとは，転動体と軌道輪の間のすきまのことである．等級は寸法，形状などの精度を表し，0級を並級，6級を上級，5級を精密級，4級を高精密級とみることができる．

表6.10 ラジアル軸受（円すいころ軸受を除く）の主要寸法の一部　　（単位：mm）

軸受内径 d	直径系列0								直径系列2					
	軸受外径 D	寸法系列							軸受外径 D	寸法系列				
		00	10	20	30	40	50	60		82	02	12	22	32	42
		幅 B								幅 B					
10	26	—	8	10	12	16	21	29	30	7	9	—	14	14.3	—
12	28	7	8	10	12	16	21	29	32	7	10	—	14	15.9	—
15	32	8	9	11	13	17	23	30	35	8	11	—	14	15.9	20
17	35	8	10	12	14	18	24	32	40	8	12	—	16	17.5	22
20	42	8	12	14	16	22	30	40	47	9	14	—	18	20.6	27
22	44	8	12	14	16	22	30	40	50	9	14	—	18	20.6	27
25	47	8	12	14	16	22	30	40	52	10	15	—	18	20.6	27
28	52	8	12	15	18	24	32	43	58	10	16	—	19	23	30
30	55	9	13	16	19	25	34	45	62	10	16	—	20	23.8	32

（JISより抜粋）

表6.11 内径番号の一部と，すきま記号および等級記号

（a）内径番号

内径番号	内径（mm）	内径番号	内径（mm）
1	1	01	12
2	2	02	15
3	3	03	17
4	4	04	20
5	5	/22	22
6	6	05	25
7	7	/28	28
8	8	06	30
9	9	/32	32
00	10	07	35

（JISより抜粋）

（b）すきま記号，等級記号

項目	記号	意味
すきま記号	C1	C2より小
	C2	普通より小
	無記号	普通
	C3	普通より大
	C4	C3より大
	C5	C4より大
等級記号	無記号	0級
	P6	6級
	P5	5級
	P4	4級

（JISより抜粋）

例題 6.15

呼び番号6204，6006C2P5の転がり軸受とはどのような軸受か答えよ．

[解答]

1番目は基本番号だけの表示であるが，後者は補助記号が追加されている．

6204 ⇒ 6 2 04 　6：軸受形式記号（深溝玉軸受）
　　　　　　　　2：寸法系列記号（本来は02，0を省略．幅系列0，直径系列2）
　　　　　　　　04：内径番号（表6.11より，軸受内径 $d = 20$ mm）

なお，$d = 20$ mm，寸法系列02であるから，表6.10より，幅 $B = 14$ mm，外径 $D = 47$ mm である．
2番目の問題には，基本番号のほかに2種類の補助記号がついている．

6006C2P5 ⇒ 6 0 06 C2 P5
　　　　　　　　6：軸受形式記号（深溝玉軸受）
　　　　　　　　0：寸法系列記号（本来は10，1を省略．幅系列1，直径系列0）

06：内径番号（表 6.11 より，$d = 30$ mm）
C2：すきま記号（普通より小，値など，詳しくは JIS を参照）
P5：等級記号（5級，値など，詳しくは JIS を参照）

なお，$d = 30$ mm，寸法系列 10 であるから，表 6.10 より，幅 $B = 13$ mm，外径 $D = 55$ mm である．

（3）負荷容量と寿命

転がり軸受については，荷重を受けて回転している場合と，荷重を受けるが回転していない場合についての負荷容量が考えられる．前の場合の負荷容量は動定格荷重，後の場合のそれは静定格荷重により検討される．転がり軸受では普通は動的な負荷容量を問題にするので，ここでは動定格荷重とそれに関係する寿命について要点だけを述べる．

転がり軸受が完全に破損するには，まず転がり疲れにより内輪転動面にはく離が発生し，発生音レベルが大きくなる．続いてはく離が拡張し，転動面の劣化が進む．つぎに，ほかの主要部も破損するというようになるのが普通である．そこで，はじめてはく離が発生するまでの総回転数を軸受寿命といい，軸受が健全に働く期間のめやすとする．そして，ぼう大な実験と確率統計的な研究をもとにした，つぎの寿命計算式が用いられる．

$$L_{10} = \left(\frac{C}{P}\right)^3 \times 10^6 \quad (\text{玉軸受}), \quad L_{10} = \left(\frac{C}{P}\right)^{10/3} \times 10^6 \quad (\text{ころ軸受}) \tag{6.29}$$

ここで，L_{10}：基本定格寿命　同じ呼び番号の軸受を同じ条件で運転したとき，その 90% が転がり疲れによる材料損傷を起こすことなく回転できる総回転数（10% が損傷を受けるまでの総回転数，別の言い方をすれば，信頼度 90% の寿命）

　　　　C：基本動定格荷重　回転数 100 万の基本定格寿命が得られる，方向と大きさが一定のラジアル荷重またはスラスト荷重（求め方は JIS を参照．軸受カタログには，その値を表示）

　　　　P：動等価荷重　実際の荷重と回転の条件におけるのと同じ寿命が得られるような，方向と大きさが一定のラジアル荷重またはスラスト荷重．大きさが変わらない，ラジアル荷重 P_r とスラスト荷重 F_a を同時に受ける場合は，$P = XP_r + YF_a$（X，Y は係数，詳しくは JIS を参照）

信頼度 90% 以外の寿命が必要なら，式（6.34）の L_{10} に信頼度係数 a_1 をかけ，$a_1 \times L_{10}$ から求める．たとえば，信頼度 95% の場合は $a_1 = 0.62$，信頼度 99% の場合は $a_1 = 0.21$ とされている．

例題 6.16

深溝玉軸受を用いるとする．
① P を C の 3 分の 1 になるようにした．このときの基本定格寿命 L_{10} を求めよ．
② ラジアル荷重 $P_r = 10$ kN だけが作用する条件で，L_{10} を 1 億回転以上にしたい．基本動定格荷重 C はどのようにすればよいか答えよ．

解答

① 式（6.29）において，$C/P = 3$ であるから，$L_{10} = 3^3 \times 10^6 = 27 \times 10^6$
② $X = 1$，$Y = 0$ であるから，$P = P_r = 10$ kN であり，式（6.29）を用いれば，

$L_{10} = (C/10)^3 \times 10^6 \geq 100 \times 10^6$ であるから，$C \geq 10 \times (100)^{1/3} = 46.4$ kN

（4）はめあい

転がり軸受の内輪と軸，外輪とハウジングのはめあいをどのような公差で行うかは，機械の軸受部が長期間にわたって信頼できるかどうかにかかわるので，組み立て作業の重要な問題の一つである．これは軸受荷重の種類や運転環境の影響を受けるので簡単ではないが，一般的基準がJISで規定されている．表6.12にその一部を示す．軸受そのものの精度は軸受等級により決まっているが，この表からハウジング内径の公差と軸外径の公差，そしてしめしろまたはすきまの程度を知ることができる．なお，荷重の種類は以下のとおりである．

① **内輪回転荷重** 内輪に対して，力の作用線が相対的に回転している荷重
② **内輪静止荷重** 内輪に対して，力の作用線が相対的に回転していない荷重
③ **外輪静止荷重** 外輪に対して，力の作用線が相対的に回転していない荷重
④ **外輪回転荷重** 外輪に対して，力の作用線が相対的に回転している荷重
⑤ **方向不定荷重** 荷重の方向が確定できない荷重

表6.12 転がり軸受のはめあいにおける一般基準の一部

(a) ラジアル軸受の内輪に対するはめあい

軸受の等級	内輪回転荷重または方向不定荷重								内輪静止荷重
	軸の公差域クラス								
0級，6級	r6	p6	n6	m6 m5	k6 k5	js6 js5	h5	h6 h5	g6 g5	f6
5級	—	—	—	m5	k4	js4	h4	h5	—	—
	しまりばめ				中間ばめ				すきまばめ

(JISより)

(b) ラジアル軸受の外輪に対するはめあい

軸受の等級	外輪静止荷重			方向不定荷重または外輪回転不定荷重				
	穴の公差域クラス							
0級，6級	G6	H7 H6	JS7 JS6	—	JS7 JS6	K7 K6	M7 M6	M7 M6	f6
5級	—	H5	JS5	K5	—	K5	M5	—	—
	すきまばめ			中間ばめ				しまりばめ

(JISより)

（5）潤滑と許容回転速さ

転がり軸受を長期間安全に使用するには，潤滑方法と許容回転速さに注意する必要がある．そのための実際的な方法として，軸受内径 d (mm) と軸の毎分回転数 n (rpm) の積 dn を使い，潤滑方法に対してその値が限界値以下となることを確認することが多い．これは軸受を通常の条件で用いる場合についての経験的な値であるが，めやすとして有用である．表6.13に限界 dn

表6.13 限界 dn 値[6.1]　（×10000）単位：mm・rpm

軸受の形式	グリース潤滑	油潤滑			
		油浴	霧状	噴霧	ジェット
単列深溝玉軸受	18	30	40	60	60
アンギュラ玉軸受	18	30	40	60	60
自動調心玉軸受	14	25	—	—	—
円筒ころ軸受	15	30	40	60	60
円すいころ軸受	10	20	25	—	30
自動調心ころ軸受	8	12	—	—	25
スラスト玉軸受	4	6	12	—	15

値を示す.

6.3.3　滑り軸受

(1) 動圧形と静圧形

滑り軸受は，流体潤滑膜（通常は油膜，場合によっては気体膜）を介して回転軸などを支える．それ以外に特別なものとして磁気を介する磁気軸受があり，それも滑り軸受といえる．ここでは，流体潤滑膜を介する場合の動圧形と静圧形について述べる．

図 6.25 に，動圧形のジャーナル軸受の原理を示す．荷重 W が作用すると，軸受内面と軸の間のすきまがくさび状になり，さらに回転により流体潤滑膜には図のような圧力 p の分布が生じる．この圧力分布により，荷重を支えることができる．しかし，このとき，軸受内面と軸の間には偏心 e が生じ，しかも W の変化やその他の原因で e は変動するので，回転精度を悪化させる原因になる．それを改善するために，軸受内面の真円形状を変える工夫が行われる．

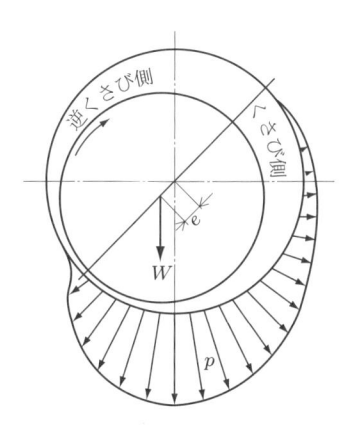

図 6.25　動圧の発生原理 [6.1] 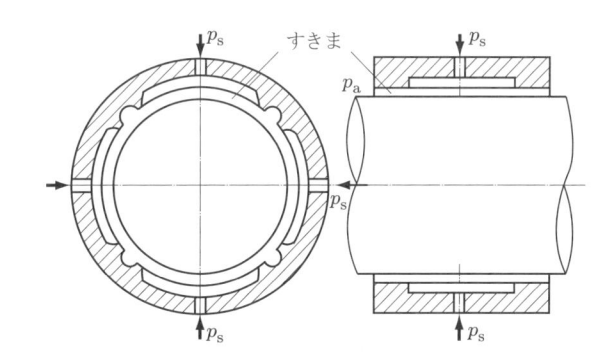　　　　図 6.26　動圧の発生原理 [6.1]

図 6.26 に，静圧形のジャーナル軸受の概要を示す．静圧軸受は，軸受内面と軸の間のすきまに外部から一定圧力 p_s の流体（油や気体）を送り込んで，回転軸を浮かせる．

(2) 滑り軸受用材料

この場合の材料には，焼きつきにくいこと，なじみやすいこと，耐食性が高いこと，摩擦・摩耗が小さいこと，適切な面圧強さをもっていることなどの性質が必要であり，つぎに示すような材料がある．

① **鋳鉄，黄銅，青銅**　　中・低速の高荷重用として広く用いられる．
② **ホワイトメタル**　　中・高速用として最もよく用いられる．高荷重には比較的に不向き．
③ **ケルメット，カドミウム合金**　　高荷重用．とくに，内燃機関用として知られる．
④ **プラスチック**　　低速で低荷重向きとして，各種機械に比較的手軽に用いられる．
⑤ **その他の材料**　　アルミニウム合金，銀，カーボングラファイトなどがあり，特性にそって用いられる．

表 6.14 に代表的な軸受用材料の最大許容面圧と最高許容温度を示す．滑り軸受では，材料と同時に，潤滑条件を選ぶことが非常に大切である．それに加えて，潤滑理論により軸受の設計が

表 6.14 滑り軸受材料の性能 [6.1]

材料	最大許容面圧（MPa）	最高許容温度（℃）
鋳鉄	3～6	150
黄銅	7～20	200
りん青銅	15～60	250
Sn 基ホワイトメタル	6～10	150
Pb 基ホワイトメタル	6～8	150
カドミウム合金	10～14	250
アルミ合金	28	100～150

行われる．

以上とはまったく異なり，あまり厳しい条件を必要としない箇所に向けたものに，含油軸受がある．気孔性材料（粉末成形による）に，あらかじめ潤滑油をしみこませたものでつくられた軸受である．

演習問題

6.1 M10×1.25 のボルトまたはナットを油潤滑で締付ける．ただし，$\mu_s = \mu_w = 0.11 \sim 0.16$ とする．
(1) トルク係数の最大値 K_{max} と最小値 K_{min} を求めよ．
(2) 正確に，$T_f = 50$ Nm で締付けた際の，軸力 F_f の範囲を求めよ．
(3) 締付け作業にばらつきがあり，$T_f = 47 \sim 53$ Nm になる場合，軸力 F_f の範囲を求めよ．

6.2 M8 のボルトを締付けて，$F_f = 23000$ N の軸力を出したい．ねじ面の摩擦係数 $\mu_s = 0.18$ とみられるとする．ボルトに塑性変形を生じさせないためには，強度区分をどのように選べばよいか答えよ．

6.3 歯車装置で $i = 2.5$ とする．従動側歯車への伝達トルクは駆動トルクの何倍かを求めよ．ただし，摩擦による損失はないとする．

6.4 歯車装置の減速部について，$z_1 = 28$，$z_2 = 55$，$x_1 = x_2 = 0.55$ と設計したとする．歯数は変えないとする場合，転位係数の選定はこれでよいか検討せよ．不都合なら変更せよ．．

6.5 変動があまり大きくないところに，等級が 6 級で内径 20 mm，外径 47 mm の深溝玉軸受を内輪に対しては回転荷重（内輪回転荷重），外輪に対しては静止荷重（外輪静止荷重）で用いる．この軸受の内径は許容差 0 ～ −8 μm，外径は許容差 0 ～ −9 μm の範囲にあるとする．軸受内輪と軸，軸受外輪とハウジング穴のはめあいについて設計例を図示し，その場合のしめしろまたはすきまの範囲を示せ．ただし，内輪と軸はしまりばめ，外輪とハウジングは中間ばめとする．

6.6 内径 $d = 30$ mm のアンギュラ玉軸受をグリース潤滑で用いる．dn 値を用いて，許容される最高回転速さを求めよ．

参考文献

[6.1] 日本機械学会 編,「機械工学便覧 B1（機械要素設計，トライボロジー）」, 日本機械学会, 1985.
[6.2] 山本 晃,「ねじ締結の理論と計算」, 養賢堂, 1970.
[6.3] 吉本 勇,「機械要素」, 丸善, 1986.
[6.4] 日本規格協会 編,「JIS ハンドブック 4-1（ねじ I）」, 日本規格協会, 2007.
[6.5] 日本規格協会 編,「JIS ハンドブック 4-2（ねじ II）」, 日本規格協会, 2007.
[6.6] 山本 晃,「ねじ締結の原理と設計」, 養賢堂, 1995.
[6.7] 日本ねじ研究協会 編,「新版ねじ締結ガイドブック」, 日本ねじ研究協会, 2007.
[6.8] 石川二郎,「新版機械要素 (2) 機械設計」, コロナ社, 1990.
[6.9] 中田 孝,「歯車とその検査」, オーム社, 1956.
[6.10] 日本規格協会 編,「JIS ハンドブック 7（機械要素）」, 日本規格協会, 2007.
[6.11] 三田純義, 朝比奈奎一, 黒田孝春, 山口健二,「機械設計法」, コロナ社, 2000.
[6.12] 綿林英一,「転がり軸受の選び方・使い方改訂版」, 日本規格協会, 1982.
[6.13] 益子正巳,「最新機械設計」, 養賢堂, 1960.

第7章　信頼性設計

　機械や設備は，与えられた使用環境や使用方法で，定められた期間において要求された機能を果たさなければならない．そのようなことができる機械や設備を，信頼性があると表現している．信頼性は，昭和40年代，日本の工業製品が「安かろう，悪かろう」評判を脱却した時代に着目され始めた．米国中心に消費者運動が活発化し，リコール制度がスタートしたのもこの頃である．宇宙や原子力技術開発では，故障が起こってから対策するのではなく，未来への予測技法の必要性が高まり，信頼性設計の必要性はより高まった．

　機械や設備を設計するにあたっては，製品知識，要素技術，固有技術のほかに信頼性のある設計，すなわち信頼性設計技術を学ぶ必要がある．

　本章では，信頼性を学んだことのない技術者が，容易に業務に反映できるよう，必要最低限のポイントのみを記述してある．入門書として，ぜひ活用して欲しい．

● Key Word　平均故障率，平均故障間隔，信頼度，ワイブル解析，信頼性試験，フェールセーフ，フールプルーフ，ディレーティング，トレードオフ，FMEA，FTA

7.1　序　論

7.1.1　信頼性設計とは

　JISでは信頼性を「アイテムが与えられた条件で規定の期間中，要求された機能を果たすことができる性質」と定義している．アイテムとは設計しようとする機械や設備あるいは部品を指し，機能とはハタラキ，任務を意味する．もちろん，性能もそのなかに入れることができる．機能を果たすということは，設計で意図したとおりに機械や設備が動いて所定の性能を発揮するということである．これらは常に設計者が意識している事項である．与えられた条件とは，機械や設備を顧客が使用する環境や使用方法である．たとえば，使用する場所が熱帯であるか寒冷地であるかによって，設計は大きく変わってくる．あるいは，連続運転か間欠運転かのように，使用方法により設計が変わる場合もある．規定の期間とは，機械や設備が使用される期間を示す．期間は時間，距離，回数などで表される．たとえば，衛星打ち上げのロケットでは打ち上げから衛星切り離しまでの数分間が規定の期間であるが，衛星では24時間連続である年数以上機能を果たさなければならない．したがって，衛星に要求される規定の期間を5年とすると，

24 時間×365 日×5 年＝ 43800 時間

となり，43800 時間が規定の期間ということになる．

信頼性設計とは，従来設計者が目標としていた機能の実現に使用条件，使用期間を目標に加え，信頼性技術を駆使して信頼性を確保する設計の方法である．

7.1.2 信頼性確保の重要性

品質に対するユーザー・社会の目は，以前より厳しくなってきている．以前は性能・機能に重点が置かれていたユーザーの要求も，より長持ちする・より過酷な環境で使えるというように信頼性に優れた製品であることに変化している．さらに，図 7.1 のように，最近では要求寿命は長いまま，商品ライフサイクル（商品が開発され売上が増進し，つぎの新商品が開発されて売り上げが減衰するサイクル）は非常に短くなっている．したがって，短い期間に長寿命の商品を開発するために信頼性技術を設計に反映させることは非常に重要な意味をもってくる．

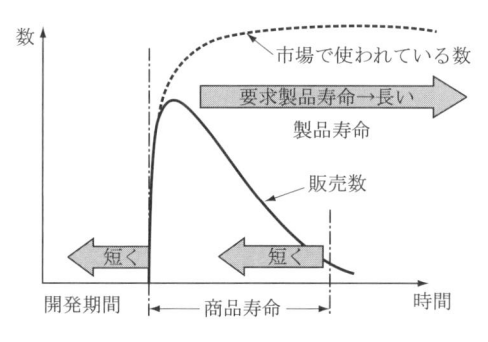

図 7.1 商品のライフサイクル

7.1.3 信頼性手法

信頼性設計の基礎となるのが信頼性工学である．信頼性工学にはいろいろな手法があるが，統計的手法とは異なり，サンプル数が少なくても解析できるのが大きな特長である．必要なサンプル数により信頼性手法を分類したのが表 7.1 である．

表 7.1 信頼性手法の分類

サンプル数	手　　法	開発段階	目　的
$n=0 \sim 1$	FMEA・FTA DR	開発 設計	予測 予防
$n=1 \sim 5$	信頼性試験 故障解析 良品解析	試作	評価確認 原因追求 再発防止
$n=5 \sim 100$	市場品質情報収集システム ワイブル解析などの統計手法	使用	市場品質の把握

7.2 信頼性の尺度

7.2.1 信頼性と信頼度

　信頼性の良否を判断するには，信頼性を定量的に表現する尺度が必要となる．信頼性の尺度は多数あるが，そのなかで代表的なものとして，信頼度，平均故障間隔 MTBF，平均故障時間 MTTF，故障率の四つがある．信頼性尺度を求めることで，信頼性の良否を客観的に知ることだけでなく，製品寿命や故障の発生確率がわかるので，保守部品の準備や，事前メンテナンスの計画を合理的に行うことが可能となる．

（1）信頼度

　信頼度は，JIS では「アイテムが，与えられた条件で，規定の期間中，要求された機能を果たす確率」と定義されている．ここに，アイテムとは部品，部品の集まったユニット，ユニットの集まったサブシステム，サブシステムの集まったシステムのように信頼性の対象である．

　N 個のアイテムを同時に同一条件で運転させ，時間 t が経過したときの故障発生数を r とすると，信頼度 $R(t)$ は，

$$R(t) = 1 - F(t) = \frac{N-r}{N} \times 100 \tag{7.1}$$

となる．ここで，$F(t)$ は不信頼度であり，次式で表される．

$$F(t) = \frac{r}{N} \times 100 \tag{7.2}$$

（2）平均故障間隔 MTBF

　平均故障間隔 MTBF（mean time between failures）は，JIS では「修理系の，相隣る故障間の，動作時間の平均値」と定義される．航空機や自動車のように修理しながら使うシステムで，n 回目の故障と $(n+1)$ 回目の故障間での動作時間の平均が平均故障間隔 MTBF である．図 7.2 のようにアイテムが故障したとき，MTBF は次式で求められる．

$$\text{MTBF} = \frac{x_1 + x_2 + x_3 + \cdots + x_i + \cdots + x_r}{r} \tag{7.3}$$

ここで，x_i：各故障までの稼動時間（h），r：故障発生数である．

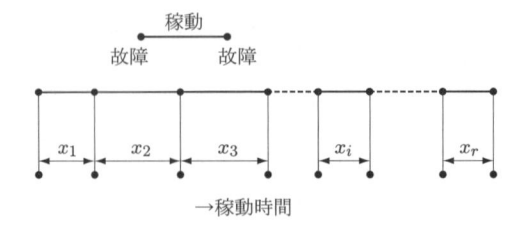

図 7.2　修理系システムの故障

（3）平均故障時間 MTTF

　平均故障時間 MTTF（mean time to failures）は，JIS では「修理しない系，機器，部品などの，故障までの，動作時間の平均値」と定義される．電球や，乾電池などの使い捨て部品の

ように修理しない（できない）システムで，故障するまでの動作時間の平均が平均故障時間 MTTF である．図 7.3 のようにアイテムが故障したとき，MTTF は次式で求められる．

$$\text{MTTF} = \frac{x_1 + x_2 + x_3 + \cdots + x_i + \cdots + x_r}{r} \tag{7.4}$$

ここで，x_i：各故障までの稼動時間（h），r：故障発生数である．

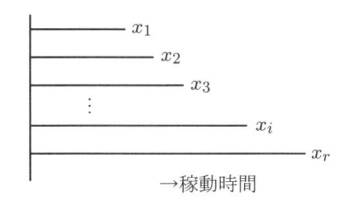

図 7.3　修理しない系の故障

（4）故障率

故障率には，平均故障率と瞬間故障率がある．平均故障率は，その期間中に故障した数をその期間の総稼働時間で除したものである．

$$\text{平均故障率} = \frac{\text{その期間中の総故障数}}{\text{総稼動時間}} \text{ \%/h} \tag{7.5}$$

瞬間故障率 $\lambda(t)$ は，ある時点まで動作してきたアイテムが，引き続く単位時間内に故障を起こす割合である．

$$\lambda(t) = \frac{f_t}{N_t} \times \frac{1}{\Delta_t} \text{ \%/h} \tag{7.6}$$

ここで，f_t：t 時間に続く Δ_t 時間の間に起こる故障数，N_t：t 時間経過時の製品残存数，Δ_t：t 時間に続く使用時間である．

例題 7.1

ボールベアリングを4個使用した軸受装置がある．そのうちの3個は，それぞれ稼動1万時間，3万時間，5万時間で故障した．残り1個は10万時間経過したが故障はしていない．稼動5000時間，2万時間，6万時間における信頼度を求めよ．

解答

式（7.1）を適用する．

① 5000時間経過時は，ボールベアリング4個中4個が稼動しているので，つぎのようになる．

$$R(t) = 1 - F(t) = \frac{N-r}{N} = \frac{4-0}{4} \times 100 = 100 \text{ \%}$$

② 2万時間経過時は，ボールベアリング4個中3個が稼動しているので，つぎのようになる．

$$R(t) = 1 - F(t) = \frac{N-r}{N} = \frac{4-1}{4} \times 100 = 75 \text{ \%}$$

③ 6万時間経過時は，ボールベアリング4個中1個が稼動しているので，つぎのようになる．

$$R(t) = 1 - F(t) = \frac{N-r}{N} = \frac{4-3}{4} \times 100 = 25 \text{ \%}$$

例題 7.2

ボールベアリングを1個使用した軸受装置がある．稼動2万時間で故障したので，ベアリング交換をして再稼動した．その後，1.5万時間稼動し故障したので再度交換した．その後1.7万時間で3度目の故障，1.3万時間経過し4度目の故障発生し，それぞれ交換し再稼動させている．このベアリングの平均故障間隔MTBFを求めよ．

解答

式（7.3）を適用する．

$$\text{MTBF} = \frac{x_1 + x_2 + x_3 + x_4}{r} = \frac{2 + 1.5 + 1.7 + 1.3}{4} = 1.6 (万時間)$$

例題 7.3

ボールベアリングを使用した軸受装置がある．装置4台を稼動させたところ，それぞれ，3万時間，4.5万時間，5万時間，5.1万時間で故障した．この軸受装置の平均故障時間MTTFを求めよ．

解答

式（7.4）を適用する．

$$\text{MTTF} = \frac{x_1 + x_2 + x_3 + x_4}{r} = \frac{3 + 4.5 + 5 + 5.1}{4} = 4.4 (万時間)$$

例題 7.4

ボールベアリングを1個使用した軸受装置がある．稼動2万時間で故障したので，ベアリング交換をして再稼動した．その後，1.5万時間稼動し故障したので再度交換した．その後1.7万時間で3度目の故障，1.3万時間経過し4度目の故障発生し，それぞれ交換し再稼動させている．このベアリングの平均故障率を求めよ．

解答

式（7.5）を適用する．

$$平均故障率 = \frac{その期間中の総故障数}{総稼動時間} = \frac{r}{x_1 + x_2 + x_3 + x_4}$$

$$= \frac{4}{2 + 1.5 + 1.7 + 1.3} \times 100 = 61.5\% / 10^4 \text{h}$$

$$※ \text{MTBF} = \frac{x_1 + x_2 + x_3 + x_4}{r} = \frac{4}{2 + 1.5 + 1.7 + 1.3} = \frac{2 + 1.5 + 1.7 + 1.3}{4} = 1.6 (10^4 \text{h})$$

であり，平均故障率はMTBFの逆数になることがわかる．

例題 7.5

新製品に使用する部品20個の寿命テストを実施した．試験結果は表7.2のとおりとなった．

表 7.2

経過時間(h)	1000	2000	3000	4000
その時間までの故障数(個)	8	6	3	2
その時間までの累積故障数（個）	8	14	17	19
瞬間故障率(%/1000h)	$\frac{8}{20}=40$	$\frac{6}{12}=50$		$\frac{2}{3}=75$

3000 時間経過時の瞬間故障率を求めよ．

解答

式（7.6）を適用する．3000 時間の瞬間故障率は，つぎのようになる．

$$瞬間故障率 = \frac{f_t}{N_t} \times \frac{1}{\Delta_t} = \frac{3}{6} \times \frac{1}{1000} = 50 \ \%/1000\,\mathrm{h}$$

7.2.2 バスタブ曲線

機械やシステムをある時間使用したとき，その時間経過したときに故障する確率を故障率という．故障率の推移は使用期間によって異なり，人間や生物の死亡率ととてもよく似た推移となる．推移の形を図 7.4 に示す．故障率の推移を示す曲線は西洋式の浴槽に似ていることから，バスタブ曲線とよばれている．製品の初期の段階では故障率は高いが，時間の経過に従い故障率は低下していく．

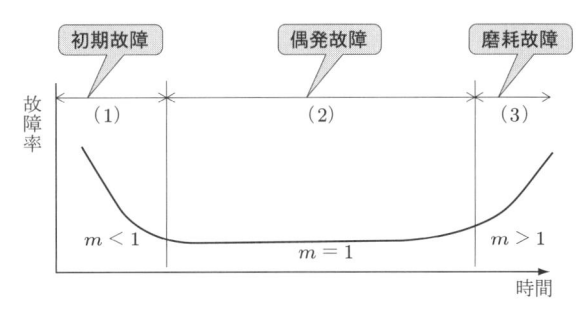

図 7.4　バスタブ曲線

7.2.3 故障の三つのパターン

バスタブ曲線にあるように，故障率はつぎの 3 パターンに分類される[7.1]．

（1）初期故障

故障減少型とよばれ，使用初期に故障しやすく使用に従って故障が少なくなっていく故障パターンである．製造のばらつきやロット混在によって生じる場合がある．使用前に実際の使用条件より厳しい条件で動作させたり，ならし運転をして不具合を取り除くことが大切である．

（2）偶発故障

故障率一定型とよばれ，時間の経過によらず故障率が一定のもので，故障が偶発的に発生するパターンである．

（3）磨耗故障

故障率増加型とよばれ，故障が時間とともに増加するパターンである．多くの機械部品や素子にみられる故障パターンである．ベアリングや電球の寿命のように，単純なメカニズムで故障する場合が多い．故障率の増加具合から，磨耗などを事前に予測することができるので，事前取替えやオーバーホールで未然に故障を防止することが可能である．

7.2.4　ワイブル解析

信頼性データを解析する方法としてワイブル解析がある．市場データや信頼性試験データを解析する場合にきわめて有効な手法である．故障までの稼動時間を求め経過時間ごとの累積故障率をワイブル確率紙にプロットする．プロットされた点を一本の直線に回帰させると，その故障のパターンすなわち初期故障，偶発故障，磨耗故障のどれに相当するかを知ることができる．

ワイブル解析の例を示す．9個のサンプルで寿命試験を行い，表7.3のような結果を得た．解析にはデータ数が9個と少ないため，平均ランク法を用いた．

表7.3　寿命試験データ

（累積）故障個数	1	2	3	4	5	6	7	8	9
故障までの経過時間	55	127	210	301	424	568	756	1043	1502
平均ランク値	0.100	0.200	0.300	0.400	0.500	0.600	0.700	0.800	0.900

＊平均ランク値＝$r/(n+1)$ で求める．ここの，n はデータ数，r は累積故障数である．

表で求めた数値を，図7.5のワイブル確率紙にプロットする．プロットされた直線の傾き m は形状パラメータとよばれ，m の大きさを知ることで故障の形態を知ることができる．

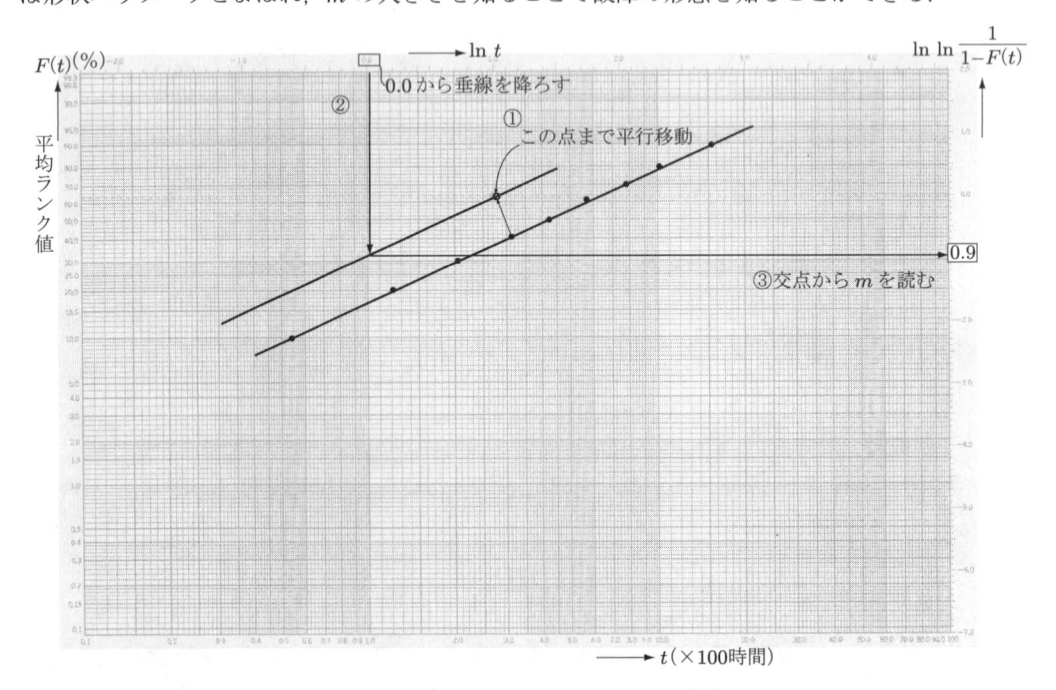

図7.5　ワイブル確率紙へのプロット [7.1]

$m < 1$：初期故障
$m = 1$：偶発故障
$m > 1$：磨耗故障

この例の場合，$m = 0.9$ であるから故障形態は初期故障であることがわかる．

ここでは，市販されているワイブル確率紙を使用したが，エクセルなどのソフトを活用することで，容易にワイブル解析ができるようになった．実際の使用にあたってはそれらを十分活用してほしい．

7.3 信頼性試験

信頼性試験は，製品の信頼性を出荷する前に工場で確認するために実施される．その方法は多種多様であり，表 7.4 のように分類される．表のなかに太字で記した代表的な信頼性試験について説明する．

表 7.4 信頼性試験の種類

場所別	方法別		ストレス別
現地試験	実用試験		
	市場試験		
工場試験	破壊試験（信頼度試験）	非加速試験	**耐久寿命試験**
			放置試験
			材料試験
		加速試験	**加速試験**
			強制劣化試験
			ステップストレス試験
			限界試験
			環境試験
	非破壊試験	動作試験	正常動作試験
			間欠動作試験
			環境試験
		放置試験	
		スクリーニング試験	
		表面観察（目視・顕微鏡）	

7.3.1 耐久寿命試験

耐久寿命試験[7.3]は，製品の寿命を定量的に把握する目的で実施する．試験には時間とサンプル数が必要となる．そのために，故障率を統計的に判定する手順が必要になる．

① サンプル全数の寿命がつきるまでではなく，ある時点で試験を打ち切ってしまい，全体の様相を推定する．

② 目標寿命が達成されているか，あるいは平均故障時間がどれくらいかを知るには点推定ではなく，信頼区間を設定して確からしさを示しておく．

なお，信頼性を統計的に判定する方法については本書では取り扱わない．

7.3.2 加速試験

加速試験[7.2]は，JISでは「試験時間を短縮する目的で基準より厳しい条件で行う試験」と定義している．条件により加速係数が異なってくるので，既存製品の市場条件での寿命と工場試験条件での寿命を把握して加速条件を定めることが必要である．

7.3.3 環境試験

それぞれの製品の使用環境，使用方法は製品によって異なる．製品の信頼性を評価するためには，それぞれの使用環境や使用方法に合った信頼性試験が必要となる．環境試験には温度(高温，低温，高低温繰返し)，耐塩，耐水，耐腐食，振動，衝撃，電磁波などの試験があり，またそれらを複合させて試験をする場合もある．ストレスの与え方と評価する特性（どんなストレスをどのように受け何が起こるかのチェック）について，その製品独自の方法を自ら確立していく必要がある．確立にあたっては，JIS, MIL, IEC などの規格を参考に製品の使用環境，使用方法をしっかり把握することが大切である．

7.3.4 スクリーニング試験

7.2.2項でのべたように，初期故障モードの故障はあらかじめ工場出荷前に試験を行うことで，出荷後の故障発生を防止することが可能である．このような目的で行う試験をスクリーニング試験といい，バーンイン（なじみ）試験や高温・低温試験でスクリーニングを行う．

7.3.5 新しい信頼性試験の考え方

信頼性試験の多くは，与えられた条件下で，定められた期間，機能を果たすかどうかを確認する方法である．これは信頼性試験を行って問題点をみつけ出し，問題点をフィードバックして修正していくといったフィードバック型である．このやり方では，一つの特性を改善しても他の特性が悪化してしまうような，いわゆるもぐら叩きに陥ってしまう場合が多い．また，試験の結果が良好であるからといって，すべての条件で問題ないとは保証できない．

最近，研究・開発の最も実践的で効果的な手法とよばれているタグチメソッド（品質工学）では，設計段階において特性を悪化させる要因を意図的にあたえて，悪化条件の中でもっとも安定性あるパラメータを選び，頑健性のある設計方法の研究を行っている．設計段階で安定性のある設計ができれば，もぐら叩きのフィードバックループも解消できる．

7.4 信頼性設計

7.4.1 従来の信頼性設計法

従来から，技術者は過去の経験を生かし信頼性設計を行ってきた．信頼性設計の5原則とよばれる経験則が，知られている．
① 過去の経験を生かす．
② 部品点数は少なくする．
③ 標準品を多く使う．
④ 点検・調整・交換はしやすくする．
⑤ 部品には互換性をもたせる．

信頼性技術の世界では，従来の信頼性設計法に加え信頼性独特の設計手法を編み出してきた．従来の設計手法に加え，信頼性独特の設計手法をバランスよく使用していくことが大切である．次項からそのような信頼性独特の設計手法を紹介する．

7.4.2 冗長設計

冗長設計とは，あらかじめ同じような構造や機能をもったシステムや装置を用意しておいて，一つが故障しても全体が故障しないようにする設計方法である．たとえば，新幹線の安全性を確保するためにブレーキシステムを2系統用意することや，ジェット旅客機においても油圧システムが2系統以上設置することなどである．

7.4.3 フェールセーフ

万が一故障が起きたとき，システムや装置が安全側に働くようにすることをフェールセーフという．たとえば，化学プラントでは，故障が起こったときは運転を停止させる方向に安全装置回路を設計している．しかし，各部の操作を一斉に止めることはかえって危険な場合があり，個々に考えていく必要がある．

7.4.4 フールプルーフ

機械の知識のない使用者でも，間違いのない使い方ができるように設計することをフールプルーフ設計方式という．方向を間違うと差し込むことができないUSB端子の形状は，フールプルーフ設計方式の一例である．

7.4.5 ディレーティング

ディレーティングとは，JISでは「信頼性を改善するために計画的に負荷を定格値から軽減す

ること」と定義している．単に部品の強度や特性を改善するのでなく，応力を集中させず分散させたり，電気部品の周囲温度を低下させるなどの処置をすることで，信頼性の向上を図る方法である．

7.4.6 トレードオフ

信頼性を上げるための設計をしたとき，コストが上がってしまい，ユーザーが買ってくれる価格にならなかったり，入手しづらい材料のために受注しても長納期になってしまい失注することのないようにする必要がある．信頼性，品質，コスト，納期，保全性などのバランスをとることをトレードオフという．

7.5 FMEA と FTA

7.5.1 FMEA，FTA とは

FMEA（failure mode and effects analysis）とは，致命度の大きい故障モードを未然に防止する目的で用いられる設計の信頼性評価方法である．FTA（falt tree analysis）は好ましくない事象（トップ事象）からその原因を逐次下位レベルに展開して，トップ事象とその原因の関係を定性的，定量的に把握する解析手法である．図 7.6 のように FTA は発生した故障の原因を探るために，システムから部品までトップダウンで展開していく手法であり，FMEA は起こりうる故障を事前に検討して部品からシステムへとボトムアップで展開していく手法である．また，表 7.5 にそれぞれの特徴を示す．

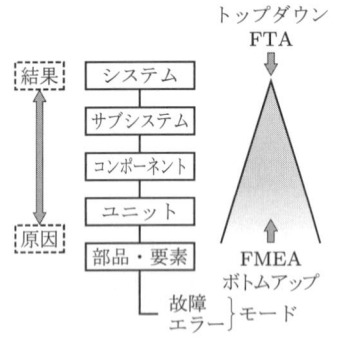

図 7.6　FMEA と FTA

表 7.5　FMEA，FTA の比較

名　称	FMEA	工程 FMEA	FTA
目　的	システムや機械の故障モードが，そのシステムにどのような影響を与えるか評価	工程中不具合が機器やシステムにどのような影響を与えるか評価	システムや機器の望ましくない現象について，発生原因のルートを求め，原因を究明
適　用	すべての故障を仮定し，システムへの影響頻度対策案をFMEA チャートに記入する	製造工程中に発生した不具合が，その製造工程に与える影響をチャートに記入する	故障，その原因，さらにその原因の関係を，論理記号を用い，FT 図を作成する
特　長	①ハードウェア，単一故障の解析に最適 ②構成要素すべての故障について検討可能 ③機器の故障率を事前に調査する必要がない	①製造工程の流れを把握し，工程の弱点を把握することができる ②不良品や，機器の重大な故障を事前に検出し有効な対策が立てられる	①故障発生のメカニズムを解明することができる．②停止中や運転中のようなあらゆる状態のもと，幅広い検討が可能

7.5.2 FMEAの実施

(1) 活用法

FMEAは設計段階で行うほか，信頼性試験計画の立案や工程設計の段階でも行う．

① 設計FMEA
- 設計構想をもとに，システムの構造・機能上の問題点および防止策の検討を行う．
- 部品，構造，機能上の問題点と防止策の検討を行う．表7.6に示す実施例では，字幕式行先表示器のサブシステムである制御部を構成するセンサ部について，予想される故障モードのそれぞれの致命度，原因を求めて対策検討を行っている．

表7.6 設計FMEAの例

故障モードと影響の解析表

発行No.										
信頼性ブロック？区分	31									
形　式	KDC・500									
システム名	字幕式行先表示器	設計のフェイス		関連書類		作成部所		作成日	平成　年　月　日	
サブシステム	制御部							検討日	．．．～．．．	

No.	名称 (Assy/Sub Assy/部品)	機能	故障モード	動作状態	故障モードの上位システム,他システムへの影響	故障モードの発生頻度(a)	影響度(b)	致命度(a×b)	故障の原因	設計改善(対策)
	センサー部 (31, 06)	幕のクロックおよびデータコードを読み取り，それぞれの明暗レベルを電流増幅し，AC結合にて，電圧増幅部に伝え明暗レベルを大きくし，基準電圧と比較した後，TTLレベルに変換し，CPUに伝える．	1.データ信号検出回路不良	データ信号読み込み後の波形処理時	1.指定位置で止まらず動き続ける	2	5	10	1.PT2の不良	停止時電線カット(通電しっぱなしによるカビ対策)
						1	5	5	2.LED2の不良(短絡)	定格電流(150mA)の60%以下で使用△50mA(約33%)
				2.指定位置以外で止まる		2	5	10	1.PT2の不良	停止時電線カット(通電しっぱなしによるカビ対策)
						1	5	5	2.LEDの不良(短絡)	定格電流(150mA)の60%以下で使用△50mA(約33%)
			2.クロック信号検出回路不良	クロック信号読み込み後の波形処理時	1.巻き切り	2	5	10	1.PT1の不良	停止時電線カット(通電しっぱなしによるカビ対策)
						1	5	5	2.LED1の不良(短絡)	定格電流(150mA)の60%以下で使用△50mA(約33%)
			3.データ信号検出およびクロック信号検出回路不良	データ・クロック信号読み込みの波形処理時	1.巻き切り	2	5	10	1.LED1またはLED2の不良(開放)	同　上
			4.データおよびクロック信号検出ミス	波形処理後のパルス軸測定時	1.巻き切り	3	5	15	1.幕スピードが速い	ソフトで対応 パルス幅の測定(スピード？？時)△パルス幅5〜8mS(入力電圧32V,高速モータ．？？数100) ・ソフト対応パルス5mSであったので検出ミス発生 ・ソフト対応パルス2mSに変更

② 試験計画立案FMEA
- 試験対象品目の選定・試験目的・方法の検討を行う．
- 効率的な試験の実施と，新しい評価方法を検討する．

③ 工程FMEA
- 工程設計段階で予測される工程不具合とその防止策の検討をする．
- 工程設計段階で不具合発生防止のための管理すべき特性の決定，あるいは管理の重点の置き方の検討をする．表7.7は生産準備段階で工程のFMEAを実施して，問題点を事前に摘出して対策を実施した実施例である．

表 7.7　工程 FMEA の例

FMEA評価基準

影響度		発生度		検出度	
評価	評価基準	評価	評価基準	評価	評価基準
10〜9	人身事故・物損事故のような保安上の致命故障	5	故障の発生がほとんど確実であるもの	5	ディラー・ユーザーに渡り市場クレームとなる
8〜7	走行不能・荷役故障のような重大故障	4	類似製品の実績で故障が多発しているもの	4	出荷までに発見される
6〜5	リフトの機能低下を招くような中程度の故障	3	故障の発生の可能性のあるもの	3	組付ラインで発見される
4〜3	外観機能を低下させるような軽度な故障	2	類似製品の実績で故障の発生が低いもの	2	そのライン内で発見される
2〜1	顧客が気が付かないような軽微な故障	1	故障がほとんど起こりそうにない	1	その工程で発見される

FMEA重要度評価点の推移

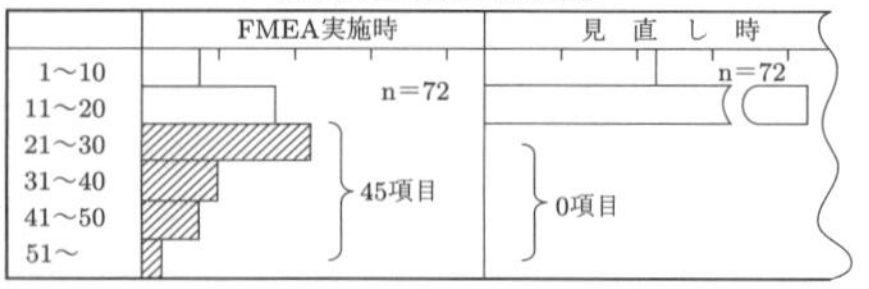
FMEA実施時
見　直　し　時
1〜10
11〜20
21〜30
31〜40
41〜50
51〜
n=72
n=72
45項目
0項目

工程の不良モードと影響の解析表
(故障)FMEA表(1/2)

昭和○○年○月○日
＊＊製造部生産技術課

区分	Ⓢ　Ⓐ　一 般
評価	×◇◇◇

部 長	課 長	係 長	主 任	担当者
◇	◇	◇	◇	◇

品 番	品 名	工 程 名	製造部署
51001-◇◇◇-71	フレームサブアッシイ	フレームサブアッシイ仮付⑫工程	溶 接 部

No.	工程名 (上記工程の詳細工程を記入)	工程の機能 (解析をする機能が何であるかを記入)	不良モード (故障) (予想される不具合、過去にあった不具合も詳細に記入)	不良の影響 (製品機能の＊＊で、ASSY, SYSTEMに与える影響を記入)	不良の原因 (それぞれの不良モードにあてはまるすべての原因を記入)	評価点 影響度	発生度	検出後	重要度	対策の着眼点 (現状の管理の状況を考え、特に製造上留意する点を記入)	対策内容 ㊥…発生源対策 ㊙…検知対策		期日	部署名 担当者
1	リヤフレームS/A投入・セット	リヤフレームS/Aを仮付治具へ投入・セットする	ホイルベース寸法1410　不良	・旋回半径不良 ・操舵フィーリング不良	・治具取替不良 ・リヤメタル内＊寸法190±1不良	5 5	2 3	2 3	20 45	リヤメタルS/Aの溶接歪み	発	溶接トライの実施	○	生技 溶接
3	ティルトシリンダーS/Aセット	ティルトシリンダーブラケットを治具にセットする	・ティルトブラケットの位置 ・433±2.270±2不良	・ティルトシリンダー ・前後傾角度不良	・マッドガード角度不良 ・ワーク位置決め不良	7 7	2 3	3 3	42 63	マッドガードの傾き 位置決め	発 発	マッドガードS/A仮付道具の見通し(X300と流用) 位置決めピン部の改良	7.31 8.31	生技 設備 生技

(2) FMEA の実施手順

① **実施準備**　システムやサブシステムの構造や機能を理解し，信頼性ブロック図を作成する.

- どういうものが要求されているか把握する.
- 組立レベルか，あるいは部品レベルで行うかの解析レベルを決定する.
- FMEA シートを準備する.

② **FMEA 対象部位の選定（対象工程の選定）**

③ **要求機能の記述（工程機能の記述）**　部品や機能ごとに，いつ，どこが，どんな入力を受けて，どのように，どんな出力を出すかを記述する.

④ **故障モードの記述**　過去のクレームや故障情報を参考にしながら，使用・環境条件からのストレスとその影響を考慮して予想される故障をすべて列挙する．故障モードとは故障状態を形式により分類したもので，断線，短絡，折損，磨耗，特性の劣化などをいう.

⑤ **故障の影響の記述とその評価**

- 故障の解析　構造・機能的に隣接しているシステムへの影響や，上位レベルのシステムを共有しているシステム，および下位レベルの部品を共有しているシステムへの影響を解析し，記述する.
- 故障の重要度を決める　発生頻度，影響度，故障の発見難易度を評価し重要度を決める.

　重要度＝発生頻度×影響度×発見難易度

評価基準のランク付けの例を表 7.8 に示す.

表 7.8 評価基準ランク付け例

点　数	発生頻度（工程不良率例）	影響度	発見難易度
10～9	発生頻度が非常に高い．(1%以上)	致命的	全く検出不能で，ディラー，ユーザーにわたり，市場クレームとなる．
8～7	発生頻度が高い．(0.1～1.0%)	重大・機能喪失	運転しないと検出不能，出荷までに発見される．
6～5	故障の可能性がある．(0.01～0.1%)	機能低下	完成検査で検出可能であり，組み立てラインで発見される．
4～3	少ないが起こりうる．(0.001～0.01%)	軽　微	サブシステムテストで検出可能，またはそのラインで発見される．
2～1	故障はほとんど起こらない．(0.001%以下)	極　小	単品で検出可能である．

⑥ **対策事項・対策方法の記述**　④の故障モードの対策事項・対策方法を考え記述する．とくに，⑤で求めた重要度の高いものに重点的に行うことが必要である．

⑦ **その他**　対策事項，対策方法の担当部署，実施有無などをあらかじめ決めておくことが大切である．

7.5.3　FTAの実施

(1) 活用法

FMEAと同様，設計段階，試験計画立案，工程設計で活用するが，市場や工程で起こった不具合の原因究明に有効な手法である．

(2) FTAの実施手順

① **実施準備**　FTAの対象としている製品の構造・機能について十分把握できるように準備する．

② **不具合項目の把握と定義**　定義が明確にできる事象で設計上，技術上の対象となるかチェックする．たとえば，ドアが閉まらない，あるいは閉じたまま開かないといったものが対象となる．

③ **不具合事象の要因への展開**　表7.9に示すような論理記号を用いてシステム→サブシステム→アッセンブリ→サブアッセンブリ→コンポーネントと細部に展開していく．

④ **各要因の重要度の評価**　FMEA重要度の評価方法と同様の方法で評価する方法と，各要因の発生確率にもとづく定量的評価方法とがある．

⑤ **是正処置と検討結果をまとめ，チャートにする**　表7.9の記号を用いて，不具合事象の要因を展開したものをチャート化する．図7.7は，懐中電灯のランプが点灯しないという不具合事象をトップ事象とし，要因展開してチャート化したものである．このチャート化したものをFT図とよぶ．

- 検討対象の不具合に関する情報の集約・把握　製品に関する固有技術情報や故障品の不具合内容の詳細，仕様，環境条件情報
- 類似製品の不具合情報の調査，分析情報の活用
- FTA参画メンバーの適性　仮説実証型よりも仮説提示型

表7.9 FTAで用いられる基本的な記号

種類	記号	名称	説明	使い方,備考
事象記号		展開事象	さらに展開されていく事象	FTの頂上使用するときトップ事象という
		基本事象	これ以上,展開することができない基本的な事象	ヒューマンエラー(操作ミス,勘違い)や,事故による過大ストレスなど
		否展開事象	これ以上展開は不要な事象,現技術力では展開が不可能な事象	自社での対策に結びつかなくなる場合や今後の調査で展開をしていく場合(当面はブラックボックスで内容が不明)
		家型事象	欠陥事象でなく,自然現象下でも発生しうる事象	
論理ゲート		ANDゲート	すべての下位事象が共存するときのみ上位事象が発生する	冗長設計はANDゲートになる.機械部品ではORゲートが非常に多い.
		ORゲート	下位事象のうちいずれかが存在すれば上位事象が発生する	和(+)積(・)の記号をつけておくと,確率計算の場合,便利である
		修正ゲート	このゲートで示される条件が満足する場合のみ出力事象が発生する	条件は以下のように記入する ・AはBより先に発生 ・いずれか二つ ・同時発生しない

種類	記号	名称	説明	使い方,備考
移行記号		移行記号IN	同一のFT図の中に同じ事象があるので展開を省略する事象を示し印部以下へ移ることを示す	FT図の簡素化に有効である
		OUT	INと同じであるが,出ていく移行を示す	

(1) 原則としてAND,ORゲート記号はルールに従い使い分けるべきである.
(2) 事象記号については展開,基本,否展開,家型などがあるが,その区分を理解する必要はあるが,記号の形状がルール通りでないことが多い.

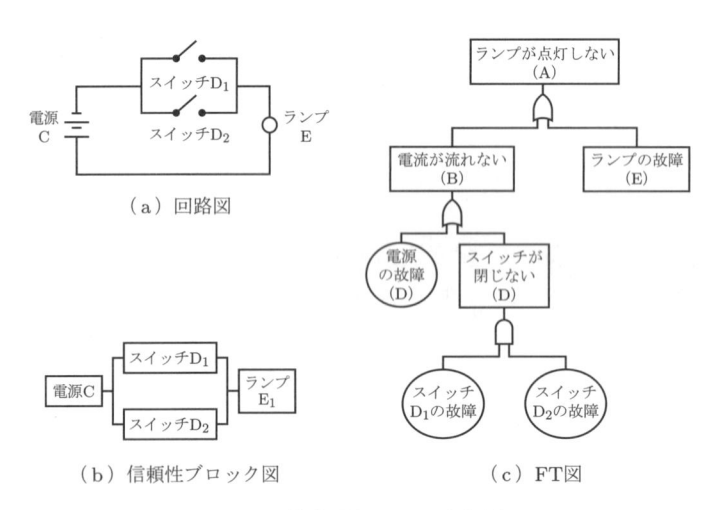

(a) 回路図

(b) 信頼性ブロック図

(c) FT図

図7.7 懐中電灯のFTA実施例

(3) FTAによる解析

FT図が完成したら,発生確率を考慮して重要要因を抽出する.トップ事象への影響が大きい重要要因に対策案を検討する.重要要因の抽出には,過去の経験・実験データから発生可能性を考慮して,専門家による検討が大切である.各要因の発生確率が求められているならば,重要な要因を定量的に解析することが可能となる.図7.8において,丸で示す各基本事象とひし形で示す非展開事象の発生確率があたえられたとき,論理記号ANDゲートで構成される長方形で示す出力事象(展開事象)の発生確率は,出力事象の要因である基本事象または非展開事象を乗じて求め,ORゲートは,それぞれを加えることで求められる.計算の結果,スパーク不良の発生確

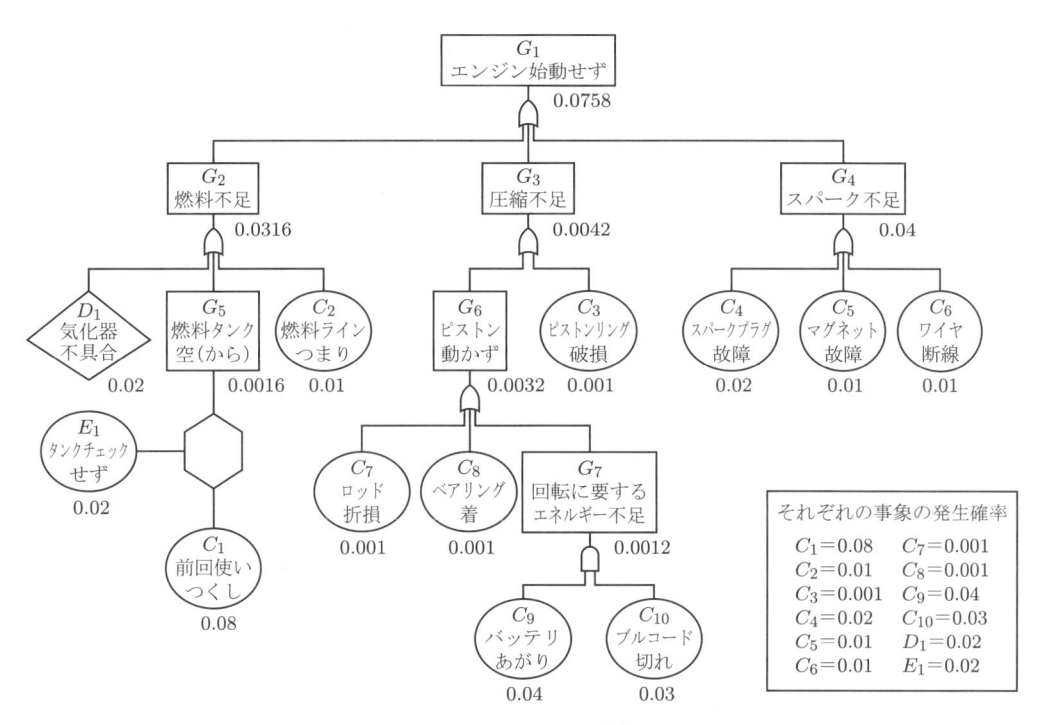

図7.8 FTA実施例[7.4]

率が高く，点火プラグとマグネット・ワイヤの改良が必要なことがわかる．そのほか，気化器，燃料ラインのつまり対策と順次対策を行う．

演習問題

7.1 広い粘度範囲の送液や，液の汚濁なしに送液が可能なポンプに図7.9のようなチューブポンプがある．図(a)に外観，図(b)に作動原理，図(c)に部品構成，図(d)にローラ部詳細を示す．信頼性ブロック図を作成しFMEA解析を行い，設計上留意すべきことを三つ以上あげよ．

7.2 身近な電気製品や機械製品では，USB端子のように，逆付けができないようフールプルーフ設計をしている例がいくつもみられる．身近にある製品のフールプルーフ，またはフェイルセーフ設計例を列挙せよ．

7.3 工場内で稼動している専用機1000台の故障状況を調査した結果，2年間稼動したときの平均故障率は0.001％であった．1年間の稼動時間は，平均3000時間である．
(1) 2年間で故障した専用機は何台か求めよ．
(2) この専用機の平均故障間隔MTBFを求めよ．

(a) 外観

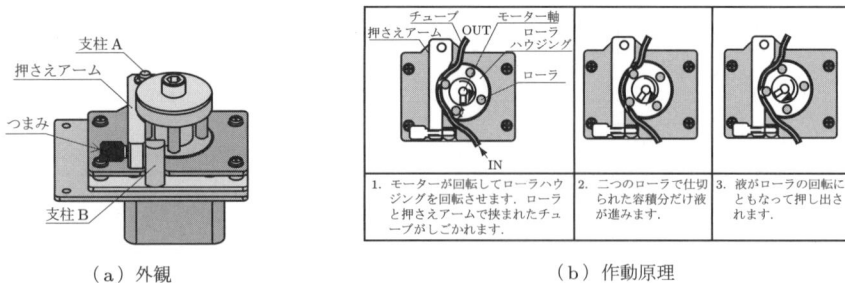

(b) 作動原理

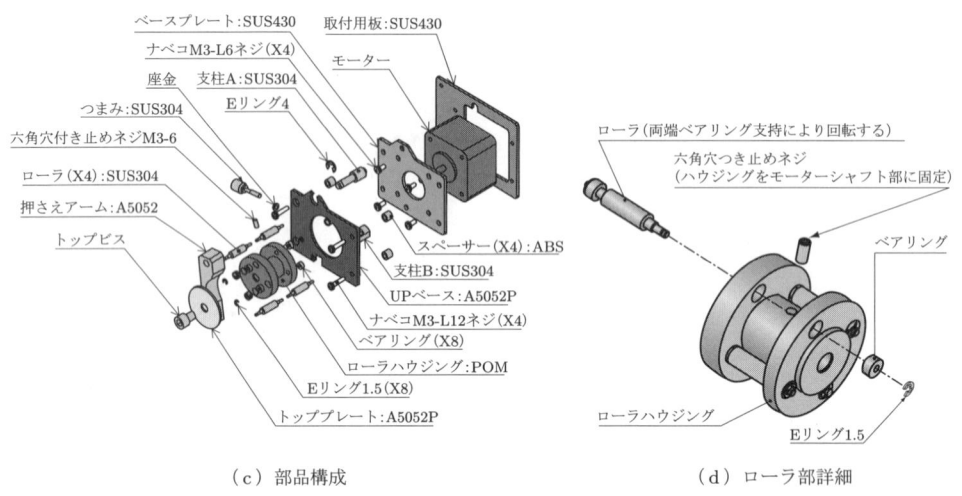

1. モーターが回転してローラハウジングを回転させます。ローラと押さえアームで挟まれたチューブがしごかれます。
2. 二つのローラで仕切られた容積分だけ液が進みます。
3. 液がローラの回転にともなって押し出されます。

(c) 部品構成

(d) ローラ部詳細

図 7.9　チューブポンプ

参考文献

[7.1] 信頼性管理便覧編集委員会 編,「品質保証のための信頼性管理便覧」, 日本規格協会, 1985.

[7.2] 大津 亘,「設計技術者のための品質管理」, 日科技連出版社, 1989.

[7.3] 斉藤善三郎,「おはなし信頼性 改訂版」, 日本規格協会, 2004.

[7.4] 牧野順二郎 ほか,「FMEA・FTA 実施法」, 日科技連出版社, 1998.

付録　工業分野における国際標準化

A　工業標準化

　工業製品に対しては，寸法，性能・強度，信頼性・安全性といった品質や部品の組み立て・交換の際の互換性・相互適用性などが保証されなければならない．また，製造業者，使用者などの関係者間では，技術的要求事項やデータを相互に伝達する手段として，用語，記号，製図法，単位，試験・評価法などを統一する必要がある．このためには，工業分野における共通的な取決め（標準化）が不可欠であり，わが国では，国が定める工業標準（国家規格）として日本工業規格 JIS（japanese industrial standards）が制定されている．一方，国際的取決め（国際規格）に関しては，電気および電子技術分野に対して国際電気標準会議 IEC（international electrotechnical commission）が，電気および電子技術分野を除く全産業分野に対して国際標準化機構 ISO（international organization for standardization）が制定している．

B　国際標準化

　単一化する世界市場の中では，各国が独自の規格（国家規格）に従うのではなく，単一の規格が求められてきた．また，1995年の世界貿易機構 WTO（world trade organization）/ 貿易の技術的障害 TBT（technical barriers to trade）協定の発効により，WTO 加盟国は国家規格と ISO/IEC などの国際規格との整合性確保が義務付けられた．このため，JIS においては，対応する国際規格のあるものについては整合化がなされ，国際規格にないもののうち，重要でないものに関しては廃止された．また，JIS は，制定または確認・改正された日から少なくとも5年を経過するまでに見直しさなければならないことになっているため，引用の際には，最新のものを参照することに注意すべきである．

C　国際単位系

　わが国をふくむ多くの国において，とくに機械工学の分野では，従来から工学単位系（重力単位系）を多用してきた歴史がある．重力単位系では，基本単位として重量の単位をふくみ，質量

1 kg の物体に作用する重力の大きさを 1 kg の力（1 キログラム重）といい，1 kgf で表す．しかし，1960 年の第 11 回国際度量衡総会において，MKS 単位系を拡張した国際単位系（仏語：Le Système International d'Unités，英語：international system of units，略称 SI）を採用することが決定されて以来，1969 年に ISO，1972 年に JIS にも SI 単位系が導入されている．また，1991 年には JIS が完全に SI 単位系準拠となり，2000 年には ISO との整合化を図るため，1992 年に発行された ISO 1000, SI units and recommendations for use of their multiples and of certain other units を翻訳した形で JIS Z8203（国際単位系(SI)およびその使い方）が改正されている．

SI 単位系では，表 C.1 に示す七つの基本単位を基礎とし，これらを乗除法の記号を用いて組み立てて力や圧力などの単位を表すための表 C.2 のような組立単位から成り立っている．また，SI 単位系を用いると扱う数値がきわめて大きくあるいは小さくなる傾向があるため，上述したおのおのの単位の前に表 C.3 に示す 10 の整数乗倍の接頭語を付けて用いている．

表 C.1　SI 基本単位

基本量	SI 基本単位	
	名　称	記　号
長　さ	メートル	m
質　量	キログラム	kg
時　間	秒	s
電　流	アンペア	A
熱力学温度	ケルビン	K
物質量	モル	mol
光　度	カンデラ	cd

表 C.2　固有の名称をもつ SI 組立単位

組立量	SI 組立単位		
	名　称	記　号	SI 基本単位および SI 組立単位による表し方
平面角	ラジアン	rad	$1\,\mathrm{rad} = 1\,\mathrm{m/m} = 1$
立体角	ステラジアン	sr	$1\,\mathrm{sr} = 1\,\mathrm{m^2/m^2} = 1$
周波数	ヘルツ	Hz	$1\,\mathrm{Hz} = 1\,\mathrm{s^{-1}}$
力	ニュートン	N	$1\,\mathrm{N} = 1\,\mathrm{kg \cdot m/s^2}$
圧力，応力	パスカル	Pa	$1\,\mathrm{Pa} = 1\,\mathrm{N/m^2}$
エネルギー，仕事，熱量	ジュール	J	$1\,\mathrm{J} = 1\,\mathrm{N \cdot m}$
パワー，放射束	ワット	W	$1\,\mathrm{W} = 1\,\mathrm{J/s}$
電荷，電気量	クーロン	C	$1\,\mathrm{C} = 1\,\mathrm{A \cdot s}$
電位，電位差，電圧，起電力	ボルト	V	$1\,\mathrm{V} = 1\,\mathrm{W/A}$
静電容量	ファラド	F	$1\,\mathrm{F} = 1\,\mathrm{C/V}$
電気抵抗	オーム	Ω	$1\,\Omega = 1\,\mathrm{V/A}$
コンダクタンス	ジーメンス	S	$1\,\mathrm{S} = 1\,\Omega^{-1}$
磁　束	ウェーバ	Wb	$1\,\mathrm{Wb} = 1\,\mathrm{V \cdot s}$
磁束密度	テスラ	T	$1\,\mathrm{T} = 1\,\mathrm{Wb/m^2}$
インダクタンス	ヘンリー	H	$1\,\mathrm{H} = 1\,\mathrm{Wb/A}$
セルシウス温度	セルシウス度	℃	$1\,\mathrm{℃} = 1\,\mathrm{K}$
光　束	ルーメン	lm	$1\,\mathrm{lm} = 1\,\mathrm{cd \cdot sr}$
照　度	ルクス	lx	$1\,\mathrm{lx} = 1\,\mathrm{lm/m^2}$
酸素活性	カタール	kat	$1\,\mathrm{kat} = 1\,\mathrm{mol/s}$

表 C.3　SI 接頭語

乗　数	接頭語 名　称	記　号	乗　数	接頭語 名　称	記　号
10^{24}	ヨタ	Y	10^{-1}	デシ	d
10^{21}	ゼタ	Z	10^{-2}	センチ	c
10^{18}	エクサ	E	10^{-3}	ミリ	m
10^{15}	ペタ	P	10^{-6}	マイクロ	μ
10^{12}	テラ	T	10^{-9}	ナノ	n
10^{9}	ギガ	G	10^{-12}	ピコ	p
10^{6}	メガ	M	10^{-15}	フェムト	f
10^{3}	キロ	k	10^{-18}	アト	a
10^{2}	ヘクト	h	10^{-21}	ゼプト	z
10	デカ	da	10^{-24}	ヨクト	y

例題 C.1

「体重はどの位？」と問われたあなたは，とっさに「50 キロです」と答えた．この重さの単位は何か答えよ．

解答

本人は意識していないのだろうが，工学単位系（重量単位系）の「50 kgf」で答えている．重量単位系では，重力加速度 $g = 9.8$ m/s^2 として，よく知られているニュートンの第二法則の式につぎのような当てはめを行っている．

$$F = mg = 1\,\text{kg} \times 9.8\,\text{m/s}^2 = 1\,\text{kgf}$$

質量と重さとが同じ数値であることが便利と考えたのだろうか．したがって，あなたの身体の質量も 50 kg となる．

SI 単位では，つぎのようになる．

$$F = mg = 1\,\text{kg} \times 9.8\,\text{m/s}^2 = 9.8\,(\text{kg}\cdot\text{m/s}^2 = \text{N}\,;\,\text{ニュートン})$$

重力の加速度を約 10 m/s^2 とみなせば，質量 50 kg のあなたの体重は約 500 N となる．ずいぶんと太ったように感じないだろうか．

アメリカ・イギリスを中心に根強く残る単位系として，インチ・ポンド単位系がある．これらはおよそつぎのとおりになる．

長さの単位として　　1 in (inch：インチ) = 25.4 mm

　　　　　　　　　　1 ft (feet：フィート) = 12 in = 304.8 mm

　　　　　　　　　　1 yd (yard：ヤード) = 3 ft = 914.4 mm

　　　　　　　　　　1 mile (マイル) = 1760 yd = 1609.3 m

重さの単位として　　1 lb (pound：ポンド) = 0.4536 kgf = 4.445 N

圧力の単位として　　1 psi (pound par square inch：lb/in^2) = 6.890 kPa

演習問題の解答

第2章

2.1

(1) $\dfrac{a-\chi}{6} = \dfrac{15.0-0.6}{6} = 2.4$ (1)

(2) $0.15 + (T+T+T+T+T+T) = 0.45$ (2)
$T = \pm 0.05$

(3) $0.15^2 + T^2 + T^2 + T^2 + T^2 + T^2 + T^2 = 0.45^2$ (3)
$T = \pm 0.173$

2.2

許される製造誤差： ± 0.06
各部品の標準偏差： $\sigma = 0.02$
すきま量 f の分布： $N(0.12,\ 0.028^2)$ (4)
すきま量 f が 0 以下になる確率：

$$K\varepsilon = \dfrac{x-\mu}{\sigma} = \dfrac{0.12}{0.028} = 4.3$$ (5)

したがって，標準正規分布表より 0.000855％ である．つまり，はまらない確率はきわめて低い．
（備考）
$A = 10.06 \pm 0.06$
$B = 9.94 \pm 0.06$
互換性の方法： 0.12 ± 0.12
不完全互換性の方法： 0.12 ± 0.085 (6)
つまり，式 (6) の計算結果 0.085 の 1/3 が，式 (4) の σ の値と一致する．

第3章

3.1

(1) ①×，②○，③×，④○，⑤○，⑥×，⑦×，⑧○，⑨○，⑩×
(2) ①○，②×，③○，④○，⑤×

3.2

(1) ③クロムモリブデン鋼鋼材（SCM445H）
(2) ④球状焼なまし

3.3

(1) 焼ならし　　熱処理品を，A_3 線あるいは A_{cm} 線より 30〜50℃ 高い温度範囲の一様オーステナイト領域で加熱・保持した後，空冷する．
(2) 化学的蒸着法（CVD 法）　　反応ガスにより，処理対象物の表面に硬化物皮膜を付着させる．
　　物理的蒸着法（PVD 法）　　硬化物質を蒸発させて，処理対象物の表面に皮膜を付着させる．

第4章

4.1

(1) ①○，②×，③×，④×，⑤○，⑥×，⑦○，⑧○，⑨×，⑩○
(2) ①×，②×，③×，④○，⑤○，⑥○，⑦×，⑧○，⑨○，⑩×

演習問題の解答 215

(3) ①〇, ②×, ③×, ④〇, ⑤〇, ⑥×, ⑦〇, ⑧〇, ⑨×, ⑩〇
(4) ①〇, ②×, ③〇, ④×, ⑤×

4.2
(1) ④
(2) ②

4.3
(1) 加工法は，素材に熱や荷重を加えて初めの形状をかえて品物をつくる変形加工，そして切りくずを出して要求された形状・精度に仕上げる除去加工，さらに熱や圧力を加えて一体化させる接合加工に大きく分類できる．
(2) 板材のせん断加工において，ポンチとダイスの隙間が過少の場合には，板材の切り口に二次せん断面が生じる．これは適正すきまの場合に比べ，スケアシャーに過負荷がかかるため，避けるべきである．
(3) フライス盤では平フライスを用いた平面切削を行う場合，テーブルの送り系にバックラッシがあると，下向き削りを行うと切削力と送りの方向が一致するため，テーブルに振動を生じ，切削工具や工作機械を破損させる場合がある．これを防ぐため，汎用フライス盤にはバックラッシ除去装置が組込まれている．
(4) 数値制御加工においては，①設計図の提出，②プロセスシートの作成，③NCプログラムの作成，④プログラムチェック，⑤NC加工，⑥検査・組み立ての一連の流れを経て，製品が完成する．
(5) 3次元CADで設計したモデルを，手際よく実物に置き換える加工法が3次元造形法である．この加工法には，代表的な光造形法のほかに，粉末焼結法，インクジェット法，樹脂押し出し法およびシート切断法がある．

第5章

5.1
(1) 応力は $\sigma = P/A < 100 \text{ MPa} = 100 \text{ N/mm}^2$ であるから，つぎのようになる．
$$\therefore A > P/100 = (100 \times 10^3 \text{ N})/(100 \text{ N/mm}^2) = 1000 \text{ mm}^2$$
$$A = \pi d^2/4 \quad \text{より} \quad d > \sqrt{1000 \text{ mm}^2 \times 4/\pi} = 35.68 \text{ mm}$$
したがって，④となる．
(2) 式(5.7)のフックの法則より $\sigma = E\varepsilon$ であり，
縦ひずみは式(5.2)より $\varepsilon = (l'-l)/l = \delta/l$ となる．
$$\therefore E = \frac{\sigma}{\varepsilon} = \frac{P}{A}\frac{l}{(l'-l)} = \frac{10 \times 10^3 \text{ N}}{100 \text{ mm}^2}\frac{1 \times 10^3 \text{ mm}}{0.5 \text{ mm}} = 200000 \text{ N/mm}^2 = 200 \times 10^9 \text{ Pa} = 200 \text{ GPa}$$
(3) 縦ひずみは，$\varepsilon = (l'-l)/l = \delta/l = 0.5 \text{ mm}/(1 \times 10^3 \text{ mm}) = 5 \times 10^{-4} = 500 \times 10^{-6}$，
横ひずみは式(5.3)より $\varepsilon' = (d'-d)/d$，ポアソン比は式(5.4)より $\nu = |\varepsilon'/\varepsilon|$であるから，
$|d'-d| = \nu\varepsilon d = 0.3 \times (500 \times 10^{-6}) \times 20 \text{ mm} = 3 \times 10^{-3} \text{ mm} = 3 \text{ μm}$ となる．

5.2
部材AOおよびBOに作用する軸力をN_AおよびN_Bとする．各部材には引張力のみが作用するものと仮定し，水平方向の力のつり合いから，次式が成り立つ．
$$\frac{\sqrt{3}}{2}N_A + \frac{\sqrt{3}}{2}N_B = 0 \tag{7}$$
同様に，鉛直方向の力のつり合いから，次式が成り立つ．
$$\frac{1}{2}N_A - \frac{1}{2}N_B - P = 0 \tag{8}$$
式(7), (8)より $N_A = -N_B$, $N_B = -P$, $N_A = P$ を得る．したがって，部材AOはPの力で引張られ，部材BOはPの力で圧縮される．部材AOの伸び量をδ_1，部材BOの縮み量をδ_2とすると，式(5.7)のフックの法則より，次式となる．

$$\delta_1 = \delta_2 = \frac{Pl}{AE} \tag{9}$$

5.3

(1) 式 (5.39) より最大曲げモーメントは荷重点 C に生じ，つぎのようになる．
$$M_{\max} = M_{x=a} = \frac{Pa(l-a)}{l} \tag{10}$$

したがって，最大曲げ応力は，式 (5.47) より，次式となる．
$$\sigma_{x\max} = \frac{M_{\max}}{Z} = \frac{Pa(l-a)}{l} \frac{6}{bh^2} \tag{11}$$

(2) AC 間 $(0<x<a)$ の曲げモーメントは式 (5.35) より $M = P(l-a)x/l$，CB 間 $(a<x<1)$ の曲げモーメントは式 (5.38) より $M = Pa(l-x)/l$ である．AC 間のたわみを y_1，CB 間のたわみを y_2 とすると，たわみ曲線の微分方程式は，次式となる．

$$\text{AC 間 } (0<x<a): EI\frac{d^2y_1}{dx^2} = -M = -\frac{P(l-a)x}{l} \tag{12}$$

$$\text{CB 間 } (a<x<1): EI\frac{d^2y_2}{dx^2} = -M = -\frac{Pa(l-x)}{l} \tag{13}$$

式 (12) を x で積分すると，つぎのようになる．
$$-\frac{EI}{P}\frac{dy_1}{dx} = \frac{(l-a)}{l}\frac{x^2}{2} + C_1, \quad -\frac{EI}{P}y_1 = \frac{(l-a)}{l}\frac{x^3}{6} + C_1 x + C_2 \tag{14}$$

式 (13) を x で積分すると，つぎのようになる．
$$-\frac{EI}{P}\frac{dy_2}{dx} = \frac{a}{l}\left(lx - \frac{x^2}{2}\right) + C_3, \quad -\frac{EI}{P}y_2 = \frac{a}{l}\left(l\frac{x^2}{2} - \frac{x^3}{6}\right) + C_3 x + C_4 \tag{15}$$

境界条件は，両支点でたわみが 0 だから，① $[x=0$ で $y_1=0]$，② $[x=l$ で $y_2=0]$ となる．

① 式 (14) より $\quad C_2 = 0 \tag{16}$

② 式 (15) より $\quad \dfrac{al^2}{3} + C_3 l + C_4 = 0 \tag{17}$

また，たわみ・たわみ角が点 C で連続であるから，③ $\left[x=a$ で $y_1=y_2, \dfrac{dy_1}{dx} = \dfrac{dy_2}{dx}\right]$ となる．

③ 式 (14), (15) より，$C_1 = \dfrac{a(l-a)(2l-a)}{6l}$, $C_3 = \dfrac{a(l-a^2)}{6l}$, $C_4 = -\dfrac{a^3}{6}$

したがって，たわみ角およびたわみ曲線は，次式で求められる．

$$\text{AC 間}: \frac{dy_1}{dx} = \frac{P}{6EI}\frac{l-a}{l}(2al - a^2 - 3x^2), \quad y_1 = -\frac{P}{6EI}\frac{l-a}{l}x(x^2 - 2al - a^2) \tag{18}$$

$$\text{CB 間}: \frac{dy_2}{dx} = \frac{P}{6EI}\frac{a}{l}\{2(l-x)(l-2x) - x^2 + a\}, \quad y_2 = \frac{P}{6EI}\frac{a}{l}(l-x)\left(x^2 - \frac{2}{x} + a^2\right) \tag{19}$$

(3) 最大たわみは AC 間で生じ，最大たわみを生じる位置ではたわみ角が 0 であるから，$dy_1/dx = P(l-a)(2al-a^2-3x^2)/(6EIl) = 0$ より，つぎのようになる．

$$x = \frac{\sqrt{l^2 - (l-a)^2}}{\sqrt{3}} < a \tag{20}$$

したがって，最大たわみは，式 (20) を式 (18) 第 2 式に代入して，つぎのようになる．

$$y_{\max} = -\frac{P}{EI}\frac{1}{9\sqrt{3}}\frac{l-a}{l}\{l^2-(l-a)^2\}^{3/2} \tag{21}$$

荷重点 C におけるたわみは，式 (18) 第 2 式に $x=a$ を代入して，つぎのようになる．

$$y_{x=a} = \frac{P}{3EI}\frac{a^2(l-a)^2}{l} \tag{22}$$

(4) ① 曲げモーメント図 [図 5.18 (d)] より ○
② 支点 A，B では反力を生じ，せん断力はゼロではない ×

③ 最大たわみと荷重点は一致しない ×
④ 曲げモーメント図[図 5.18 (d)] より ○
⑤ 式 (5.88) より，bh^2 が大きくなれば最大曲げ応力は小さくなる．したがって，$b<h$ の方が最大曲げ応力は小さい． ×

5.4

トルク T，せん断応力 τ，比ねじれ角 θ，断面 2 次極モーメント I_p などは，中実丸軸の場合に上添え字 "実"，中空丸軸の場合に上添え字 "空" を付けて区別する．

① 中実丸軸および中空丸軸に生じる最大せん断応力が許容せん断応力 τ_a に等しくなる場合を考える．式 (5.74)，(5.77) より，

$$\tau_{\max}^{実} = \frac{16T^{実}}{\pi d^3} = \tau_a, \quad \tau_{\max}^{空} = \frac{16T^{実}d_2}{\pi(d_2^4 - d_1^4)} = \tau_a \tag{23}$$

となる．式 (23) より，$T^{実} = \dfrac{\tau_a \pi d^3}{16}$，$T^{空} = \dfrac{\tau_a \pi (d_2^4 - d_1^4)}{16 d_2}$ であるから，

$$\frac{T^{空}}{T^{実}} = \frac{\tau_a \pi (d_2^4 - d_1^4)}{16 d_2} \frac{16}{\tau_a \pi d^3} = \frac{d_2^4 - d_1^4}{d_2 d^3} \tag{24}$$

である．また，中実丸軸および中空丸軸の断面積が等しい $\left[\dfrac{\pi}{4}d^2 = \dfrac{\pi}{4}(d_2^2 - d_1^2)\right]$ ことから，

$$d^2 = d_2^2 - d_1^2 \tag{25}$$

となる．したがって，式 (24)，(25) より，

$$\frac{T^{空}}{T^{実}} = \frac{d_2^4 - d_1^4}{d_2(d_2^2 - d_1^2)^{3/2}} = \frac{(d_2/d_1)^2 + 1}{(d_2/d_1)\{(d_2/d_1)^2 - 1\}^{3/2}} > 1 \tag{26}$$

となる．式 (26) において，$d_2/d_1 = 2$ とすれば，$T^{空}/T^{実} = 1.44$ となり，中空丸軸の方が中実丸軸よりも約 44% 大きなねじりトルクを伝えることができる．

② 中実丸軸および中空丸軸に生じる比ねじれ角が許容比ねじれ角 θ_a に等しくなる場合を考える．式 (5.66)，(5.75)，(5.78) より，

$$\theta_x^{実} = \frac{T^{空}}{GI_p^{実}} = \frac{32T^{実}}{\pi d^4 G} = \theta_a, \quad \theta^{実} = \frac{T^{空}}{GI_p^{空}} = \frac{32T^{空}}{\pi G(d_2^4 - d_1^4)} = \theta_a \tag{27}$$

となる．式 (5.104) より，

$$\frac{GI_p^{空}}{GI_p^{実}} = \frac{d_2^4 - d_1^4}{d^4} \tag{28}$$

である．したがって，式 (25)，(28) より，

$$\frac{GI_p^{空}}{GI_p^{実}} = \frac{d_2^4 - d_1^4}{(d_2^2 - d_1^2)^2} = \frac{(d_2/d_1)^2 + 1}{(d_2/d_1)^2 - 1} > 1 \tag{29}$$

となる．式 (29) において，$d_2/d_1 = 2$ とすれば，$GI_p^{空}/GI_p^{実} = 1.67$ となり，中空丸軸の方が中実丸軸よりも約 67% 大きなねじり剛性を有す．

第 6 章

6.1

$d = 10$ mm，$d_w = 13$ mm，$\alpha = 30°$，また表 6.3 より，$P = 1.25$ mm，$d_2 = 9.188 ≒ 9.19$ mm．

(1) $\mu_s = \mu_w = 0.16$ のときに最大，$K_{\max} = 0.209$．$\mu_s = \mu_w = 0.11$ のときに最小，$K_{\min} = 0.150$．

(2) 式 (6.8) より，$F_f = T_f/(Kd)$ である．よって，つぎのようになる．

$$F_{f\min} = \frac{T_f}{(K_{\max}d)} = \frac{50}{(0.209 \times 10 \times 10^{-3})} = 23900 \text{ N} = 23.9 \text{ kN}$$

$$F_{f\max} = \frac{T_f}{(K_{\min}d)} = 33.3 \text{ kN}$$

(3) 同様の考え方で，つぎのようになる．

$$F_{\mathrm{f\,min}} = \frac{T_{\mathrm{f\,min}}}{(K_{\max}d)} = 22.4 \text{ kN}, \quad F_{\mathrm{f\,max}} = \frac{T_{\mathrm{f\,max}}}{(K_{\min}d)} = 35.3 \text{ kN}$$

6.2

$d_{\mathrm{S}} = \sqrt{4A_{\mathrm{S}}/\pi} = \sqrt{4 \times 36.6/3.14} = 6.83$ mm, $P = 1.25$ mm, $d_2 = 7.188$ mm である（表 6.2 参照）．式（6.3）より，つぎのようになる．

$$\sigma = \frac{23000}{36.6} = 628 \text{ N/mm}^2 = 628 \text{ MPa}, \quad \tau = \frac{8 \times 23000}{3.14 \times 6.83^3}\left(\frac{1.25}{3.14} + \frac{0.18 \times 7.19}{\cos 30°}\right) = 348 \text{ MPa}$$

式（6.4）を用いると，相当応力 $\sigma_{\mathrm{v}} = \sqrt{628^2 + 3 \times 248^2} = 870$ MPa となる．塑性変形が生じないためには，$\sigma_{\mathrm{v}} < \sigma_{\mathrm{Y}}$ である必要がある．表 6.4 から 10.9 以上の強度区分を選ぶ．

6.3

摩擦による損失がなければ，$T_1\omega_1 = T_2\omega_2$ である．これから，$T_2/T_1 = \omega_1/\omega_2 = i = 2.5$．よって，2.5 倍である．

6.4

図 6.20 によると，横座標 $z_1 + z_2 = 83$ に対する縦座標 $x_1 + x_2 = 1.10$ は推奨範囲を超えている．したがって，推奨範囲に入ることと式（6.21）の条件を考慮し，$x_1 = 0.50$, $x_2 = 0.35$ と変更してみる．このとき，$\lambda = 0.66$ であり，選定変更は適切である．

6.5

荷重変動はあまり大きくないので，内輪と軸の間のしめしろは小さくすることとする．表 6.12 から，軸径の公差域クラスを k6 とし，ハウジング穴径の公差域クラスを JS7 として設計する．JIS を参照し，基準寸法 20 mm，47 mm に対する各寸法の範囲を描くと，図 a.1 のようになる．

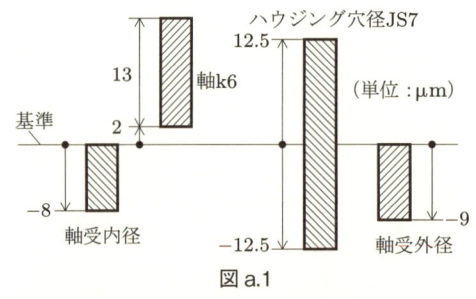

図 a.1

軸受内輪と軸のはめあい：軸の直径が常に大なのでしまりばめ．2 μm ～ 23 μm のしめしろがある．

軸受外輪とハウジング穴のはめあい：穴径と外輪直径の大小はときによるので，中間ばめ．最大しめしろ 12.5 μm から，最大すきま 21.5 μm の間にある．

6.6

表 6.13 から，限界 dn 値は，$18 \times 10000 = 180000$ mm·rpm であり，$n = 180000/30 = 6000$ rpm となるので，6000 rpm まで許容される．

第 7 章

7.1

用途によって，重要ポイントが異なる．とくに解答は示さないが，実際に体験することで学習をしてほしい．

7.2

① 複数端子をもつコネクターの形状が非対称になっている．
② 洗濯機の脱水ドラムの扉を開けると，ブレーキがかかり非常停止する．
③ オートマチック車で，シフトレバーがドライブ位置にあるときは，エンジンスタータが作動しない．
④ 電子レンジのドアが開いているときは，電源が入らない．

7.3

(1) 総稼動時間：1000 台 × 3000 時間（平均稼動時間/年）× 2（年）= 6×10^6

平均故障率：0.001%/h

平均故障率 = その期間中の総故障数 / 総稼動時間 であるから，つぎのようになる．

その期間中の総故障数 = 平均故障率 × 総稼動時間 = $(6 \times 10^6) \times 10^{-5}$ = 60 台

(2) 平均故障間隔 MTBF は，総稼動時間 / その期間中の総故障数 であるから，つぎのようになる．

$$\text{MTBF} = 6 \times \frac{10^6}{60} = 1 \times 10^5 \text{ 時間}$$

索引

英数先頭

- 1条ねじ ··············· 165
- 2条ねじ ··············· 165
- 3次元公差解析ソフト ··· 81
- 3次元造形法 ··········· 132
- Al-Cu 系合金 ······· 98, 99
- Al-Cu-Mg 系合金 ······· 99
- Al-Mg 系合金 ··········· 99
- Al-Mg-Si 系合金 ···· 97, 99
- Al-Mn 系合金 ··········· 99
- Al-Si 系合金 ············ 99
- Al-Zn-Mg-Cu 系合金 ···· 99
- CAD/CAM ············· 131
- CAD/CAM システム ····· 131
- Command Manager ····· 12
- Cu-Zn 系合金 ·········· 100
- Feature Manager ······· 12
- FMEA ············ 195, 204
- FTA ············· 195, 204
- GP ゾーン ·············· 97
- NC シミュレータ ······· 128
- NC プログラム ···· 128, 129
- S20C ················· 88
- S45C ················· 88
- S-C 材 ················ 88
- SCM 材 ················ 88
- SCr 材 ················ 88
- SK 材 ················· 89
- SKD 材 ················ 89
- SKH 材 ················ 89
- SKS 材 ················ 89
- SM 材 ·············· 86, 87
- SMn 材 ················ 88
- SMnC 材 ··············· 88
- S-N 曲線 ············· 140
- SNC 材 ················ 88
- SNCM 材 ··············· 88
- SS 材 ················· 86
- α 固溶体 ·········· 98
- α 鉄 ·············· 86

あ行

- アーク熱 ············· 124
- アーク溶接 ··········· 124
- アーク流 ············· 124
- アクリル樹脂 ········· 102
- アセンブリ ··········· 2, 4
- アセンブリデータ ····· 6, 23
- アセンブリドキュメント ··· 8
- 厚鋼板 ················ 85
- 圧縮 ················· 136
- 圧縮応力 ············· 137
- 圧縮成形法 ··········· 102
- 圧縮力 ··············· 135
- 圧接 ············ 124, 126
- 圧力角 ··············· 176
- 穴加工 ·········· 117, 119
- 穴基準はめあい ········ 46
- 穴ぐり ··············· 117
- 粗さ曲線 ·············· 60
- アルミナ(Al_2O_3) ······ 105
- アルミニウム合金 ··· 84, 97
- アルミニウム青銅 ····· 100
- 安全余裕 ············· 141
- 安全率 ··············· 140
- イオン窒化 ············ 93
- イオンプレーティング ··· 95
- 異常原因によるばらつき ··· 68
- 位置公差 ·············· 52
- 位置寸法 ·············· 42
- 位置度公差方式 ········ 54
- 位置偏差 ·············· 52
- 一般型 ················ 68
- 一般構造用圧延鋼材 ···· 86
- 移動支点 ············· 145
- イナートガスアーク溶接 ··· 124
- 鋳物用アルミニウム合金 ··· 97, 99
- インベストメント鋳造法 ··· 108, 110
- インボリュート関数 ··· 176
- インボリュート曲線 ··· 176
- 上降伏点 ············· 139
- 植込みボルト ········· 166
- ウォームギヤ ········· 176
- うねり曲線 ············ 60
- 英馬力（HP） ········· 159
- 液体浸炭法 ············ 93
- エポキシ樹脂 ········· 102
- 塩化ビニル樹脂 ······· 102
- エンジニアリングプラスチック ··· 102
- 遠心鋳造法 ······ 108, 111
- 円筒研削 ············· 120
- 円筒研削盤 ··········· 120
- 塩浴窒化 ·············· 93
- 黄銅 ·················· 99
- 応力 ················· 136
- 応力集中 ············· 144
- 応力集中係数 ········· 144
- 応力除去焼なまし ······ 92
- 送り用 ··············· 166
- 押し出し ·············· 11
- 押し出し成形法 ······· 102
- 押し出しフィーチャー ··· 15
- オーステナイト系ステンレス鋼 ··· 89
- おねじ ··············· 163
- おねじの外径 ········· 167
- おねじの谷の径 ······· 167
- おねじの有効径 ······· 167
- オープンループ NC ···· 129
- オペレーションフィーチャー ··· 8

か行

- 外形線 ················ 30
- 外周削り ············· 117
- 回転 ·················· 11
- 回転支点 ············· 145
- 回転断面線 ············ 30
- 回転投影図 ············ 33
- 過共析鋼 ·············· 92
- 角度寸法 ·············· 42
- かくれ線 ·············· 30
- 重ね合わせ法 ········· 149
- ガス圧接 ············· 127
- ガス浸炭法 ············ 93
- ガス窒化 ·············· 93
- ガス溶接 ············· 124
- 加速試験 ········ 201, 202
- ガタ ·················· 79
- 形削り加工 ··········· 117
- 形鋼 ·················· 85
- 型鍛造 ··············· 112
- 形彫り放電加工 ······· 122
- 片持ばり ············· 145
- 可鍛鋳鉄 ·············· 96
- 滑節点 ··············· 141
- 合致 ·············· 23, 25
- かみあい圧力角 ··· 177, 179
- かみあい長さ ········· 179
- かみあいピッチ円 ····· 177
- かみあいピッチ円直径 ··· 179
- かみあい率 ··········· 179
- 下面図 ················ 31
- 環境試験 ········ 201, 202
- 干渉 ················· 181
- 完全焼なまし ·········· 92
- 機械構造用鋼 ·········· 87
- 機械構造用合金鋼 ······ 88
- 機械構造用炭素鋼 ······ 87
- 幾何公差 ········ 7, 41, 51
- 幾何公差記号 ·········· 53
- 幾何偏差 ··········· 51, 52
- 基準圧力角 ··········· 178
- 基準線 ················ 30

索引		
基準強さ	140	
基準ピッチ円	177	
基準ピッチ線	178	
基準山形	167	
基準ラック	178	
基準ラック歯形	178	
軌条	85	
基礎円	176	
基礎円直径	179	
基礎円ピッチ	178	
機能ゲージ	59	
基本公差	44	
基本定格寿命	189	
基本動定格荷重	189	
球状化焼なまし	92	
球状黒鉛鋳鉄	95	
強度区分	173	
強力ステンレス鋼	89	
極断面係数	158	
局部投影図	32	
許容応力	136, 140	
切下げ	181	
金属材料	84	
食違い軸歯車	175	
偶然原因によるばらつき	67	
偶発故障	199	
駆動側歯車	176	
グラフィックス領域	12	
クリック−クリックモード	13	
クリック−ドラッグモード	13	
クローズドループNC	129	
形状公差	52	
形状偏差	52	
欠点数	68	
限界ゲージ	45	
限界ゲージ方式	45	
研削加工	120	
現尺	28	
減速比	177	
高域フィルタ	61	
鋼管	85	
高強度ボルト	173	
合金工具鋼鋼材	89	
工具鋼	89	
公差域	54	
公差記入枠	53	
公差計算理論	66	
交差軸歯車	175	
公差設計	64	
公差値	53	
高周波焼入れ	93	
剛節点	141	
構造用焼結材料	105	
拘束	23	
高速度工具鋼	101	
高速度工具鋼鋼材	89	
工程FMEA	205	
工程能力	76	
工程能力指数	67, 76	
降伏	139	
互換性	73	
互換性の方法	74	
黒心可鍛鋳鉄	95, 96	
故障解析	195	
故障率	196, 197	
固体浸炭法	93	
固定支点	145	
小ねじ	166	
転がり軸受	185, 186	

さ行

最小許容寸法	43	
最大許容寸法	43	
最大実体公差方式	41, 47, 56	
最大実体状態	56	
最大実体寸法	49, 56	
座標寸法記入法	38	
サーフェス	2	
サブ組み立て主要寸法	65	
座面圧縮力	171	
作用線	176	
三角ねじ	166	
残留応力	144	
シェルモールド法	108, 109	
磁気軸受	191	
軸受	185	
軸基準はめあい	46	
試験計画立案FMEA	205	
時効硬化曲線	97	
姿勢公差	52	
姿勢偏差	52	
自然時効	97	
下降伏点	139	
七三黄銅	100	
実効境界	58	
実効寸法	58	
実用データム形体	51	
自動調心ころ軸受	187	
しまりばめ	45	
しめしろ	45	
締付け軸力	169	
締付けトルク	169	
締付け力	171	
尺度	28, 33	
射出成形法	102, 116	
ジャーナル軸受	191	
シャルピー値	92	
重心線	30	
自由鍛造	112	
集中荷重	135	
従動側歯車	176	

自由物体	137, 142	
縮尺	28	
主投影図	32	
ジュラルミン	99	
瞬間故障率	197	
衝撃値	91	
焼結材料	104	
冗長設計	203	
正面図	31	
初期応力	144	
初期故障	199	
除去加工	107, 117	
ジルコニア(ZrO_2)	105	
シールドガス	124	
真円度	47	
真空蒸着	95	
浸炭法	93	
真直度	47	
信頼性	194	
信頼性技術	195	
信頼性工学	195	
信頼性試験	195, 201	
信頼性設計	140, 195	
信頼性ブロック図	206	
信頼度	196	
水準面線	30	
垂直応力	137	
垂直ひずみ	137	
垂直力	135	
スイープ	11, 16, 17	
スイープフィーチャー	17	
数値制御	128	
数値制御加工	128	
数値制御工作機械	128	
すきま	45	
すきまばめ	45	
すぐばかさ歯車	176	
スクリーニング試験	201, 202	
スケッチ	11	
スケッチフィーチャー	8	
スケッチ平面	11	
図心	149	
ステンレス鋼	89	
ストレス・ストレングスモデル	141	
砂型鋳造法	108	
スパッタリング	95	
滑り軸受	185, 191	
スポット溶接	126	
スポット溶接機	126	
図面データ	7	
図面ドキュメント	8	
図面ビュー	9	
スラスト荷重	187	
スラブ	85	
寸法許容差	46	

寸法公差	7, 37, 41
寸法線	30
寸法補助記号	40
寸法補助線	30
正規分布	68, 70
静定格荷重	189
静的強度	173
青 銅	99
正投影	30
積層造形法	132
設計 FMEA	205
接合加工	107, 123
接合面圧縮力	171
切削加工	117
切削工具用焼結材料	105
切断線	30
絶壁型	69
セミクローズドループ NC	129
セメンタイト(Fe_3C)	86
繊維強化プラスチック	103
線 材	85
旋削加工	117
せん断	136
せん断応力	138
せん断ひずみ	138
せん断ひずみエネルギー説	170
せん断力	135, 146
せん断力線図 SFD	147
銑 鉄	85
全ねじれ角	157
旋 盤	117
相互依存性	49, 50
想像線	30
相当ねじりトルク	161
相当曲げモーメント	161
速度伝達比	177
ソリッド	2

た行

ダイアログ	8
第一角法	31
ダイカスト法	108, 110
耐久寿命試験	201
台形ねじ	166
第三角法	30
耐 力	139
タグチメソッド	202
タッピンねじ	166
タップ	117
立て形遠心鋳造法	111
立て削り加工	117
縦弾性係数	139
縦ひずみ	137
たわみ	151
たわみ角	151
たわみ曲線	151

炭化ケイ素(SiC)	105
炭酸ガスアーク溶接	125
単純支持ばり	145
鍛 接	127
鍛造加工	112
炭素工具鋼鋼材	89
丹 銅	100
断面 2 次極モーメント	157
断面 2 次モーメント	150
断面曲線	60
断面係数	150
端面削り	117
断面図	34
チタン合金	101
窒化ケイ素(Si_3N_4)	105
窒化法	93
中間ばめ	45
中空成形法	102, 116
中心距離	180
中心距離増加係数	183
中心線	30
中心マーク	28
鋳造法	108
鋳 鉄	86, 95
中立面	149
超硬合金	105
直列寸法記入法	37
追加公差	56, 57
突出しばり	145
継目無鋼管	85
突切り	117
つる巻き線	165
低域フィルタ	61
締結用	166
ディレーティング	203
デザインツリー	12
データム	50
データム形体	50
データム三角記号	51
データム軸直線	50
データムシミュレータ	51
データムターゲット	51
データム中心平面	50
データム直線	50
データム点	50
データム平面	50
データム文字記号	53
鉄鋼材料	84
テーパねじ	165
転 位	180
転位係数	180
転位係数の ISO 選択方式	182
転位平歯車	180
展伸材用アルミニウム合金	97, 99
転 炉	85

砥石車	120
砥石の 3 要素	120
砥石の 5 因子	120
投 影	30
投影図	30
投影面	30
銅合金	99
動定格荷重	189
動的公差	56, 57
動的公差線図	58
等分布荷重	148
とがり山の高さ	167
ドキュメント	8
特殊指定線	30
特殊ねじ	165
特性値	68
独立の原則	41, 47
度 数	68
止めねじ	166
トラス構造	141
トラバース研削	122
トランスファ成形法	102
ドリル	117
トルク係数	172
トルク法	172
トレードオフ	204

な行

内 力	137
長さ(大きさ)寸法	42
ナット	166
並目ねじ	167
軟化焼なまし	92
軟窒化	93
ニッケル合金	101
ねじ	163
ねじ切り	117
ねじ立て	118
ねじのゆるみ	174
ねじ山	163
ねじ山の角度	165
ねじり	136
ねじりトルク	156
ねじれ角	157
ねずみ鋳鉄	96
熱 CVD 法	94
熱延鋼板	85
熱応力	144
熱加圧式ダイカスト法	110
熱可塑性プラスチック	102, 116
熱間圧延軟鋼板 (SPHC, SPHD, SPHE)	87
熱硬化性プラスチック	103, 116
熱処理	90
ノジュラー鋳鉄	96
ノンヒストリー系	3

は行

倍 尺	28
バイト	117
背面図	31
歯形曲線	176
鋼	86
歯切ピッチ線	180
白心可鍛鋳鉄	95, 96
歯 車	175
歯車の創成加工	178
歯先円	179
歯先円直径	179
歯 数	176
バスタブ曲線	199
はすば歯車	176
歯たけ	178
破断線	30
パーツ	4
バックラッシ	180
ハッチング	30
離れ小島型	69
歯抜け型	69
はめあい	44
パーライト	86
パーライト鋳鉄	96
ばらつき	64
は り	145
引出線	30
非金属材料	84
被削性	92
ヒストグラム	68
ヒストリー系	3
ひずみ	137
左側面図	31
左ねじ	165
ビッカース硬さ	97
ピッチ	165
ピッチ線	30
ピッチ点	177
引張り	136
引張応力	137
引張強さ	139
引張力	135
比ねじれ角	157
被覆アーク溶接	124
標準正規分布	72
標準ツールバー	8
表題欄	28
表面粗さパラメータ	61
表面性状	60
平削り加工	117
平歯車	176
ビレット	85
疲 労	140
疲労強度	173
品質工学	202
フィーチャー	3, 4
フィーチャーの削除	14
フィーチャーの修正	15
フェールセーフ	203
フェノール樹脂	102
フェライト	86
フェライト系ステンレス鋼	89
フェライト鋳鉄	96
不完全互換性の方法	74
複合位置度公差方式	55
不静定	143
二山形	69
普通幾何公差	53
普通公差	43
フックの法則	139
仏馬力（PS）	159
部品データ	7
部品ドキュメント	8
部分拡大図	33
部分投影図	32
不飽和ポリエステル樹脂	102
フライス加工	117
フライス工具	118
フライス盤	118
プラスチック	84, 102
プラスチック成形加工法	108
フラックス	124
フランク	165
フランク角	165
プランジ研削	122
不良率	68
フールプルーフ	203
ブルーム	85
振れ公差	52
プレス加工	108, 113
振れ偏差	52
プロセスシート	128
分散の加法性	74
分布荷重	136
粉末冶金材料	101
平均故障間隔	196
平均故障時間	196
平均故障率	197
平均ランク法	200
平行軸歯車	175
平行ねじ	165
平面削り	118
平面研削	120
平面研削盤	120
平面図	31
平面度	47
並列寸法記入法	38
変形加工	107, 108
ポアソン比	137
棒 鋼	85
法線ピッチ	178
放電加工	122
包絡の条件	41, 47, 49
補助投影図	33
保存性	204
細目ねじ	167
ポリエチレン	102
ポリエチレンテレフタレート	102
ポリスチレン	102
ポリプロピレン	102
ボルト	166
ボルト軸力	171
ボール盤	119

ま行

マグネシウム合金	101
曲 げ	136
曲げ応力	149
曲げモーメント	146
曲げモーメント線図 BMD	147
摩擦圧接	126
摩耗故障	199, 200
マルテンサイト系ステンレス鋼	89
右側面図	31
右ねじ	165
溝削り	118
ミニチュアねじ	166
メートルねじ	167
めねじ	163
めねじの谷の径	167
めねじの内径	167
めねじの有効径	167
メラミン樹脂	102
面の肌	7
木ねじ	166
モジュール	177
モデリング	1
モデル	1
モーメント	146

や行

焼入れ	88, 90
焼戻し	88, 90
矢示法	34
ヤング率	139
有効径	165
有効断面積	170
融 接	124
ユリア樹脂	102
ゆるみ止めねじ部品	175
溶 接	124
溶接構造用圧延鋼材	86, 87
横形遠心鋳造法	111
横弾性係数	139
横ひずみ	137

ら行

ラジアル荷重 ……………………… 186
ラーメン構造 ……………………… 141
リード ………………………………… 165
リード角 ……………………………… 165
リーマ ………………………………… 117
リーマ仕上 …………………………… 118
両端固定ばり ……………………… 145
良品解析 ……………………………… 195

理論的に正確な寸法 ……………… 54
輪郭削り …………………………… 118
輪郭線 ………………………………… 28
りん青銅 ……………………………… 100
累進寸法記入法 …………………… 38
冷延鋼板 ……………………………… 85
冷加圧式ダイカスト法 …………… 110
冷間圧延鋼板
　（SPCC, SPCD, SPCE）… 87

レーザ溶接 ……………………… 124, 125
レバー比 ……………………………… 79
連続ばり ……………………………… 145
六四黄銅 ……………………………… 100
ロフト ……………………………… 11, 19
ロフトフィーチャー ……………… 19

わ行

ワイブル解析 …………………… 195, 200
ワイヤ放電加工 …………………… 122

監修者略歴

岸　佐年（きし・さとし）
　国立長野工業高等専門学校教授
　3次元設計能力検定協会理事長
　工学博士

著者略歴

賀勢晋司（かせい・しんじ）
　信州大学名誉教授
　工学博士

村岡正一（むらおか・しょういち）
　ラーチマネージメントリサーチ代表
　国立長野工業高等専門学校客員教授
　3次元設計能力検定協会理事
　博士（工学）

栗山　弘（くりやま・ひろし）
　株式会社プラーナー会長
　信州大学工学部非常勤講師
　3次元設計能力検定協会監事

堀内富雄（ほりうち・とみお）
　国立長野工業高等専門学校教授
　博士（工学）

井上忠臣（いのうえ・ただおみ）
　井上設計製図コンサルタント代表

堀口勝三（ほりぐち・かつみ）
　国立長野工業高等専門学校准教授
　3次元設計能力検定協会理事
　博士（工学）

栗山晃治（くりやま・こうじ）
　株式会社プラーナー代表取締役社長
　新潟工科大学非常勤講師

3次元CADから学ぶ 機械設計入門［第2版］　　Ⓒ 岸　佐年（代表）2009

2005 年 9 月 5 日	第 1 版第 1 刷発行
2008 年 2 月 20 日	第 1 版第 5 刷発行
2009 年 10 月 30 日	第 2 版第 1 刷発行
2016 年 4 月 10 日	第 2 版第 3 刷発行

【本書の無断転載を禁ず】

監 修 者　岸　佐年
著　　者　賀勢晋司・村岡正一・栗山　弘・堀内富雄・
　　　　　井上忠臣・堀口勝三・栗山晃治
発 行 者　森北博巳
発 行 所　森北出版株式会社
　　　　　東京都千代田区富士見 1-4-11（〒102-0071）
　　　　　電話 03-3265-8341／FAX 03-3264-8709
　　　　　http://www.morikita.co.jp/
　　　　　日本書籍出版協会・自然科学書協会・工学書協会　会員
　　　　　JCOPY ＜(社)出版者著作権管理機構　委託出版物＞

落丁・乱丁本はお取替えいたします　　印刷／シナノ・製本／協栄製本
　　　　　　　　　　　　　　　　　　組版／プラウ21

Printed in Japan ／ ISBN978-4-627-66552-1

図書案内　森北出版

内燃機関 第3版

田坂英紀／著
菊判 ・ 192頁　　定価（本体 2500円＋税）　　ISBN978-4-627-60533-6

エンジンを通して内燃機関を学ぶ入門テキスト．エンジンの構造，しくみを，例題を交えながら，わかりやすい図を使って説明する．既習であることが前提となる熱力学や伝熱工学の基礎についても説明があるので，復習しながら学ぶことができる．

機械設計法 第3版

塚田忠夫・吉村靖夫・黒崎茂・柳下福蔵／著
菊判 ・ 224頁　　定価（本体 2600円＋税）　　ISBN978-4-627-60573-2

機械設計の基本事項を中心に，初心者向きに平易にまとめた格好のテキスト・入門書．軸受，ボルトなどの機械要素の機能や使い方を理解することで，使用目的にもっとも適した機械要素を選択できる力が身につく．改訂では単位系やJISの改訂への対応に加え，演習問題の解答に詳細な解説を設けた．

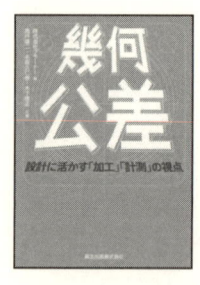

幾何公差
―設計に活かす「加工」「計測」の視点

株式会社プラーナー／編
菊判 ・ 192頁　　定価（本体 2400円＋税）　　ISBN978-4-627-61431-4

設計者だけでなく，設計意図が込められた図面を受け取る『加工』『計測』部門のエンジニアにもおすすめの一冊．幾何公差の意味と表記方法はもちろん，汎用の計測器や3次元測定機を用いてそれぞれの公差を測定する方法についても丁寧に紹介している．

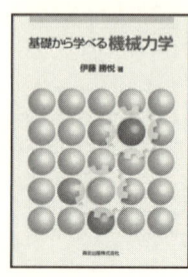

基礎から学べる機械力学

伊藤勝悦／著
菊判 ・ 160頁　　定価（本体 2200円＋税）　　ISBN978-4-627-65041-1

初学者向けのテキストを多数執筆してきた著者による入門書．ベクトル表記を用いず，また数式展開も紙面の許すかぎり丁寧に書きくだすことで，数学が苦手な読者でも読み通せるよう配慮した．機械力学の学びはじめに最適な一冊．

定価は2016年1月現在のものです．現在の定価等は弊社Webサイトをご覧下さい．
http://www.morikita.co.jp

図書案内　森北出版

計測工学入門 第3版

中村邦雄・石垣武夫・冨井薫／著
菊判 ・ 224頁　　定価（本体 2600円 +税）　　ISBN978-4-627-66293-3

幅広い分野で必要になる計測手法について，その原理と実用で注意すべき部分に重点をおいて解説．基本的かつ必須の項目に絞っているので，初学者にはもちろん，計測機器の原理集として，既習者にも有用な一冊．今回の改訂では，現在の潮流に合わせて内容を全面的に見直した．

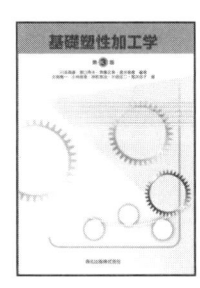

基礎塑性加工学 第3版

川並高雄・関口秀夫・齊藤正美・廣井徹磨／著
菊判 ・ 224頁　　定価（本体 2600円 +税）　　ISBN978-4-627-66313-8

プレス機械をはじめとする塑性加工を，学生・初学者に向けてわかりやすく解説したテキスト．塑性変形の現象をつかみ，加工の考え方を学んだうえで，塑性力学の理論につなげている．各章の冒頭に学習目標を，本文内に多数のミニコラムをそれぞれ掲載し，読者の理解を支える構成となっている．

初心者のための機械製図 第4版

藤本元・御牧拓郎／監修　植松育三・髙谷芳明／著
B5判 ・ 224頁　　定価（本体 2500円 +税）　　ISBN978-4-627-66434-0

学びやすさから好評を得ているテキストの改訂版．改訂では，歯車，ボルト・ナットなど最近のJIS改正に対応した．図中に吹き出しでポイントが明示され，図から視覚的に理解できる．また，正しい描き方とともに間違いやすい描き方が例示されているので，深く理解できるよう工夫されている．

基礎から学ぶ材料力学 第2版

臺丸谷政志・小林秀敏／著
菊判 ・ 224頁　　定価（本体 2600円 +税）　　ISBN978-4-627-66512-5

基礎事項から始めて例題で理解を深め，多数の演習問題を解くことで考え方が身につく，初学者に最適な一冊．静定問題，不静定問題，歪み，座屈，組合せ応力，モールの円と，基礎的な事項が網羅されている．単位や工業材料定数の載った付録付き．

定価は2016年1月現在のものです．現在の定価等は弊社Webサイトをご覧下さい．
http://www.morikita.co.jp

図書案内　森北出版

工業力学 第3版・新装版

青木 弘・木谷 晋／著

菊判 ・ 176頁　　定価 2100円 （税込）　　ISBN978-4-627-61024-8

好評のテキストの2色刷り新装版．基礎事項をやさしく解説し，例題・演習問題を通して工業力学の理解を深める．改訂にともない単位系をSI単位に完全統一し，演習問題を見直した．またレイアウトを一新し，読みやすく，わかりやすいテキストになるよう工夫した．

システム計測工学
―ポイントでわかる機械計測の基礎と実践

永井健一・丸山真一／著

菊判 ・ 152頁　　定価 2520円 （税込）　　ISBN978-4-627-66691-7

機械系・メカトロ系を学ぶ学生を対象に機械計測の基礎から具体的な計測方法，注意すべき事項などを簡潔にまとめたテキスト．これからの時代に不可欠なコンピュータとの連携やCADへの応用を目的にセンサで物理量を検出し電気信号へ変換するなどシステマチックに計測の流れが理解できるように工夫した．

図解　エネルギー工学

平田哲夫・田中　誠・熊野寛之・羽田喜昭／著

菊判 ・ 200頁　　定価 2940円 （税込）　　ISBN978-4-627-67061-7

さまざまな形態のエネルギーから電気エネルギーへの変換，に焦点をあて，発電のしくみをわかりやすく解説．発電の説明の前に，熱力学や流体力学の基礎にも触れているため，初学者でも理解しやすい．火力，水力，原子力に加え，風力，波力，太陽光，さらには，燃料電池や熱電発電まで解説した．

熱力学きほんの「き」
―やさしい問題から解いてだんだんと力をつけよう

小山敏行／著

菊判 ・ 240頁　　定価 2940円 （税込）　　ISBN978-4-627-67351-9

熱力学の基礎を学ぶにあたり，66の例題と79の演習問題を，やさしい問題から解いていくことでだんだんと基礎力が養えるよう配慮したテキスト．数値と単位の関係を意識させたり，間違えないための計算方法を示したりと，実践的な配慮もしてあるため，初学者に最適．

定価は2012年2月現在のものです．現在の定価等は弊社HPをご覧下さい．

http://www.morikita.co.jp

図書案内　森北出版

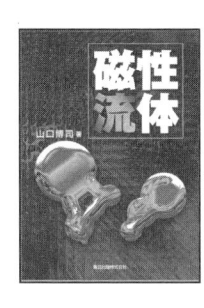

磁性流体

山口博司／著

A5判・160頁　定価2730円（税込）　ISBN978-4-627-67401-1

磁場に反応する不思議な流体である磁性流体について，その基本的なしくみとユニークな特徴の数々や独特の性質を利用した工学応用の原理などを，わかりやすく説明した．スマート材料の開発・応用にも参考となる一冊．

数値流体力学［第2版］

松下洋介・齋藤泰洋・青木秀之・三浦隆利／訳

菊判・544頁　定価9975円（税込）　ISBN978-4-627-91972-3

機械工学から化学工学分野まで多岐にわたり活用されている流体力学シミュレーションについて，有限体積法の方法論からさまざまな応用例までを幅広く網羅し，実践レベルの知識を学ぶことができる．好評の専門書の翻訳書．

航空機の飛行制御の実際
―機械式からフライ・バイ・ワイヤへ

片柳亮二／著

菊判・208頁　定価3360円（税込）　ISBN978-4-627-69091-2

コンピュータ制御によって安定性も操縦性も自在に設計することが可能となったため生じた設計上の難しさや，コンピュータ制御に頼ったシステムにおける飛行特性上の問題点を知るため，コンピュータ制御の電気式操縦装置の発達について概観し，飛行制御に関する実際の適用事例についてわかりやすく解説をした．

カーボン　古くて新しい材料

稲垣道夫／著

A5判・228頁　定価2730円（税込）　ISBN978-4-627-66801-0

日常生活の中で広く使われているカーボン材料について，身のまわりのものから，今後応用が期待される分野のものまでわかりやすく解説した．※本書は，工業調査会から2009年に発行したものを，森北出版から継続して発行したものです．

定価は2012年2月現在のものです．現在の定価等は弊社HPをご覧下さい．

http://www.morikita.co.jp